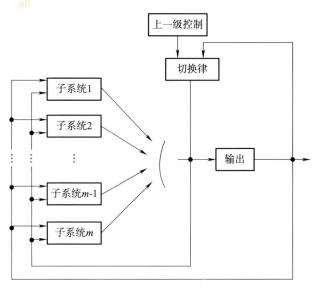

图1-1 典型的切换系统控制结构

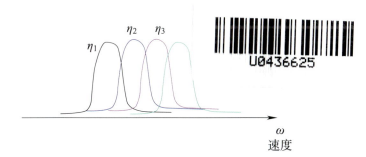

图1-4 车辆不同速度下的动力学特性

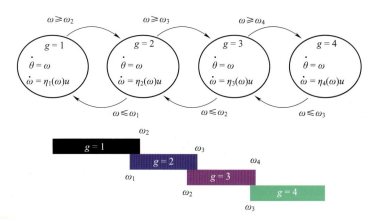

图1-5 车辆自动换挡系统混杂模型

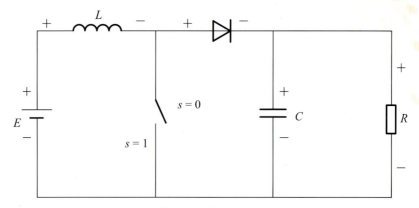

图1-6 具有钳位二极管的Boost电路原理图

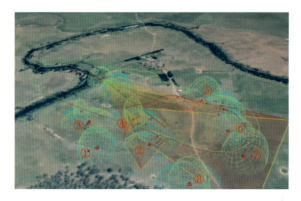

图1-7 多智能体系统所构成的通信网络

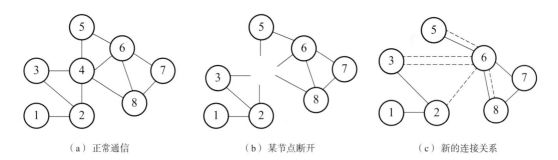

(a) 正常通信　　　　　　　(b) 某节点断开　　　　　　(c) 新的连接关系

图1-8 多智能体网络拓扑结构

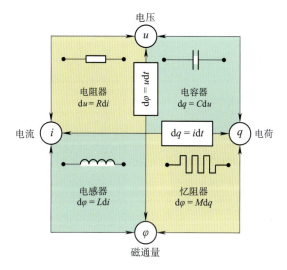

图1-9 四种电路基本元件之间的关系

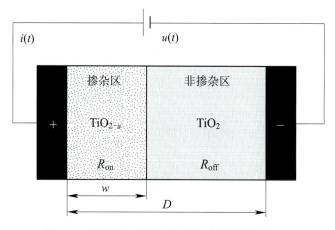

图1-10 忆阻器在外界激励下的不同阻值获取电路

图5-8 DC-DC升压变换器（Boost变换器）实物图

图7-3 纯水制造预处理原型系统

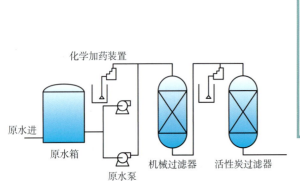

图7-4 纯水制造预处理系统图

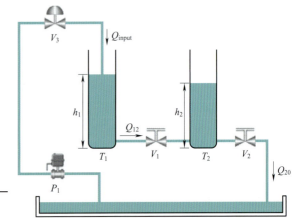

图7-5 双容水箱液位控制原型系统示意图

切换系统有限时间异步控制方法及应用

王荣浩 邢建春 杨启亮 秦 霞 ◎著

中国铁道出版社有限公司
CHINA RAILWAY PUBLISHING HOUSE CO., LTD.

内 容 简 介

本书根据工程应用的实际需要,全面系统地介绍了切换系统有限时间异步控制的理论基础、设计方法、主要实现技术、计算机模拟仿真验证技术及其在典型工程混杂系统中的应用等问题,内容涵盖连续切换系统、离散随机切换系统、基于采样数据反馈的切换系统、基于量化反馈的切换系统以及时变与非线性切换系统的有限时间异步控制,并给出了理论方法在 Boost 开关变换器和双容水箱液位系统的混杂建模与控制器设计中的应用示例。

本书概念清晰、内容新颖、理论基础深厚,具有较强的系统性、可读性和可操作性,可供控制理论与控制工程、工业自动化、电气自动化等专业的研究人员及学生参考,也可供控制系统设计工程师等相关工程技术人员阅读和参考。

图书在版编目(CIP)数据

切换系统有限时间异步控制方法及应用/王荣浩等著. —北京:
中国铁道出版社有限公司,2023.4
ISBN 978-7-113-30027-2

Ⅰ.①切… Ⅱ.①王… Ⅲ.①开关控制-有限时间稳定性-研究
Ⅳ.①TP271

中国国家版本馆 CIP 数据核字(2023)第 045021 号

书　　名:	切换系统有限时间异步控制方法及应用
作　　者:	王荣浩　邢建春　杨启亮　秦　霞

策　　划:	何红艳	编辑部电话:	(010)63560043
责任编辑:	何红艳　徐盼欣		
封面设计:	刘　颖		
责任校对:	刘　畅		
责任印制:	樊启鹏		

出版发行:中国铁道出版社有限公司(100054,北京市西城区右安门西街 8 号)
网　　址:http://www.tdpress.com/51eds/

印　　刷:北京铭成印刷有限公司
版　　次:2023 年 4 月第 1 版　2023 年 4 月第 1 次印刷
开　　本:710 mm×1 000 mm　1/16　印张:12.75　插页:2　字数:254 千
书　　号:ISBN 978-7-113-30027-2
定　　价:88.00 元

版权所有　侵权必究

凡购买铁道版图书,如有印制质量问题,请与本社教材图书营销部联系调换。电话:(010)63550836
打击盗版举报电话:(010)63549461

前　言

切换系统由多个连续/离散子系统构成,并且这些系统以某种切换规则协调运行。它具有混杂系统的最基本特征,即同时包含了连续/离散变量(动态子系统状态)和离散事件(逻辑切换规则)。在实际工程中,单一的模型不足以描述系统的动态特性,针对同一个被控对象,基于切换系统模型的控制方法比传统控制方法具有更强的适应性和鲁棒性,切换的引入可以提高系统的总体控制性能。国防工程中供电保障的电力电子设备、供水保障的水位控制系统等是典型的混杂系统,在运行过程中,为了保持或提高某种性能,特定的子系统需要被计算机监督控制器或决策进程所选择。这类切换系统的稳定性是最基本也是最重要的性能指标,通常情况下渐近稳定能够满足实际工程的要求,它刻画了系统的稳态性能。然而随着对国防工程精确化保障与控制效能要求的不断提高,系统的暂态性能受到更多的关注,对响应时间也有更高的要求,传统的渐近稳定并不能反映系统的这些特性。有限时间控制能很好地提升系统的暂态性能指标,且能够确保系统响应的快速性,因此,针对切换系统有限时间稳定性分析与控制问题的研究具有重要的理论与应用价值。然而目前这些工作主要集中于连续或线性切换系统,并且都要求系统和控制器同步切换,而在实际工程中由于计算机控制器检测信号的延迟性,系统切换时刻和控制器切换时刻往往不一致,并且计算机控制系统本身所具有的离散、采样、量化、时变以及非线性特性给系统稳定性及控制问题带来了新的挑战。因此,系统地开展切换系统异步切换下的有限时间分析与综合问题的研究具有重要意义。

本书总结著者多年来在此领域的研究成果撰写而成。全书共分为 9 章:第 1 章介绍了切换系统、有限时间异步切换控制相关研究的研究现状,分析了目前针对典型国防工程混杂系统的建模与控制方法;第 2 章针对连续切换系统两种形式的扰动——幅值有界的扰动和能量有界的扰动,分别给出了有效的异步切换控制策略;第 3 章将线性系统随机稳定性理论拓展到切换系统中,给出了离散异步切换控制器的线性矩阵不等式设计方法;第 4 章针对具有连续被控对象状态方程和离散采样状态反馈变量所构成的连续/离散混合切换系统,在系统采样、系统切换和控制器切换时间均不一致时设计了有限时间切换控制器;第5章采用动态量化技术,给出了依赖于系统切换时间的异步切换量化控制策略,并将结果应用到 Boost 开关变换器构成的电路系统中;第6章针对线性时变切换系统提出了有限时间镇定和有限时间有界控制方法;第7章对于含有 Lipschitz 非线性扰动的切换系统,给出了扰动抑制性能分析,设计了有限时间异步控制器,并将结果应用到双容水箱液位控制混杂系统中;第8章利用具有小控制性 Lyapunov 函数,研究了时变切换非线性系统的有限时间控制方法;第9章总结了本书的研究工作,并对基于切换系统有限时间异步切换控制理论在工程混杂系统中的研究与应用提出了展望。本书内容自成体系,覆盖面较广,内容参考了陆军工程大学邢建春科研团队多年的研究成果,在此对其表示诚挚的谢意。

本书的出版得到了国家自然科学基金项目(项目编号:61603414,62173341)以及国防科技创新特区研究项目的资助,并在撰写过程中参考了国内外的论著、应用成果和研究的先进技术,著者在此深表谢意。

由于著者水平有限,书中的疏漏及不妥之处在所难免,恳请广大读者批评指正。

王荣浩

2022 年 11 月

符号对照表

A^{T}	矩阵 A 的转置
A^{-1}	矩阵 A 的逆
B^{+}	矩阵 B 的广义逆
L_{∞}	幅值有界函数空间
H_{∞}	能量有界函数空间
$\|\cdot\|$	矩阵 2-范数
$\lambda_{\max}(\cdot)$	矩阵最大特征值
$\lambda_{\min}(\cdot)$	矩阵最小特征值
I	适当维数的单位矩阵
$S>0$	S 为正定对称矩阵
Z	整数集
Z^{+}	非负整数集
R	实数集
R^{+}	正实数集
Z_{odd}^{+}	正奇数集
Z_{even}^{+}	正偶数集
$\sup\{\cdot\}$	上确界
$\inf\{\cdot\}$	下确界
$\max\{\cdot\}$	最大值
$\min\{\cdot\}$	最小值
$\mathrm{diag}\{a_1,\cdots,a_n\}$	对角元素为 a_i 的对角矩阵,$i=1,2,\cdots,n$
R^n	n 维欧式空间
$R^{m\times n}$	$m\times n$ 矩阵集合
$[\cdot]$	取整运算
$\mathcal{D}$	R^n 上的开邻域
$\mathcal{N},\mathcal{V}$	$\mathcal{D}$ 上的开邻域
$*$	矩阵元素的转置块

目 录

第1章 绪 论 1
1.1 研究背景及意义 1
1.2 研究现状 5
1.2.1 国防工程混杂系统的切换控制问题 5
1.2.2 切换系统研究现状 12
1.2.3 有限时间异步切换控制研究现状 19
1.3 本书内容概述 20
本章小结 22

第2章 连续切换系统有限时间异步控制及性能分析 24
2.1 引 言 24
2.2 有限时间异步切换控制器 25
2.2.1 问题描述与预备知识 26
2.2.2 控制器设计 27
2.2.3 L_∞ 控制性能分析 32
2.2.4 数值算例 36
2.3 有限时间异步切换鲁棒容错控制器 36
2.3.1 问题描述与预备知识 36
2.3.2 容错控制器设计 38
2.3.3 鲁棒 H_∞ 控制性能分析 42
2.3.4 数值算例 47
本章小结 52

第3章 离散随机切换系统有限时间异步控制 53
3.1 引 言 53
3.2 问题描述与预备知识 54
3.2.1 离散随机切换系统异步控制模型 54
3.2.2 相关定义与引理 55
3.3 有限时间随机稳定性分析 57

3.3.1 有限时间随机稳定的充分条件 ·· 57
3.3.2 稳定性条件的相关说明及推论 ·· 59
3.4 有限时间异步切换离散控制设计 ··· 60
3.4.1 有限时间异步切换律的存在条件 ·· 60
3.4.2 异步切换下的状态反馈设计方法 ·· 65
3.5 数值算例 ·· 66
3.5.1 有限时间随机稳定算例 ·· 66
3.5.2 有限时间随机镇定算例 ·· 67
本章小结 ·· 71

第4章 基于采样数据反馈的切换系统有限时间异步控制 ···················· 72

4.1 引　言 ··· 72
4.2 问题描述与预备知识 ··· 74
4.2.1 基于采样反馈的切换系统及其等效形式 ·································· 74
4.2.2 相关定义与引理 ·· 74
4.3 具有采样数据的切换系统有限时间稳定性分析 ································· 76
4.3.1 采样系统等效模型的稳定性 ··· 76
4.3.2 等效模型稳定性的相关说明 ··· 79
4.4 异步切换下的有限时间采样数据反馈控制设计 ································· 79
4.4.1 闭环反馈系统的稳定条件 ·· 80
4.4.2 采样数据反馈控制器设计 ·· 84
4.5 数值算例 ·· 85
4.5.1 采样切换系统有限时间稳定算例 ·· 85
4.5.2 切换系统采样反馈镇定算例 ··· 87
本章小结 ·· 90

第5章 切换系统有限时间量化反馈异步控制及在 Boost 变换器中的应用 ··· 92

5.1 引　言 ··· 92
5.2 问题描述与预备知识 ··· 94
5.2.1 切换系统量化反馈控制模型 ··· 94
5.2.2 相关概念与引理 ·· 95
5.3 有限时间量化反馈切换控制设计 ··· 97
5.3.1 非切换条件下的有限时间量化反馈 ··· 97
5.3.2 切换系统的有限时间量化反馈 ··· 99
5.4 异步切换下的有限时间量化反馈切换控制设计 ······························· 104
5.4.1 量化反馈异步切换控制器的设计方法 ··································· 104

  5.4.2 镇定方法的相关说明及推论 ································ 108

 5.5 Boost 开关变换器混杂系统模型与控制设计 ······················· 110

  5.5.1 Boost 开关变换器混杂系统模型分析 ························ 110

  5.5.2 不考虑异步切换的量化镇定实例仿真 ························ 114

  5.5.3 含有异步切换的量化镇定实例仿真 ·························· 116

 本章小结 ·· 118

第 6 章 时变切换系统有限时间异步控制 ······························· 120

 6.1 引 言 ·· 120

 6.2 问题描述与预备知识 ·· 122

  6.2.1 时变切换系统及相关概念 ································· 122

  6.2.2 时变切换系统闭环反馈形式 ······························ 123

 6.3 LTV 切换系统有限时间稳定条件 ·································· 123

  6.3.1 系统有限时间稳定的充要条件 ···························· 124

  6.3.2 稳定性条件的推论 ······································· 126

 6.4 LTV 切换系统有限时间有界条件 ································· 127

 6.5 有限时间异步控制器设计 ··· 129

  6.5.1 有限时间有界控制 ······································· 129

  6.5.2 有限时间镇定 ·· 133

 6.6 数值算例 ··· 134

  6.6.1 标量切换系统算例 ······································· 134

  6.6.2 二阶切换系统算例 ······································· 135

 本章小结 ·· 137

第 7 章 切换非线性系统有限时间异步控制及在双容水箱液位控制中的应用 ······ 138

 7.1 引 言 ·· 138

 7.2 问题描述与预备知识 ·· 140

  7.2.1 切换非线性系统及相关概念 ······························ 140

  7.2.2 相关引理 ·· 141

 7.3 有限时间稳定性及扰动抑制性能分析 ································· 142

  7.3.1 有限时间稳定条件 ······································· 142

  7.3.2 扰动条件下的稳定条件及性能分析 ························ 146

 7.4 有限时间异步切换非线性控制设计 ···································· 148

 7.5 双容水箱液位控制混杂系统模型与控制器设计 ······················· 151

  7.5.1 双容水箱液位控制混杂系统模型分析 ····················· 151

  7.5.2 控制器设计步骤及控制效果 ······························ 154

本章小结 ·· 160

第 8 章　时变切换非线性系统有限时间异步控制 ·················· 161
　8.1　引　　言 ·· 161
　8.2　问题描述与预备知识 ·· 162
　　8.2.1　时变切换非线性系统及相关概念 ························ 162
　　8.2.2　相关引理 ·· 163
　8.3　有限时间稳定性分析 ·· 163
　　8.3.1　有限时间稳定的充分条件 ·································· 164
　　8.3.2　关于稳定条件的相关说明 ·································· 167
　8.4　有限时间异步切换镇定 ··· 168
　　8.4.1　有限时间可镇定条件 ·· 168
　　8.4.2　有限时间控制器设计 ·· 169
　　8.4.3　控制设计的相关说明 ·· 170
　8.5　数值算例 ·· 171
　　本章小结 ·· 174

第 9 章　总结与展望 ·· 176
　9.1　主要结论 ·· 176
　9.2　工作展望 ·· 178

参考文献 ··· 180

第 1 章 绪论

切换系统(Switched System)是一类重要而典型的混杂系统(Hybrid System),且包含了混杂系统的基本特征,即同时具有连续/离散动态与离散逻辑事件变量,其中离散逻辑事件变量用来对连续/离散动态实施监控,通过在这些动态中进行选择从而达到期望的性能。例如,在国防工程电力保障中,当供电侧发生故障时,电路能够及时投切到备用电源以确保供电正常;在国防工程安全视频监控中,当有意外事件发生时,监控主机能够根据所控区域内的突发事件,触发摄像头云台动作,跟踪事件发生的时空轨迹;国防工程三防转换控制系统能够根据工程遭受核生化武器袭击情况,切换到不同的通风控制模式,为工程指挥和维护人员提供必要的生存环境保障。这些已在国防工程中广泛部署和运行的控制系统自身都存在切换和混杂特性,它们既具有连续的运行过程,也受控于离散的触发事件。本章重点阐述了该方向的研究背景与研究意义,指出了有限时间异步切换控制在切换系统镇定设计中的重要性,对其研究有利于将切换系统理论应用于实际工程系统中。

1.1 研究背景及意义

自 20 世纪 90 年代中期开始,切换系统已成为控制理论领域的研究热点,在国际上具有广泛影响的学术期刊 *IEEE Transactions on Automatic Control* 与 *Automatica* 上分别组织了这一研究领域的专辑。切换系统研究领域活跃的中国群体有中国科学院系统科学研究所、北京大学、清华大学、东北大学等。这种理论研究的热情主要受到以下因素的影响:①随着工业过程自动化技术的不断发展,其控制对象和方法越来越复杂,切换系统模型和基于该模型的控制可以很好地反映对象运行过程的复杂性,并通过切换控制技术有效提升系统性能;②伴随着计算机科学和应用数学的快速发展,急需寻求与之相匹配的新的控制科学理论来分析和设计复杂系统,揭示系统更一般的内在运行规律,切换系统研究成果的不断丰富是这三个学科融合发展的必然结果。典型的切换系统控制结构如图 1-1 所示,其中切换律根据控制系统的输出和上一级控制决定当前时刻哪一个子系统起作用,系统输出反馈到子系统输入端构成闭环系统。切换律是由系统自动发出的逻辑处理信号,它由离散事件构成,子系统是由微分/差分方程来描述的连续/离散时间系统。

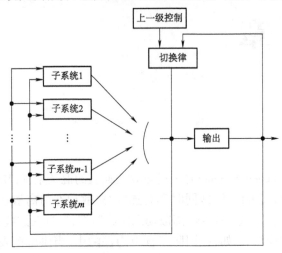

图 1-1　典型的切换系统控制结构①

可以认为切换系统是切换律与各个子系统的动态行为相结合的产物。切换控制具有较高的灵活性及较强的鲁棒性,在实际工程系统中得到了较好的应用。实际控制系统往往用单一的控制器无法实现稳定和优化控制,多个控制器根据一定的规则协调参与到系统的运行控制中能够获得良好的控制效果。切换控制方法作为提高系统总体性能的有效手段,其思想在典型的控制系统和早期的控制应用中都有所体现,例如运动控制中广泛使用的开关伺服系统,基于时间最优控制原理设计的 Bang-Bang 控制,伴随着计算机及电力电子技术发展的滑模变结构控制等。在通信网络系统[1]、电力系统[2]、发动机引擎控制系统[3]、车摆控制系统[4]、机器人控制系统[5]、网络控制系统[6]、计算机磁盘驱动系统[7]中切换控制技术的应用取得了良好的控制效果。针对诸如继电器伺服系统、模糊控制系统以及工程上广泛应用的分区 PID 控制系统等具有切换特性的动态系统,可以通过设计切换规则和切换控制器对其实施控制。另外,对于非线性控制系统而言,有时有效的反馈控制策略并不一定存在,故无法设计系统的镇定控制器。然而研究表明采用切换控制方式是实现系统稳定控制的有效方法,其基本思想是:利用多个线性子系统的组合构成非线性系统的一个近似系统(也称分段线性系统),已有理论表明分段线性系统可以充分近似大部分复杂的非线性系统[8,9]。由于切换系统广泛的工程背景,针对该系统的分析与综合问题的研究引起了控制界的广泛关注,已发展成为一个独立的控制理论分支。

在控制系统分析与设计中稳定性是首先需要解决的问题。实际控制系统往往需要在有限时间内达到稳定状态,或是要满足一定的暂态性能要求,经典的

---

① 此图附彩插版图。

Lyapunov 稳定性和渐近稳定性刻画的是系统的稳态性能,即当系统运行时间趋于无穷大时,性能上所表现出的一种趋势,对于要求到达稳定时的时间响应较快或暂态性能要求较高的控制系统,经典的稳定性概念显然不适用。有限时间稳定性能够很好地解决该类问题,它要求在有限的时间区间内,系统状态的演化轨迹始终保持在预先给定的界限内,更多地关注系统达到稳定的响应时间和暂态特性,所以近年来已经引起许多学者的关注,例如在研究飞行器的运动时,要求估计飞行器受扰后在一定时间内轨道的偏差,这样就产生了有限时间运动稳定性问题。在无差拍控制、滑模控制与时间最优控制中都要求闭环系统的状态轨线在有限时间内收敛[10]。

在切换系统中异步现象是极其普遍的,计算机控制器检测信号延迟性的存在使得系统切换时刻和控制器切换时刻往往不一致。由于要识别并检测系统当前的运行模式,并将控制器切换到对应当前正在运行的子系统控制模态上,控制器的切换与子系统控制模态的切换之间会存在一定的延迟,这种延迟切换也称异步切换,其或多或少地存在于实际系统中,例如工业过程选择性控制系统[11]、多智能体系统[12]、网络控制系统[13]等都可建模成典型的异步切换系统。在国防工程中,由于受到强电磁脉冲干扰的影响,工程内部部署的通信链路连接故障会时常发生,异步切换控制模式也出现在这种具有较差可靠性和易受干扰的基于网络数据通信的控制系统中。此时,可以用正常与故障模态来刻画系统的运行模式:①通信链路正常,即数据能够实时地从传感器传输到控制器,控制器所依赖的数据信息是最新的,对应系统稳定的运行模态;②通信链路故障,即数据发送失败或者在传输过程中产生数据包的丢失,控制器所依赖的信息是前几次接收到的陈旧数据,对应系统不稳定的运行模态。在控制器切换到对应当前系统运行模态控制器(控制策略基于当前系统的实际状态信息)的延迟期间,上一个模态的控制器(控制策略基于当前系统的历史状态信息)不一定能使当前模态稳定,常常导致控制系统暂态过程振荡加剧,甚至造成整个系统的不稳定,使得原本利用有限时间控制方法可获得较理想暂态特性的系统有可能具有很差的暂态性能,在实际工程中造成恶劣影响。

由于异步切换系统的广泛存在,针对该系统的研究一直是控制理论和控制工程领域所关注的一个热点问题,研究的目的是设计异步控制器和相应的切换策略使系统即使存在延迟切换也能被有效地镇定。近年来,众多的文献研究集中于渐近稳定或指数稳定的异步切换控制器设计[14-20],因为异步切换所带来的暂态性能恶化和渐近稳定或指数稳定所要求的稳态性能之间并没有本质上的冲突,渐近稳定或指数稳定的控制器设计可以不考虑系统暂态性能,只需要关注系统镇定的渐近稳态特性,所以在控制器的实现上并没有太大难度。但有限时间控制要求系统具有良好的暂态性能,而异步切换现象又导致了暂态性能的恶化,控制器的设计需要兼顾两者的影响,如何克服这对矛盾是有限时间异步切换控制所面临的困难和需要解决的问题。

混杂系统是指一类兼有离散事件和连续/离散变量两种运行机制的动态系统[21],连续/离散子系统的动态特征随时间不断演化,并受离散事件的驱动,两者相互作用呈现出复杂的动态行为。混杂系统在国防工程控制系统中广泛存在,例如电力电子开关器件、具有全开/全关特性的阀门、常开/常闭继电器等,这类器件以离散的二值形式参与到控制系统中充当调度执行器或监督控制器,这些具有离散二值形式的开关执行器或控制部件作用于系统产生不同的运行模态,而系统在不同模态下的动态又随着运行过程渐近演化,离散的开关事件与连续演化的动态特性的交织使系统的运行状态在全局上发生离散事件点的时空迁移,局部又表现出随时间连续变化的特性。除此之外,混杂系统还广泛存在于制造业、计算机通信网络、核反应堆及交通管理中,它的提出适应了深入研究基于计算机信息处理技术的现代国防和工业过程控制的需要,对国防工程智能化、生产过程自动化、计算机通信和机器人控制等一系列工程技术问题具有重要指导意义。混杂系统的一些基本特征可以用切换系统这一较为合理的数学模型来反映并刻画,在连续/离散系统中引入基于离散事件的逻辑切换机制,已经成为研究混杂系统建模及控制的一种重要和高效的方法。工程上广泛使用的模糊监督控制[22]便是混杂系统切换控制思想的体现。此外,控制工程中广泛存在的混杂系统由于识别运行的子系统和请求匹配的控制器难免需要一些时间,控制器切换可能会滞后相应子系统切换,并且像导弹系统、机器人操控系统这类工作时间短暂的系统,对暂态性能和系统响应时间的要求都较高,有限时间异步切换控制的方法可以有效处理这类混杂系统,对其理论和应用的研究具有重要的现实意义。

目前,计算机等数字化设备已广泛应用于各种控制系统与控制工程中,计算机取代了传统的模拟控制装置。由计算机控制器构成的混杂系统涉及离散化、采样数据量化、时变以及非线性特性等,故在被控对象状态随时间连续演化时,需要综合考虑上述特性给实际系统带来的影响。计算机控制系统采样、量化是其有别于一般连续系统的本质特征,采样周期、量化误差对系统稳定性均会产生影响,在切换系统控制问题中研究这类包含采样数据和量化特性的系统具有重要的理论与应用价值。由于环境改变或自身部件参数漂移等,实际控制对象多数具有时变特性,对变系数微分方程或差分方程的分析求解,比对常系数微分方程或差分方程的分析求解繁难得多,故分析时变系统的信号处理功能远较分析时不变系统的相应功能复杂困难,有时甚至求不出确切解而只能求出近似解,当系统中有多个参数随时间变化时,则可能无法用解析法求解,因此研究时变情形下的稳定性及控制问题具有重要的现实意义。同时对于具有本质非线性的切换系统,即使采用一些简单线性子系统所组成的多个系统也无法近似原系统,所以对该类系统的控制无法采用线性切换系统控制方法,需要发展针对非线性子系统所构成的切换系统的异步控制理论。

综上所述,在国防工程及很多其他实际控制工程中的混杂系统可以用切换系统处理方法进行建模和控制,然而异步切换的存在对于实现系统所期望的良好性能是十分不利的,那些对暂态性能和响应时间要求较高的系统需要用到有限时间控制方法。有限时间控制要求系统具有良好的暂态性能,而异步切换现象又导致了暂态性能的恶化(甚至不稳定),这对矛盾是有限时间异步切换控制器设计的主要困难所在,也是目前切换系统有限时间异步控制研究成果较少的原因。除此之外,采样、量化、时变和非线性特征又给系统稳定性分析带来了新的挑战。本书系统性总结了具有采样数据、量化反馈、时变及本质非线性特征的切换系统有限时间异步控制问题的研究成果,既是对切换系统理论体系的进一步丰富,也对工程混杂系统的稳定控制与设计具有实际指导意义。

1.2 研究现状

在国防工程中广泛存在的混杂系统很多都可采用切换系统处理方法进行研究,切换系统作为混杂系统一类最常用的建模方式,其思想和方法具有典型性和代表性。目前较为成熟的方法是从离散事件逻辑转换及事件迁移和系统动态行为演化的角度研究工程混杂系统的分析与综合问题,在基于切换模型的控制理论研究与仿真应用方面取得了不少进展。

1.2.1 国防工程混杂系统的切换控制问题

1. 通风控制系统

切换系统理论在防护工程领域的典型应用案例是地下建筑的通风控制系统。在战时隔绝通风方式下,工程内的 CO_2 浓度会根据人员数量不断变动,当传感器检测到空气中的 CO_2 浓度达到一定值时启动增氧装置。由计算机精确控制通风系统阀门开度和风机风量,从而使空气质量维持在正常范围之内,控制算法从气体扩散过程中得到反馈。气体浓度扩散是连续的动力学过程,而浓度控制是离散的计算过程。针对这样具有连续物理系统和离散计算系统的过程,传统的建模方式是针对二者分别建立模型,即气体浓度扩散方程的建立和浓度控制方式并没有直接关系,简单地采用定时开启通风设备的方式且不存在反馈,不能根据工程内部氧气扩散程度自动调节阀门开度和风机风量,这既不利于工程节能,也不能反映氧气浓度扩散与控制方式之间的内在关联。通风控制系统应根据工程内不同区域 CO_2 浓度值,切换通风阀门和风机的最优运行模式,从而达到合理供氧及节能控制的目的。如果气体扩散的物理过程采用微分方程、差分方程等连续行为模型来描述,计算过程根据任务需求产生的规则建立离散事件模型描述物理系统的逻辑转换,将两种行为建模有机融合,则这种计算物理融合建模的方式更能抽象和刻画控制交互的过程。对于这类混杂系统,基于切换系统模型的控制方式是较为合适和理想的。

2. 温度调节系统

温度调节系统是国防工程内部空气环境保障的重要组成部分,它是保障工程内部人员生存环境和设备运行环境的重要系统。室内空气温度调节系统是典型的混杂系统,室内温度是随时间变化的连续变量,用 $T(t)$ 表示,温度控制器开关状态是离散事件,其在 $\sigma(t) = \{\mathrm{on},\mathrm{off}\}$ 中取值,on 对应温度上升动态过程,off 对应温度下降动态过程,系统的连续动态方程描述为

$$\dot{T} = f_\sigma(T,w) \tag{1-1}$$

其中 $f_\sigma(\cdot,\cdot)$ 是关于室内温度 T、离散状态 σ 和外部温度扰动 w 的充分光滑的函数。系统的混杂模型在两种确定的动态特性间切换,如图 1-2 所示。当温度超过 T_{upp} 时,子系统处于降温动态过程;当温度低于 T_{low} 时,子系统处于升温动态过程。通过在 on 和 off 两种模式间的切换,温度最终处于 $[T_{\mathrm{low}},T_{\mathrm{upp}}]$ 之间。特别地,当 $T_{\mathrm{upp}} = T_{\mathrm{low}}$ 时,温度最终恒定在固定值上。调节器依据工程内部实际温度,自动调整和切换对应的环境温度控制算法,最终达到理想的温度状态值。显然,温度调节系统具有典型的切换特性,可以用切换系统模型来描述。

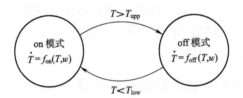

图 1-2　温度调节系统混杂模型

3. 液位控制系统

在国防工程,尤其是在军港工程中,对军舰补给纯水的需求量较大,在纯水制造过程中,对液位的精准控制是水质保障的重要手段。在液位控制系统中,有两个连续变量: $y(t)$ 表示液位高度; $x(t)$ 表示从控制器发出指令信号到执行器(水泵)开始动作的延迟时间。同时也存在两个离散变量: $P(t)$ 表示水泵的运行状态,在 $\{\mathrm{on},\mathrm{off}\}$ 中取值; $S(t)$ 表示控制器发出的水泵运行/停止的指令信号,其也在 $\{\mathrm{on},\mathrm{off}\}$ 中取值。当水泵运行时,液位每秒上升 1 个单元高度;当水泵停止时,液位每秒下降 2 个单元高度。当液位上升到 10 个单元高度时,控制器发出关信号(off),由于网络通信延迟和系统惯性的影响,水泵接收到指令信号并停止运行经过了 2 s 的延迟;当液位下降到 5 个单元高度时,控制器发出开信号(on),水泵接收到指令信号并开始运行也经历了 2 s 的延迟。液位控制系统混杂模型如图 1-3 所示。其中 $\dot{x}=1$ 表示时延变化率为 1,当初始时刻 $x=0$ 时,有 $x=t$,这里 $x(t)$ 可看作一个计时的时钟。$\dot{y}=1$ 表示液位处于上升动态,此时泵处于运行状态,有 $P=\mathrm{on}$; $\dot{y}=-2$ 表示液位处于下降动态,此时泵处于停止状态,有 $P=\mathrm{off}$。图 1-3 中有 4 种状态,状态 0 表示液位处于上升动态。当液位上升到 10 个单元高度时,控制器发出水泵停止

指令信号,即 $S = $ off,且从发出指令开始计时,直到 2 s 的延迟时间到达,即 x 从 0 变到 2,水泵仍处于运行状态,此过程系统状态切换到 1;当 2 s 延迟时间到达,此时泵处于停止状态,有 $P = $ off,则 $\dot{y} = -2$,液位处于下降动态,对应状态 2。当液位下降到 5 个单元高度时,控制器发出水泵运行指令信号,即 $S = $ on,且从发出指令开始计时,直到 2 s 的延迟时间到达,即 x 从 0 变到 2,水泵仍处于停止状态,此过程系统状态切换到 3;当 2 s 延迟时间到达,此时泵处于运行状态,有 $P = $ on,则 $\dot{y} = 1$,液位处于上升动态,对应状态 0。经过在 4 个状态间的切换,液位最终被控制在一定的范围内,即 5 个单元高度至 10 个单元高度之间。当然,如果限定的液位最低单元高度和最高单元高度更接近,则实际液位稳定时的高度将被限定在更小的范围内,从而达到接近恒定液位的控制目的。如果将状态 0~3 看作 4 个子系统,则液位控制实际是在这 4 个子系统之间切换,可用切换系统模型来描述,并且由于存在控制器指令信号 $S(t)$ 和执行器 $P(t)$ 动作之间的延迟 $x(t)$,因此该混杂系统可进一步用异步切换控制方法控制液位的高度。

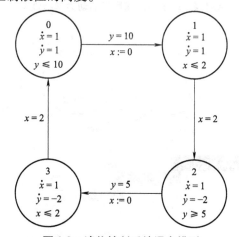

图 1-3　液位控制系统混杂模型

4. 无人驾驶自动换挡系统

在国防工程安全巡检中,无人车逐渐被广泛采用,一方面可以节约人力资源、减少人员巡检的工作强度,并克服人员巡检存在的疲劳和人为失误的问题;另一方面便于统一的自动化调度和管理。无人化技术是未来国防工程安全巡检的发展趋势。在无人驾驶自动换挡系统中,车辆行驶速度和油门开度是连续的动力学变量,分别用 ω 和 u 表示,其中 $u \in [0,1]$,$u = 0$ 表示油门关闭,$u = 1$ 表示油门全开;汽车挡位是离散事件,它随着车辆速度的大小而自动切换,用 g 来表示,若 $g \in \{1,2,3,4\}$ 分别对应车辆的 4 个挡位,则行驶过程的动力学方程可描述为

$$\begin{aligned} \dot{\theta} &= \omega \\ \dot{\omega} &= \eta_g(\omega, u) \end{aligned} \quad (1\text{-}2)$$

其中 θ 为当前车辆的位置;$\eta_g(\cdot,\cdot)$ 表示速度、挡位和油门开度之间的非线性动力学关系。当车辆行驶中处于不同挡位时,车辆行驶的动力学特性是不同的,随着速度的变化,对应于 4 个挡位,动力学关系曲线如图 1-4 所示。车辆自动换挡系统混杂模型如图 1-5 所示,挡位随着速度的变化做相应切换,对应不同的行驶过程动力学特性,从而使得车辆能够在不同速度下均平稳运行。如果将挡位 g 所对应的 4 种动力学特性视为 4 个不同的子系统,则自动换挡控制实际是在这 4 个子系统之间切换,可用切换系统模型来描述并加以控制。

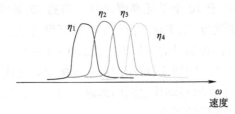

图 1-4 车辆不同速度下的动力学特性①

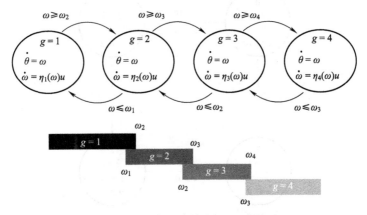

图 1-5 车辆自动换挡系统混杂模型②

5. 电力电子系统

直流负荷是国防工程电力负荷的重要组成,通信负荷是典型的直流负荷。为此需要将交流电源转换为直流,并将直流电压提高或者降低以满足直流负荷的电压等级。另外,质子交换膜燃料电池(PEMFC)作为一种新能源发电装置近年来受到极大的关注,其发展也较为迅速,在运行过程中具有能量转换率高、发电无污染、可靠性高、易于维护、工作无噪声等优点,在国防工程电能保障中有广阔的应用前景。PEMFC 输出直流电压,在国防工程中需要根据直流负荷的用电需求高效灵活

---

① 此图附彩插版图。
② 此图附彩插版图。

地产生相应的电能,因此,在国防工程电力保障中会使用大量的 DC-DC 电能变换器,这些变换器是典型的混杂系统,其 Boost 电路原理图如图 1-6 所示。该电路由电感器 L、电容器 C、电阻器 R 以及二极管和理想开关(晶体管)所组成,当开关切换到 $s=1$ 的位置时,此时开关闭合;当开关切换到 $s=0$ 的位置时,此时开关打开。该电路在电阻负载输出端可获得比输入电压源 E 更高的电压,因此也称升压电路。令流经电感器的平均输入电流为 i_L,电容器两端的平均输出电压为 u_C,则可得电路的状态方程

$$\begin{bmatrix} \dot{i}_L \\ \dot{u}_C \end{bmatrix} = \begin{bmatrix} 0 & -\dfrac{1-s}{L} \\ \dfrac{1-s}{C} & -\dfrac{1}{RC} \end{bmatrix} \begin{bmatrix} i_L \\ u_C \end{bmatrix} + \begin{bmatrix} \dfrac{1}{L} \\ 0 \end{bmatrix} E \tag{1-3}$$

其中 s 表示开关管位置函数,作为控制输入,其在 $\{0,1\}$ 上取值,当 s 分别取 0 或 1 时,式(1-3)对应于两个系统参数不同的状态方程。如果令 $s=0$ 时,系统运行在状态方程 1,$s=1$ 时,系统运行在状态方程 2,则通过控制 s 的通断,Boost 电路在两个不同的状态方程间切换,显然这是一个典型的切换系统模型,可以用切换控制方法来设计系统的控制输入,即 s 的通断时间,通过调节电路占空比来实现 Boost 电路的稳定运行。

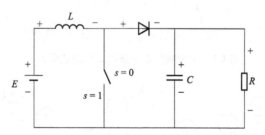

图 1-6 具有钳位二极管的 Boost 电路原理图①

6. 多智能体系统

随着国防工程信息化、智能化技术的快速发展和国防工程保障任务复杂性的不断提高,一些任务常常需要以群体协作的方式来完成,多个具备一定感知、通信和控制能力的个体组成的集合就是多智能体系统。就系统属性而言,多个体系统区别于个体系统最本质的要素在于其通过网络进行信息传递与共享。在多智能体通信网络传输中普遍存在的丢包、时延、中断以及故障等因素对于系统性能的影响不容忽视。图 1-7 展示了分布在不同区域的智能体通过无线网络连成一体,共同实施设定任务,这些智能体可以是处于联网状态下的多个国防工程保障设备或装备。多智能体系统通信拓扑的连通性在一致性(多个体协作共同完成任务的能

---

① 此图附彩插版图。

力)的实现中起着关键作用。但是,在实际的国防工程中,当受到强电磁干扰或个体之间通信距离发生变化时,通信网络中的某个节点可能发生故障或数据通信异常,某些链路会因此而断开并重新建立新的连接关系,通信拓扑从一种模式转换为其他模式,导致多智能体系统网络拓扑结构及相应的连通性发生变化。图 1-8 展示了智能体节点正常通信[见图 1-8(a)],某个节点断开[见图 1-8(b)]以及新连接关系[见图 1-8(c)]的拓扑结构,其中虚线表示智能体节点受干扰后或通信距离受限时新建立的通信连接。对于存在这种具有时变拓扑结构的切换通信网络的多智能体控制问题,如果将三种情况下的不同网络拓扑状态视为三个不同的子系统,则通过为三个子系统设计相应的多智能体群体控制协议,利用切换控制方法可以确保即使多智能体网络通信不稳定,系统仍然能够正常完成指定的任务(一致性问题)。

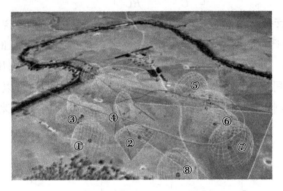

图 1-7 多智能体系统所构成的通信网络①

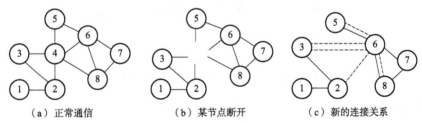

(a)正常通信　　　　(b)某节点断开　　　　(c)新的连接关系

图 1-8 多智能体网络拓扑结构②

7. 忆阻系统

随着物联网、可穿戴电子设备和人工智能等技术在国防工程智能化作战与保障中的普及和应用,需要存储及分析的信息正在爆炸式增长,如何不断提高存储器件性能成为该领域的一个关键性基础问题。然而当前主流闪存(Flash)存储器已逼近其物理极限,无法在进一步提升器件性能的同时减小器件尺寸,众多新兴存储器中,忆阻器成为重要的下一代存储技术。2008 年 5 月《自然》(*Nature*)上的一项

---

① 此图附彩插版图。
② 此图附彩插版图。

研究报道了美国惠普公司实验室的斯坦·威廉斯带领的研究团队在进行极小型电路实验时制造出忆阻器的实物模型,从而验证了非线性电路理论先驱、美国加州大学伯克利分校的华裔科学家蔡少棠的猜想,即除了电容器、电感器和电阻器外,电子电路还应该存在第四种基本元件——忆阻器[23],如图1-9所示,它是表示磁通与电荷关系的电路器件。忆阻与电阻具有相同的量纲,但电阻器的阻值通常是个常量,与施加在其两端的电压和流经它的电流大小均无关,而忆阻器的阻值是由流经它的电荷确定的,所以忆阻器具有明显的记忆电荷的作用,即要想知道流经忆阻器的电荷量,只需测量忆阻器的阻值即可。

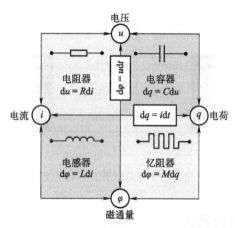

图 1-9　四种电路基本元件之间的关系①

在《连线》(Wired)杂志评出的"2008年十大科技突破"中,"忆阻"名列前茅,引起了各国政府及全世界科学家的广泛关注和兴趣。一些学者称忆阻器的发现丝毫不逊于晶体管的发明给人类社会带来的技术革命,忆阻器可能的应用和普及将会给计算机科学和人工智能带来革命性的跨越,这也必然会给国防工程智能信息化技术的发展带来根本性变革。斯坦·威廉斯等[24]指出忆阻器还可在各种外加电压控制下,切换到介于低阻与高阻之间的多种不同的中间阻值记忆状态,如图1-10所示。惠普公司实验室发现的忆阻器材质基于二氧化钛,电极施加于二氧化钛导致其被分成缺了氧原子的掺杂区和正常的非掺杂区,在电极作用下具有较小阻值的掺杂区逐渐向非掺杂区扩散,使得整个器件的阻值发生变化,忆阻器的阻值变化数学模型为

$$R_{\mathrm{m}}(t) = R_{\mathrm{on}}\frac{w(t)}{D} + R_{\mathrm{off}}\left(1 - \frac{w(t)}{D}\right)$$

$$\frac{\mathrm{d}w}{\mathrm{d}t} = \mu_{\mathrm{v}}\frac{R_{\mathrm{on}}}{D}i(t)$$

其中 R_{m} 为忆阻器的阻值;D 为薄膜的总厚度;w 为掺杂层厚度,且 $0 \leq w \leq D$;R_{off} 和

---

① 此图附彩插版图。

R_{on}分别为掺杂区和非掺杂区的接触面处于极限位置时忆阻器的最大阻值和最小阻值;μ_v为理想情况下的杂质迁移率。如果将基于每一个中间记忆状态的电路当成一个子系统,则通过忆阻切换后形成的总系统将具有更加丰富的动力学行为特性,这也能够被用于增大电路系统的信息存储容量和增强信息获取的准确性。可以看出,将基于忆阻的非线性电路系统建模成切换非线性系统,在一定程度上能较好地描述这种动力学行为特性。此外,Wang等[25]还通过实验发现了在忆阻系统中存在延迟切换现象,其特征已经被电路实验所证实,因此忆阻系统存在延迟切换下的动力学建模及控制问题也可以用切换系统异步切换控制方法进行处理。

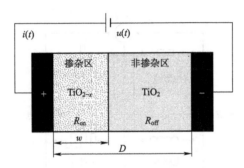

图 1-10　忆阻器在外界激励下的不同阻值获取电路①

1.2.2　切换系统研究现状

切换系统依据不同性质的切换信号可划分为状态或时间依赖型切换系统。状态依赖型切换系统的切换行为由系统当前的运行状态确定,基于切换面将系统运行的状态空间分割为一系列状态子区域,这些被分割的状态区域唯一确定地与当前运行的子系统相对应,一旦子系统运行轨迹演化到切换面时,则相应地从一个子区域向另一个子区域发生系统状态的切换。时间依赖型切换系统的切换行为由系统的运行时间确定,在运行时间达到某种条件时,系统由当前子系统切换到另一个子系统,并使相应子系统被激活。近年来,切换系统的理论研究日趋成熟和完善,*IEEE Transactions on Automatic Control*、*Automatica*、*International Journal of Control*、*IET Control Theory and Applications* 等一些国际控制刊物以及美国控制会议、IEEE控制与决策会议等国际会议上均有许多关于切换系统的研究文章发表。国内关于切换系统的研究也进入蓬勃发展时期。陈代展、洪奕光、赵军等控制学者在国内较早开展了切换系统相关问题的研究,费树岷等完成了国内第一部关于切换系统 H_∞ 控制的专著[26]。姜斌等学者在非线性切换系统方面做了较为详细和深入的研究,近年来其研究团队在该方向取得了不少成果,并在 Springer 出版社出版了

---

① 此图附彩插版图。

Stabilization of Switched Nonlinear Systems with Unstable Modes 学术专著[27]。国内外关于切换系统控制理论的研究方兴未艾,总体说来,关于切换系统的研究主要围绕系统稳定性分析和控制器设计这两大主题展开。

1. 切换系统稳定性分析

稳定性是切换系统理论研究的基本问题。由 n 个子系统构成的切换系统通常可描述为[28]

$$\dot{x}(t) = f_{\sigma(t)}(x(t)), \quad t \geq t_0 \tag{1-4}$$

其中 $x(t) \in R^m$ 为系统状态量; t_0 为系统运行初始时刻, $\sigma(t):[t_0, +\infty) \to N = \{1,2,\cdots,n\}$ 表示分段常值切换信号, $N = \{1,2,\cdots,n\}$ 表示 n 个子系统对应的序号集合。对于每一个 $i \in N, f_i(\cdot):R^m \to R^m$ 表示充分光滑的非线性函数。为问题研究的方便起见,通常假定切换信号 $\sigma(t)$ 是右连续的。特别地,若 f_i 为线性函数,则可得到线性切换系统

$$\dot{x}(t) = A_{\sigma(t)}x(t), \quad t \geq t_0 \tag{1-5}$$

其中 $A_i \in R^{m \times m}$ 是系统矩阵。稳定性是控制系统最基本的性质,国际控制理论专家美国耶鲁大学 Morse 教授带领的研究团队经过对切换系统近几十年发展的回顾和调查,概括性地提出有关切换系统分析和综合的三个基本问题:①在任意切换信号下系统的稳定性分析问题;②在给定切换信号下系统的稳定性分析问题;③设计控制律和构造某种切换信号使系统能够稳定,即镇定综合问题。与一般的非切换系统相比,切换系统稳定性的一个显著特征是:子系统 f_i 的稳定性不等于整个切换系统的稳定性,即可能存在这样的情形,即使各子系统 f_i 稳定,如果切换信号选取不当,整个切换系统可能也不稳定;与此相对,也可能存在这样的情形,即使各子系统 f_i 不稳定,通过设计适当的切换策略也能保证整个切换系统的稳定性。另外需要指出的是,即使每个子系统都是线性定常系统,由于切换的存在,整体上系统不满足叠加性和均匀性,故切换系统本质视为非线性系统。到目前为止,针对状态依赖型切换系统和时间依赖型切换系统的稳定性分析,分别给出了 Lyapunov 函数方法和驻留时间方法。

(1) Lyapunov 函数方法

① 公共 Lyapunov 函数 (Common Lyapunov Function, CLF)。对于切换系统(1-4),若所有子系统存在一个共同的 Lyapunov 函数 $V(x) > 0$,使得对任意的切换信号都有

$$\frac{dV}{dt} = \frac{\partial V}{\partial x}f_i(x) \leq 0 (或 < 0), \quad \forall i \in N \tag{1-6}$$

则系统是稳定(或渐近稳定)的,这样的 Lyapunov 函数称为公共 Lyapunov 函数。对于线性切换系统(1-5),需要寻求公共二次 Lyapunov 函数判断系统的稳定性。在实际的应用中,数值解是寻找公共二次 Lyapunov 函数的一个行之有效的方法,文献[28-30]给出了一些有用的算法。文献[31]证明了对于线性切换系统(1-5),若

所有子系统 $\dot{x}(t) = A_i x(t), i \in \{1,2,\cdots,n\}$ 都是渐近稳定的,且各子系统的状态矩阵可以两两互换,即对于 $\forall i, j \in N$,有 $A_i A_j = A_j A_i$ 成立,则整个切换系统渐近稳定,并进一步给出了公共二次 Lyapunov 函数的递推构造方法。文献[32]利用 Lie 代数对公共 Lyapunov 函数的存在性问题进行了研究,其主要思想是将公共 Lyapunov 函数的存在性问题转换为切换系统 Lie 代数的可解性问题,并证明了如果式(1-5)对应的 Lie 代数是可解的,则系统存在公共 Lyapunov 函数,且对于任意切换序列都是全局一致指数稳定的,在此基础上进一步证明了如果式(1-4)对应的 Lie 代数是可解的,则系统对于任意切换序列是局部一致指数稳定的。

一般而言,利用公共 Lyapunov 函数判别系统的稳定性在实际应用中具有一定的局限性。因为,若切换系统存在公共 Lyapunov 函数,则在任意切换下是渐近稳定的。显然,这样的要求是很强的,公共 Lyapunov 函数的构造往往很困难,有时甚至是不存在的。但是,利用公共 Lyapunov 函数方法得出的系统稳定性条件有其自身的优点:首先,这样的条件往往更为简单;其次,它可以保证切换系统在任意切换信号下的稳定性,因而设计者可专注于利用切换提高系统性能,不必担心系统失稳。需要指出的是,利用公共 Lyapunov 函数方法所得到的切换系统的稳定性条件是充分的。这自然使得研究者们思考,如果切换系统是稳定的,是否存在公共 Lyapunov 函数,这就是逆 Lyapunov 函数原理。文献[33-34]对此进行了研究,证明了系统(1-5)拥有公共 Lyapunov 函数的一个充分条件是该系统是全局一致指数稳定的。文献[35]将上述结果推广到了系统(1-4),指出若该系统关于前向不变紧集是全局一致渐近稳定的,则拥有一个公共 Lyapunov 函数。

②多 Lyapunov 函数(Multiple Lyapunov Functions,MLFs)。从切换系统自身的特点出发,Peleties 和 DeCarlo 在文献[36]中引入了类 Lyapunov 函数(Lyapunov-like functions)的概念,其具体意义为:设各个子系统对应连续可微的正定函数 $V_i(x(t))$,如图 1-11 所示,以 $V_1(x(t))$ 为例,在时间段 $[t_0, t_1) \cup [t_2, t_3) \cup \cdots$,系统切换至子系统 1,若 $V_1(x(t))$ 满足 $\dot{V}_1(x(t)) = (\partial V_1/\partial x) f_1(x) \leq 0, \forall [t_0, t_1) \cup [t_2, t_3) \cup \cdots$,且 $V_1(x(t_0)) \geq V_1(x(t_2)) \geq \cdots$,则 $V_1(x(t))$ 称为子系统 1 的类 Lyapunov 函数,Branicky 等学者据此证明了若各子系统均存在类 Lyapunov 函数 $V_i(x)$,则切换系统(1-4)是 Lyapunov 意义下稳定的[37]。多 Lyapunov 函数方法的一个更通俗的解释为:将整个欧式空间 R^m(也称状态空间)划分为 n 个子空间 Ω_i,且 $\bigcap_{i=1}^{n} \Omega_i = R^m$,$\Omega_i \cap \Omega_j = \emptyset, i \neq j$,它们分别与系统(1-4)的 n 个子系统相对应。每个子系统都具有各自的类 Lyapunov 函数 $V_i(x(t))$,即如果同一个子系统下次被激活时的 Lyapunov 函数初始值小于或等于上次被激活时的 Lyapunov 函数初始值,整个系统的能量将至少不会呈现增加的趋势,则切换系统(1-4)是 Lyapunov 意义下稳定的。文献[38]在 Lyapunov 稳定性的基础上进一步论证了切换系统的渐近稳定性及指数稳定性。

显然,当式(1-4)只有一个子系统时,多 Lyapunov 函数方法退化为常见的 Lyapunov 直接法;当各子系统 Lyapunov 函数相同时,则可视作公共 Lyapunov 函数方法。可以看出,在实际运用中多 Lyapunov 函数方法具有更强的适用性,由此得出的系统稳定性条件比公共 Lyapunov 函数方法具有更小的保守性。

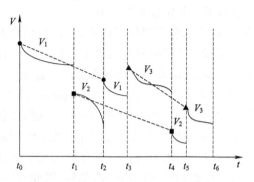

图 1-11　多 Lyapunov 函数法示意图

(2) 驻留时间(Dwell Time)方法

驻留时间方法通常用来分析时间依赖型切换系统的稳定性。如果一个动态系统在几个子系统之间进行切换,那么整个系统的稳定性可能与各个子系统的稳定性完全不同。对于稳定性的问题,可以看出即使各子系统均渐近稳定,如果切换不当,也可能使整个切换系统不稳定。直观地说,这是由于切换引起的"系统能量"增长趋势超过了各个稳定子系统对"系统能量"的衰减作用。因此,对于所有子系统均是稳定的情形很自然地想到,如果在各个稳定子系统内停留的时间足够长,以对消并超过切换引起的"系统能量"增长趋势,那么整个系统的能量必定呈现递减的趋势,系统就可以稳定了。由此,不难想到在每个稳定的子系统中所停留的时间应该有一个确定的下界值,从而确保整个系统的稳定性。通常称在每个子系统中停留的时间为切换系统的驻留时间。基于这个思想,Morse 从数学上严格给出了每个子系统所应具有的最小驻留时间值[39]。Hespanha 改进了 Morse 的方法:不需要每个子系统的驻留时间都有确定的下界值,某些子系统的作用时间可以小于这个值,只要各子系统的平均驻留时间不小于这个值,则切换系统是稳定的[40]。显然,在判定切换系统的稳定性时,平均驻留时间方法具有更小的保守性。Zhai 等[41-42]将平均驻留时间方法推广到有稳定的子系统和不稳定的子系统同时存在的情况,其基本思想是:在平均驻留时间的方案下,尽管有些子系统不稳定,但是只要这些不稳定的子系统被激活的时间相对短,仍然能够得到使系统稳定的切换律。

值得指出的是,由于 Lyapunov 函数方法是基于受控状态切换的稳定性分析方法,由此所得出的系统稳定性结论大多是渐近稳定的,而驻留时间方法则是基于受控时间切换的稳定性分析方法,因而利用这种方法所给出的系统稳定性结论大部分是指数稳定的。在文献[43]中 Hespanha 证明了当切换信号为时间依赖型(即切换信号不受控于状态),线性切换系统的一致渐近稳定性与指数稳定性是等价的。然而,对于状态依赖型切换律,这种等价性是不成立的。文献[43]同时给出了相应的例子,验证了这个结论的正确性。

从上述几类方法中可以看出,公共Lyapunov函数方法及其逆问题主要用来解决切换系统任意切换信号下的稳定性问题。在实际控制工程领域,很多混杂系统由于自身物理因素的限制,并不能实现任意切换,而是必须遵循一定的切换规则,例如汽车加速换挡控制,必须逐级切换挡位,即必须由低挡位逐步切换到高挡位,其切换序列是固定的,如果随意切换挡位或越级加挡会造成汽车动力不连续,同时增加油耗,对发动机也有一定损害。因此,公共Lyapunov函数方法虽然在理论上具有一定的研究价值,但在实际工程应用中很难推广。实际系统中,切换规则信息常常是已知或部分已知,这类切换规则称为受约束切换,上面所介绍的多Lyapunov函数方法和驻留时间方法可以用来解决这一类受约束切换系统的稳定性,此外所得结论的保守性明显弱于任意切换下的稳定性条件,因此在实际工程中具有重要的应用研究价值。

2. 切换系统控制器设计

在切换系统稳定性研究的基础上,许多学者致力于系统控制器设计的研究,取得了不少成果。通常一般的切换受控系统可用数学模型

$$\dot{x}(t) = f_{\sigma(t)}(x(t)) + g_{\sigma(t)}(x(t))u(t), \quad t \geq t_0 \quad (1\text{-}7)$$

描述,其中$u(t) \in R^p$为系统控制输入;$f_i(\cdot): R^m \to R^m, g_i(\cdot): R^m \to R^{m \times p}, i \in N$表示充分光滑的非线性函数。如果$f_i(\cdot), g_i(\cdot)$退化为线性函数,则可得到式(1-7)的线性形式为

$$\dot{x}(t) = A_{\sigma(t)}x(t) + B_{\sigma(t)}u(t), \quad t \geq t_0 \quad (1\text{-}8)$$

其中$A_i \in R^{m \times m}$是系统矩阵;$B_i \in R^{m \times p}$是控制矩阵。针对上述被控系统,众多文献集中于渐近稳定控制器设计、指数稳定控制器设计和有限时间稳定控制器设计。

(1) 渐近稳定控制器

在实际工程系统中,经常用到渐近稳定的概念。渐近稳定概念的典型应用场景是卫星姿态角的控制。当卫星姿态角与期望角度之间发生偏离时,控制作用应使卫星姿态角与期望正常角度之间的偏差不超过某个规定的范围,称为Lyapunov意义下的稳定控制,同时随着时间的推移卫星姿态角有不断向初始正常角度回归的趋势,这种工程要求可用渐近稳定的概念来刻画,相应的控制器即为渐近稳定控制器。文献[44]利用平均驻留时间方法研究了一类级联非线性切换系统的渐近稳定控制器设计方法,针对不是所有子系统都能够渐近可镇定的情形,设计了切换控制器和切换律。Xu和Antsaklis[45]研究了由二阶线性时不变子系统构成的切换系统的渐近镇定问题,基于依赖状态切换规则给出了系统可镇定的一个充分必要条件,设计了系统的镇定切换控制律,并指出其结论应用到三阶或更高阶子系统中的困难。针对该问题Pérez等[46]利用投影技术,假定子系统能够投影到相同子空

间,在此条件下证明了切换系统可镇定的充要条件是其低阶系统能够被镇定,因而系统的镇定问题等价于研究更简单的低阶系统的镇定,所得结果应用到了由三阶子系统构成的切换系统的镇定控制器设计中。文献[47]针对线性连续切换系统,利用二次型多Lyapunov函数给出了依赖状态切换规则的切换控制律设计方法,并计算了每个子系统的最短驻留时间,所给出的渐近稳定控制律并不要求闭环系统的Lyapunov函数值在每个切换时刻递减。对于离散时间切换系统,Su等[48]基于模态依赖平均驻留时间方法研究了状态受约束条件下的系统全局一致渐近稳定控制器设计方法,所得结果比利用常规平均驻留时间方法具有更小的保守性。在实际工程应用方面,针对离散切换线性系统,Benallouch等[49]利用多Lyapunov函数方法,结合LMI技术和凸优化研究了在有界扰动下具有状态和输入约束的H_∞模型预测控制,该方法成功应用到了饮用水供应管网系统中。此外,针对一类强结构不确定的切换系统,Jin等[50]利用公共Lyapunov函数方法设计了其全局渐近稳定容错控制器,并将其应用到了具有切换虚拟场景下的触觉显示系统中,取得了良好效果。

(2)指数稳定控制器

在很多实际控制系统中,定性地获知随着时间的推移系统的状态演化是否有收敛于平衡点的趋势往往是不够的,在初始条件下为了保证系统状态轨迹趋于平衡态的最小衰减速率,定量地估计状态轨线向平衡点趋近速度的快慢也是极为重要的,为此提出系统指数稳定的概念。需要指出,指数稳定蕴涵渐近稳定,但渐近稳定却不一定保证指数稳定。文献[51]针对一类子系统均不稳定的慢切换系统,基于不变子空间理论,设计了具有模式依赖平均驻留时间特性的切换信号来指数镇定原系统。Baglietto等[52]利用模式估计研究了一类未知切换序列的切换系统指数镇定和跟踪控制问题,从理论上证明了在基于测量数据的被控对象模式不能正确重构的情形下,总能够找到合适的慢切换律实现系统的全局指数镇定。基于控制Lyapunov函数方法,Zhang等[53]研究了离散切换线性系统的指数镇定问题,得到离散切换系统指数可镇定的充要条件是存在分段二次型控制Lyapunov函数,并给出了寻找这样的Lyapunov函数的有效算法,实际上该工作给出了针对离散切换线性系统可镇定的逆Lyapunov函数定理。对于由两个不稳定的线性时不变子系统构成的二阶切换系统,文献[54]利用逐段光滑Lyapunov函数方法研究其指数镇定问题,通过切换面及相应Lyapunov函数的适当参数化,导出了系统可指数镇定的代数判据,由此得到切换面及Lyapunov函数的求解方法。在此基础上,文献[55]基于极坐标表示,揭示了由锥形区域所界定的切换控制与子系统几何性质之间的自然联系,建立了二阶切换系统可镇定的充要条件,并从代数与几何两方面刻画了镇定切换控制的特征,给出了状态轨线指数收敛率的估计。在工程应用方面,Kruszewski等[56]将通信网络系统建模成时延切换系统,基于最短驻留时间方法和LMI技术得到了系统全局指数镇定的充分条件,并将该方法成功应用到了基于

Internet 的小型机器人远程控制中。文献[57]利用时变时延切换系统方法研究了网络化全包线飞行控制系统,基于平均驻留时间方法和公共 Lyapunov-Krasovskii 函数得到了系统指数稳定的充分条件,以 LMI 的形式给出了指数稳定控制器的设计方法,并用于设计高灵活度的飞行控制器。

(3)有限时间稳定控制器

上述两种稳定控制器确保了系统稳态性能得到满足,在实际应用中设计者除了对稳态性能感兴趣外,往往更关注系统暂态性能,例如为了避免由执行器饱和或非线性动态扰动的激励而产生的系统暂态响应超调,需要考察在预先给定的时间区间内系统的状态行为。为了研究系统的暂态性能,Peter 等[58]提出了有限时间稳定(FTS)的概念。值得指出的是,有限时间稳定性是一种独立于渐近稳定性和指数稳定性的概念,有限时间稳定的系统可能不是渐近稳定的,而由于系统的暂态响应超出期望的界限导致渐近稳定的系统不是有限时间稳定的。近年来,该概念被扩展到平衡点为零的线性/非线性切换系统中。在线性系统中,有限时间稳定性和有限时间镇定问题被广泛研究,例如有限时间最优控制[59]、输入-输出有限时间镇定[60]、有限时间 H_∞ 滤波器设计[61]、有限时间动态输出反馈 H_∞ 控制[62]等。Onori 和 Dorato[63]将线性系统中关于有限时间稳定性和镇定的结果拓展到非线性系统中,在有限时间稳定性基础上进一步提出了带有停息时间的有限时间收敛稳定性概念。Haimo[64]提出一维连续自治非线性系统有限时间稳定性的充要条件,并针对二阶双积分系统,获得了有限时间稳定性的充分条件及控制器设计方法。Bhat 等[65]揭示和建立了有限时间稳定性和自治非线性齐次系统之间的联系,给出了非线性齐次系统满足有限时间稳定性的充要条件。接着他们又对于二阶双积分系统,获得了非光滑但连续时不变齐次有限时间镇定反馈控制律[66]。进一步,他们又对于连续自治系统有限时间稳定性进行了分析,获得了有限时间稳定性的 Lyapunov 定理;在假定停息时间函数为连续的条件下,获得了有限时间稳定 Lyapunov 逆定理[67]。这些结果为连续自治系统有限时间稳定性分析奠定了基础。Hong 等[68]设计有限时间观测器解决双积分系统的有限时间输出镇定问题。研究表明,在系统具有干扰和不确定情况下,有限时间收敛的系统不仅具有快速收敛性而且拥有更好的鲁棒性和干扰抑制性。在此基础上,他们讨论了一类可控非线性系统有限时间镇定问题,并证明通过连续反馈控制能够有效改进有限时间控制闭环系统瞬态行为的鲁棒性[69]。Huang 等[70]对一类不确定的非线性系统,设计了基于连续状态反馈全局有限时间镇定闭环系统的控制器。Qian 等[71]通过非光滑观测器及添加积分器的技术,研究了一类二阶系统的有限时间输出反馈镇定问题。李世华等[72]针对一类二阶非线性系统的有限时间状态反馈镇定问题进行了讨论,给出了三种基于连续状态反馈的全局有限时间状态反馈镇定方法。由于有限时间控制问题的重要性,切换系统的有限时间稳定性及控制问题受到越来越多的关注。几乎在与非线性系统有限时间控制研究的同时,切换系统的有限时间镇定问题也同步开展。Orlov[73]较早地对不确定切换系统的有限时间稳定性和鲁棒控制问题进行了研究,基于停息时间的概念给出了切换控制器的设计方法,并应用于伺服电动机的控制中。He 等[74]研究了一类线性不确定 Markov 跳跃切换系统的随机有限时间镇定问题,通过构造合适的随机 Lyapunov-Krasovskii 泛函,导出了随机有限时间镇定控制器存在的充分条件。Lin 等[75]采用平均驻留时间方法研究了一类含有界干扰项的切换时滞系统的鲁棒镇定设计方法并进行了 L_2 性能分析,给出了保证闭环系统有限时间有界稳定及具有权重 L_2 性能的充分条件。Xiang 等[76]研究了一类含有界干扰项的离散切换系统的 H_∞ 镇定设计问题,得到了闭环系统在任意切换下有限时间有界稳定的充分条件。可以看出,进入 21 世纪以来有限时间控制问题得到了更多的关注,然而涉及有限时间控制的成果较多集中于非线性自治系统、齐次系统、低维系统,对切换系统的有限时间控制研究则比较少。可以预见对有限时间控制的研究,已逐步朝着如何对切换系统进行有限时间控制设计的方向发展。

1.2.3 有限时间异步切换控制研究现状

在实际工程应用中,由于受到外界无法预知的不确定因素的干扰,会使得开关器件的硬件动作产生延迟或者切换开关的执行软件组件发生连接失败的情况,从而导致开关器件切换信号的改变不能立刻被系统检测到,识别信号的变化并作出判断激活相应的控制器可能需要花费一定的时间,这种控制器延迟切换的现象在实际系统中无法避免,其广泛存在于机械和化工系统中[77-78]。一个典型的实例为机器人手臂控制,由于实际当中机器人手臂运动依靠电动机带动,而电动机的转动调整不是瞬间能够完成的,当机器人手臂到达某一位置而此时需要改变其运动方向时,电动机转动方向以及转速切换是有一定延迟的,如果对此估计不足很可能发生误动作,导致事故。综上所述,由于检测信号的超前或滞后,控制器的切换时间与系统的切换时间往往是不一致的,两者之间存在一定的误差,在理想状况下所设计的控制器可能在实际应用中不能达到镇定系统的目的。当前针对切换系统的异步控制问题受到广泛关注,其控制方法也已被应用于实际工程中,例如利用切换多面体系统方法,文献[79]设计了具有数据包丢失测量和外部扰动的全包线无人机 H_∞ 异步切换控制器,结合依赖切换参数的 Lyapunov 函数和平均驻留时间方法,控制器的存在条件以一组线性矩阵不等式形式给出。由于有限时间控制的重要性,近年来,关于切换系统有限时间异步切换控制的问题也逐步引起学者的关注。文献[80]利用平均驻留时间和多 Lyapunov 函数技术,给出了通过异步切换控制器确保系统有限时间有界稳定并具有 H_∞ 性能指标的充分条件。针对离散阶跃切换时延正系统,文献[81]基于模式依赖驻留时间方法,并利用 Lyapunov-Krasovskii 泛函,设计了系统的有限时间异步切换控制器,所得结果以一组代数矩阵不等式给出,并可通过线性规划工具箱获得控制器的解。针对含有时滞非线性项的切换系统,利用微分中值定理,文献[82]将不确定非线性项转化为线性时变项,进而利用平均驻留时间方法和凸性定理给出了时延切换系统的有限时间稳定性条件,基于该条件设计了异步切换状态反馈控制器。文献[83]通过构造合适的类Lyapunov函数,基于平均驻留时间方法给出了不确定耦合切换神经网络有限时间同步的充分条件,进一步设计了异步切换控制器实现了网络的同步性。在实际应用方面,诸如具有开关器件的电力电子电路[84]、不同工况下运行的变速风机[85]等这类具有混杂特性的多模型混合控制系统[86]的分析与综合问题均可用有限时间异步切换控制方法进行处理。

1.3 本书内容概述

本书总结了连续和离散切换系统有限时间异步控制的研究成果,进一步介绍了著者近年来在采样数据切换系统、时变和非线性切换系统有限时间异步控制方面取得的进展,并以Boost变换器和双容水箱液位控制系统为例,对控制方法进行了应用和验证。

本书内容包括连续切换系统的有限时间异步控制及控制器性能分析、离散随机切换系统的有限时间异步控制、基于采样数据反馈的切换系统有限时间异步控制、切换系统有限时间量化反馈异步控制、时变切换系统有限时间异步控制以及时不变/时变切换非线性系统有限时间异步控制。具体概括如下：

①针对连续切换系统研究其有限时间异步镇定控制设计方法并给出性能指标分析,考虑系统中含有持续有界的无限能量干扰信号,在控制器设计基础上进一步分析了系统的L_∞性能,并讨论了具有L_∞扰动抑制性能的系统镇定问题。对于能量有限的外部干扰信号,在系统稳定性研究的基础上设计了系统的故障容错有限时间控制器,进一步分析了系统的鲁棒H_∞性能,并给出了系统鲁棒容错H_∞控制器的设计方法。这部分工作主要集中在本书的第2章。

②研究了离散随机切换系统的有限时间随机稳定性,给出了系统稳定的充分条件,基于稳定性条件设计了系统异步切换控制器。有别于要求切换随机系统的状态期望值渐近收敛到零的渐近均方稳定性和指数均方稳定性的概念,给出了一种更加符合实际的要求系统状态期望值在规定时间内不超过一定范围的有限时间随机稳定性的定义,并基于这个定义研究了具有离散时间状态的系统有限时间随机异步切换镇定问题。相关定理的条件以矩阵不等式的形式给出,且依赖于系统的切换模式。这方面的工作为本书第3章。

③提出了一种利用采样数据进行反馈控制的切换系统有限时间镇定方法。研究了当系统采样时间和切换时间不一致时有限时间异步切换控制问题。结论表明通过异步切换控制器镇定系统并不需要确保每个子系统都是有限时间可镇定的。在有限时间段内,切换频率只需限定在某个范围内,便可确保整个系统是有限时间稳定的。相较于系统切换发生在采样时刻的镇定结论,需要增加一些额外的条件

来设计系统的控制器,并揭示了产生这些条件的原因是由系统采样时刻和切换时刻不一致所导致的。进一步在采样数据切换系统控制问题基础上,考虑了量化反馈过程,得到了具有量化特性的采样数据切换系统的有限时间稳定性、系统的有效镇定方法以及系统在采样、量化状态反馈和异步切换下的动力学特性,并将所得结论应用到 Boost 变换器的建模与控制设计中。这部分的工作为本书的第 4 章和第 5 章。

④针对线性时变切换系统提出了有限时间镇定和有限时间有界控制方法。基于微分矩阵不等式给出了系统有限时间稳定的充要条件。将有限时间稳定性结果扩展至有限时间有界的情形,利用平均驻留时间方法得到了系统有限时间有界性的充分条件。基于稳定性和有界性的分析结果,研究了系统有限时间异步切换控制问题,给出了系统状态反馈控制器的设计方法,通过求解非线性微分矩阵不等式组可求得控制器的设计参数。微分矩阵不等式的引入为线性时变切换系统的稳定性和镇定问题提供了一种有效的研究手段。这部分的工作为本书的第 6 章。

⑤基于多 Lyapunov 函数,给出了依赖停息时间和平均驻留时间的系统有限时间稳定判据,进一步借助矩阵广义逆的概念设计了有限时间异步切换控制器和合适的切换律来镇定系统,所研究的切换非线性系统具有更一般的混杂非线性形式,并且大多数已有的文献都使用公共 Lyapunov 函数研究切换非线性系统有限时间稳定性,给控制器设计带来了一定的保守性,本书所研究的切换控制器的构造方法依赖多 Lyapunov 函数,并且进一步揭示了停息时间和平均驻留时间之间的关系,不但使得问题的保守性降低,而且有限时间镇定更易实现,所得结果成功应用于双容水箱液位控制系统中。这部分的工作集中于第 7 章。

⑥针对时变切换非线性系统提出了有限时间稳定性条件,并给出了系统的镇定设计方法。基于目前已有的研究文献,关于自治切换非线性系统的相关结果不能简单推广到非自治系统。利用平均驻留时间方法给出了该类系统有限时间稳定的充分条件。特别地,利用具有小控制性 Lyapunov 函数方法对系统进行镇定设计,得到了有限时间控制器的形式。相较于自治切换系统,该控制器可实现对时变切换非线性系统的有效镇定,且考虑了系统与控制器之间的异步切换。此外,系统的停息时间和驻留时间之间的关系被进一步揭示。小控制性 Lyapunov 函数的引入为实现时变切换非线性系统的有限时间控制提供了一种新颖的设计方法。这部分的工作集中于第 8 章。

本书总体结构框架如图 1-12 所示,其中列出了每部分内容介绍的要点。在理论部分,主要围绕系统控制性能分析,系统采样与切换时序问题,系统量化反馈控制方法以及时变和非线性系统分析与综合这 4 个方面的内容展开介绍。在工程应用方面,选取了国防工程中典型的两个混杂系统实例,基于量化反馈控制和非线性综合控制设计方法来解决系统的建模与控制问题,进而对方法加以验证。

可以看出从连续切换系统、离散随机切换系统、采样量化切换系统到时变和非线性切换系统,系统模型的复杂度不断增加。对于复杂系统的研究方法都是以简单系统为基础的,离散切换系统的有限时间异步控制方法以连续时间切换系统为基础拓展得到,而采样量化切换系统的镇定方法又以离散切换系统的控制为基础,时变和非线性切换系统的有限时间异步镇定也可以借鉴线性连续系统的控制器设计思想。本书系统性介绍了对上述几类模型的分析与综合方法及其在实际系统中的应用与仿真,全面展示了切换系统的有限时间异步控制方面所取得的相关成果。

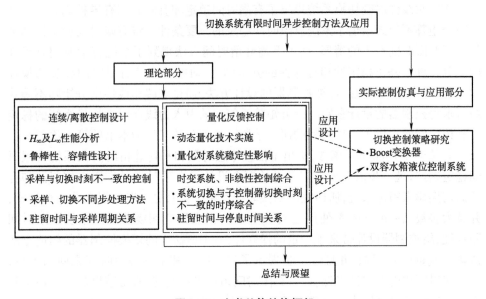

图 1-12　本书总体结构框架

本章小结

本章对切换系统稳定性、切换系统有限时间镇定、切换系统异步切换控制以及切换系统在典型国防工程混杂系统中的应用作了较为详细的概述,概括而言,以下几个方面的问题值得关注:

①切换系统模型适合用来刻画和描述工程混杂系统的动力学特性,伴随切换系统稳定性理论的不断发展和完善,使用切换系统有限时间稳定性理论和控制方法研究和处理实际的工程混杂控制系统已逐渐成为该领域学者关注的研究课题。但目前对切换系统稳定性及镇定方法的研究结果虽然已涉及有限时间稳定性和控制问题,但大多是在控制器与系统同步切换的假设条件下来研究,从典型国防工程混杂系统的实例分析中可以看出,实际系统往往存在异步切换现象。因此,切换系统异步切换下的稳定性和镇定问题的研究具有重要的理论意义和应用价值。

②已有的切换系统有限时间异步镇定的研究成果主要针对切换连续/离散系

统,并且这些研究结果只能用来处理比较特殊的切换系统,例如可在某些假设条件下,通过一定的技巧将非线性子系统近似线性化,从而只研究线性情形的切换系统,或者忽略系统参数的时变特性,只研究时不变切换系统,对于具有时变或本质非线性的切换系统,这些方法无能为力。另外在研究连续/离散切换系统时,已有成果主要关注设计控制器使系统能够达到有限时间稳定,并没有对控制器的抗扰性能进行进一步的分析,使得所设计的控制器在实际应用中的鲁棒性和可靠性较差。

③在现代控制系统中,由计算机所构成的数字控制器几乎取代了所有传统的模拟控制器。已有研究所讨论的连续/离散切换系统只从理论上给出了系统的稳定性和控制器设计方法,若要将其直接应用于实际系统,理论上的方法和实际应用之间还存在较大差距。研究具有采样数据反馈的切换系统具有实际意义,而将采样数据反馈引入切换系统,使得子系统既具有连续的动力学方程,也具有离散采样过程,这种连续被控对象状态方程和离散采样状态反馈变量所构成的连续/离散混合切换系统给稳定性分析和控制器设计提出了新的挑战。

④采样、量化是计算机控制系统中的两个重要过程,其直接影响到系统的稳定性。在切换系统异步控制中综合考虑采样和量化问题目前尚未有报道,其难点在于采样时刻与系统切换时刻的不一致和控制器与子系统切换的不同步这两个属性的交织导致控制系统时序上的复杂,使得系统的动力学特性更为丰富,并且不同的量化方法也将导致控制器设计的难易程度不同,采样和量化这两个计算机控制系统的特有过程给系统分析和综合带来了新的困难。因此,根据采样和量化过程特点,在已有研究成果的基础之上发展出适合于实际控制系统的稳定性分析和控制器设计方法,是切换系统理论在实际工程混杂系统中应用的关键所在。

第 2 章

连续切换系统有限时间异步控制及性能分析

考虑在实际国防工程混杂控制系统中不可避免地存在建模误差、参数不确定性以及干扰信号,而且参数不确定性和外部扰动往往导致系统性能的恶化,甚至引起系统的不稳定,鲁棒控制是解决这类问题的有效手段。同时由于许多国防工程内部设备处于高温、高盐、高湿以及强电磁干扰的恶劣环境中,在这种特定的运行环境中设备执行机构的零部件极易老化或者驱动执行机构的传输信道发生故障,这也是导致整个控制系统性能恶化和不稳定的一个重要因素,因而有必要设计能够对故障执行器有一定容忍程度的控制系统,即在执行器发生故障时控制系统也能够稳定,相应的控制方法称为容错控制。本章利用 L_∞ 性能指标和 H_∞ 性能指标分别度量系统有限时间内对两种形式扰动的抑制能力,并在此基础上分别讨论控制器的 L_∞ 和 H_∞ 性能,对系统的鲁棒性和容错性进行进一步的分析。

2.1 引 言

目前,针对非故障理想运行条件下的连续切换系统有限时间稳定性及同步镇定控制问题的研究已有相关报道,所采用的分析方法主要是 Lyapunov 函数方法和驻留时间方法。关于切换系统有限时间稳定性分析问题,文献[87-89]较早地给出了一些实用的稳定性结论,并提出了有限时间集合稳定性的概念。针对具有时变外部扰动的时滞切换系统,文献[90]研究了其有限时间有界性和有限时间加权 L_2 增益特性。文献[91]利用切换控制器实现了对切换系统的有限时间跟踪控制。

针对潜在的系统故障,文献[92]给出了一类特殊的切换系统——Markov 跳变系统的有限时间容错控制器的实现方法,利用解耦技术,通过对具有固定参数的线性矩阵不等式的求解,获得了状态反馈控制器增益阵和状态估计器。文献[93]利用逗留概率方法和 Lyapunov 技术,针对一类离散时间切换系统,设计了动态输出反馈容错切换控制器,克服了执行器故障对系统稳定性造成的不利影响。针对实际系统中存在的持续有界的无限能量干扰信号,如阶跃干扰信号,L_∞ 控制是对这类干扰信号加以抑制的有效方法(相应地称之为系统的 L_∞ 性能)。目前,针对切换系统 L_∞ 控制的设计方法也只局限于渐近稳定和指数稳定[94],并且尚未考虑到异步切换的情形。对于能量有限的外部干扰信号,如脉冲干扰信号,H_∞ 控制能够实现系统的抗干扰镇定(相应地称之为系统的 H_∞ 性能),文献[95]针对一类具有时变时滞的切换系统设计了一种基于观测器的 H_∞ 有限时间控制器。可以看出,对于切换系统的有限时间异步控制及针对控制器性能分析的问题研究还不多见,针对切换系统的镇定方法和性能分析目前还主要局限于同步切换下的一系列分析和综合问题,并未涉及有限时间异步切换下的控制与性能分析。

因此,本章主要针对连续切换系统研究其有限时间异步镇定控制设计并给出性能指标分析,针对系统中含有持续有界的无限能量干扰信号,在控制器设计基础上进一步分析了系统的 L_∞ 性能,并讨论了具有 L_∞ 扰动抑制性能的系统镇定问题。对于能量有限的外部干扰信号,本章在针对系统稳定性研究的基础上设计了系统的故障容错有限时间控制器,进一步分析了系统的鲁棒 H_∞ 性能,并给出了系统鲁棒容错 H_∞ 控制器的设计方法。为了验证结论的有效性,本章将所得方法与同步切换情形下的方法进行了比较,说明在实际系统设计中忽略异步切换将导致系统无法被镇定。

本章主要对三个方面内容进行了研究:①基于驻留时间方法和线性矩阵不等式技术,给出了系统在异步切换下的有限时间有界和 L_∞ 有限时间稳定的充分条件,结果表明,为了保证系统的稳定性,不需要确保每个子系统都是有限时间 L_∞ 可镇定的,在有限时间段内,切换频率只需被限制在某个范围内,则系统是有限时间稳定的;②提出了切换系统异步切换下的鲁棒容错有限时间稳定的概念,给出一种加权 H_∞ 性能指标来度量系统有限时间内的扰动抑制能力;③利用平均驻留时间方法得到了系统具有 H_∞ 性能的有限时间稳定性判别条件,基于这个条件进一步得到了系统鲁棒 H_∞ 有限时间异步切换容错控制器的设计方法。值得指出的是,对于诸如网络控制系统这样一类包含随机混杂动态特性的系统[96],可以将其建模成一类 Markov 跳变系统[97-98]。通常来说 Markov 跳变系统可视为一类特殊的切换系统,因此本章所提出的方法能够被进一步应用到网络环境下的受控系统中。从这个观点来看,本章的方法将有助于对网络控制系统和 Markov 跳变系统研究方法的进一步扩充。

2.2 有限时间异步切换控制器

本节主要针对连续切换系统研究其有限时间异步镇定控制设计并给出性能指标分析,针对系统中含有持续有界的无限能量干扰信号,在控制器设计基础上进一步分析了系统的 L_∞ 性能,并讨论了具有 L_∞ 扰动抑制性能的系统镇定问题。

2.2.1 问题描述与预备知识

考虑具有扰动的切换系统

$$\dot{x}(t) = A_{\sigma(t)}x(t) + B_{\sigma(t)}u(t) + G_{\sigma(t)}w(t) \quad (2\text{-}1)$$

其中 $x(t) \in R^n$ 是系统状态变量;$u(t) \in R^p$ 是系统控制输入;$x(t_0) = x_0$ 是系统初始状态;$w(t) \in R^q$ 是位于有限时间段 $[t_0, T_f]$ 内的量测噪声,且满足 $\sup\limits_{t \in [t_0, T_f]} \|w(t)\| < \infty$,$t_0$ 是系统运行的初始时刻,T_f 是系统有限时间稳定的终止时刻。$\sigma(t): [t_0, +\infty) \to \underline{N} = \{1, 2, \cdots, N\}$ 是系统的切换信号,它是依赖于系统运行时间 t 或系统状态 $x(t)$ 的分段常值函数,N 是子系统的数量。$\sigma(t) = i$ 代表第 i 个子系统被激活。$A_i \in R^{n \times n}, B_i \in R^{n \times p}, G_i \in R^{n \times q} (i \in \underline{N})$ 是适当维数的实数矩阵。

假定系统(2-1)的状态在切换时刻不发生跳变,即状态轨迹 $x(t)$ 是处处连续的。本节所讨论的切换律 $\sigma(t):[t_0, +\infty) \to \underline{N} = \{1, 2, \cdots, N\}$ 是时间依赖型的,具体可表示为 $\sigma(t):\{(t_0, \sigma(t_0)), (t_1, \sigma(t_1)), \cdots, (t_k, \sigma(t_k)), \cdots\}, k \in Z^+$,其中 t_k 表示系统的第 k 个切换时刻。

由于异步切换的存在,控制器的切换时刻与系统的切换时刻不一致,为方便起见,$\sigma'(t)$ 代表控制器的实际切换信号 $\sigma'(t):\{(t_0 + \Delta_0, \sigma(t_0)), (t_1 + \Delta_1, \sigma(t_1)), \cdots, (t_k + \Delta_k, \sigma(t_k)), \cdots\}$,其中 $\Delta_k < \inf\limits_{k \geq 0}(t_{k+1} - t_k)$,这里 $\Delta_k > 0$ 代表了控制器切换信号滞后于系统的切换信号;或者 $|\Delta_k| < \inf\limits_{k \geq 0}(t_k - t_{k-1})$,这里 $\Delta_k < 0$ 代表控制器的切换信号超前系统的切换信号。两种情形下,时间段 Δ_k 统称为控制器与系统之间的不匹配切换时间段。从控制器的切换信号序列可以看出,$\sigma'(t_k + \Delta_k) = \sigma(t_k) = i_k$,即表明系统在 t_k 时刻切换至第 i_k 个子系统,对应于该子系统的控制器并没有进行同步切换,而是经过了 Δ_k 才切换到相应的第 i_k 个子控制器。

说明2.1 通常情况下,所提出的不匹配切换时间段应满足的条件 $\Delta_k < \inf\limits_{k \geq 0}(t_{k+1} - t_k)$ 或 $|\Delta_k| < \inf\limits_{k \geq 0}(t_k - t_{k-1})$ 是合理的。因为事实上,Δ_k 相当于控制器相对于实际系统的切换误差,而在实际当中这样的误差时间段相对于每个子系统的驻留时间是比较短的。所提条件确保了系统和控制器之间总是存在同步运行的时间段,称为匹配切换时间段。这样的条件使得为系统设计镇定控制器成为了可能。

在异步切换下基于状态反馈的切换控制器可以表示为

$$u(t) = K_{\sigma'(t)} x(t) \quad (2\text{-}2)$$

将其代入系统(2-1),可以得到闭环系统

$$\dot{x}(t) = (A_{\sigma(t)} + B_{\sigma(t)} K_{\sigma'(t)}) x(t) + G_{\sigma(t)} w(t) \quad (2\text{-}3)$$

以下的引理在控制器的设计过程中将被用到。

引理 2.1[99] 如果存在实值函数 $\varphi(t), v(t)$ 满足微分不等式

$$\dot{\varphi}(t) \leq \zeta \varphi(t) + \kappa v(t)$$

则关系

$$\varphi(t) \leq e^{\zeta(t-t_0)}\varphi(t_0) + \kappa \int_0^{t-t_0} e^{\zeta\tau} v(t-\tau) d\tau \tag{2-4}$$

成立,其中 $\zeta>0, \kappa>0, t \geq t_0$。

利用驻留时间方法设计有限时间镇定控制器,以下给出切换系统平均驻留时间的定义。

定义 2.1[100] 对于任意的切换信号 $\sigma(t)$ 和 $T_2 > T_1 \geq 0$,用 $N_\sigma(T_1, T_2)$ 表示在时间段 (T_1, T_2) 上 $\sigma(t)$ 的切换次数,对于给定的 $N_0 \geq 0$ 和 $\tau_a > 0$,如果有关系

$$N_\sigma(T_1, T_2) \leq N_0 + \frac{T_2 - T_1}{\tau_a} \tag{2-5}$$

成立,则正常数 τ_a 称为平均驻留时间,非负常数 N_0 称为振动幅度。由于 N_0 是固定常数,如文献[82,101]所述,不失一般性,可以选择 $N_0 = 0$。

切换系统有限时间稳定的概念主要用来刻画在有限时间段 $[t_0, T_f]$ 内状态 $x(t)$ 的有界性,并且它与给定的初始状态 $x_0 = x(t_0)$ 有关。以下的定义给出了这个概念的精确描述。

定义 2.2 对于初始时刻 t_0,正数 c_1, c_2, T_f,其中 $c_1 < c_2$,和给定的切换信号 $\sigma(t)$,如果在不考虑扰动的情况下,即 $G_{\sigma(t)} \equiv 0$,切换系统(2-1)的每条轨迹 $x(t)$ 在控制器及其切换信号 $\sigma'(t)$ 下满足

$$\|x_0\| \leq c_1 \Rightarrow \|x(t)\| \leq c_2, \quad \forall t \in [t_0, T_f]$$

则称系统(2-1)在异步切换下关于 $(c_1, c_2, T_f, \sigma(t), \sigma'(t))$ 是有限时间可镇定的。

定义 2.3 如果切换系统(2-1)是有限时间可镇定的,且对给定的正常数 γ,在零初始条件 $x(t_0) = 0$ 下,满足

$$\sup_{t \in [t_0, T_f]} \|x(t)\| \leq \gamma \sup_{t \in [t_0, T_f]} \|w(t)\|, \quad \forall w(t): \sup_{t \in [t_0, T_f]} \|w(t)\| < \infty \tag{2-6}$$

则切换系统(2-1)关于 $(c_1, c_2, T_f, \sigma(t), \sigma'(t))$ 是 L_∞ 有限时间可镇定的,称系统具有 L_∞ 扰动抑制性能,相应的控制器称为 L_∞ 控制器。

条件 $\dfrac{\sup\limits_{t \in [t_0, T_f]} \|x(t)\|}{\sup\limits_{t \in [t_0, T_f]} \|w(t)\|} \leq \gamma$ 表明有限时间段 $[t_0, T_f]$ 内在幅值峰值持续有界的外部干扰信号的作用下,系统的状态峰值具有有效抑制度 γ,γ 越小表明系统的 L_∞ 性能越好。

本节主要讨论确保切换系统(2-1)关于 $(c_1, c_2, T_f, \sigma(t), \sigma'(t))$ 有限时间可镇定的充分条件,然后基于该条件给出 L_∞ 控制器的设计方法。

2.2.2 控制器设计

假定在切换时刻 t_k,第 i 个子系统切换到第 j 个子系统。相应地,第 i 个子控制器的切换时刻为 $t_k + \Delta_k$,于是在子系统的控制器和各个子系统之间便存在不匹配

的切换时间段$[t_k, t_k + \Delta_k]$, $\Delta_k > 0$(或者$[t_k + \Delta_k, t_k]$, $\Delta_k < 0$),在这个时间段内控制器K_i作用于第j个子系统(或者控制器K_j作用于第i个子系统)。

考虑$\Delta_k > 0$,即控制器滞后于实际系统切换时间的情况,记Ω_1为第i个子系统与控制器K_i构成的闭环系统在匹配切换时间段内的状态区域,Ω_2为第j个子系统在由第i个子系统切换时与控制器K_i构成的闭环系统在不匹配切换时间段内的状态区域,其中$i \neq j, i,j \in \{1,2,\cdots,N\}$,则有

$$\Omega_1 = \{x(t) \in R^n | \sigma(t_{k-1} + \Delta_{k-1}) = i, \sigma(t_k) = j, t \in [t_{k-1} + \Delta_{k-1}, t_k), k = 1,2,\cdots\}$$

$$\Omega_2 = \{x(t) \in R^n | \sigma(t_k) = j, \sigma(t_k + \Delta_k) = j, t \in [t_k, t_k + \Delta_k), k = 0,1,\cdots\}$$

说明 2.2 图 2-1 形象地给出了控制器与子系统之间的异步切换模式示意图。

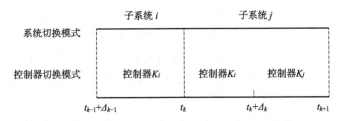

图 2-1 异步切换模式示意图

从图 2-1 可以看出,第i个子系统的控制器K_i在匹配切换时间段$[t_{k-1} + \Delta_{k-1}, t_k)$内作用于第$i$个子系统,在不匹配切换时间段$[t_k, t_k + \Delta_k)$内作用于第$j$个子系统。

下面的定理给出了系统(2-1)在异步切换下的有限时间镇定设计方法。

定理 2.1 对给定的正数$\varepsilon > \delta > 0$,当系统(2-1)的初始值x_0满足$\|x_0\| \leq \delta$,如果存在矩阵$P_i > 0, P_{ij} > 0, K_i$和正标量$\mu_1 > 1, \mu_2 > 1, \lambda^+ > 0, \lambda^- > 0$,使得

$$P_i < \mu_1 P_{ij}, P_{ij} < \mu_2 P_i \tag{2-7}$$

$$(A_i + B_i K_i)^T P_i + P_i (A_i + B_i K_i) < \lambda^- P_i \tag{2-8}$$

$$(A_j + B_j K_i)^T P_{ij} + P_{ij}(A_j + B_j K_i) < \lambda^+ P_{ij} \tag{2-9}$$

且平均驻留时间设计为

$$\tau_a > \frac{\ln(\mu_1 \mu_2)(T_f - t_0)}{\ln\left(\dfrac{\varepsilon^2}{\delta^2} \cdot \dfrac{\inf\limits_{i,j \in N}\{\lambda_{\min}(P_i), \lambda_{\min}(P_{ij})\}}{\sup\limits_{i,j \in N}\{\lambda_{\max}(P_i), \lambda_{\max}(P_{ij})\}} \cdot \mu_2\right) - \lambda^+ T^+(t_0, T_f) - \lambda^- T^-(t_0, T_f)} \tag{2-10}$$

则系统(2-1)在状态反馈控制器$u(t) = K_{\sigma'(t)} x(t)$下关于$(\delta, \varepsilon, T_f, \sigma(t), \sigma'(t))$是有限时间可镇定的,其中$T^-(t_0, T_f)$和$T^+(t_0, T_f)$分别代表在有限控制时间段$[t_0, T_f]$内的匹配切换时间段和不匹配切换时间段。

证明 这里只讨论$\Delta_k > 0$的情况,对于$\Delta_k < 0$的情形,证明方法与之类似,且

所得结论相同。

当 $x(t) \in \Omega_1$ 时，对于第 i 个子系统状态反馈控制器为 $u(t) = K_i x(t)$，因此，闭环系统的状态方程可表述为

$$\dot{x}(t) = (A_i + B_i K_i) x(t) \tag{2-11}$$

对系统(2-11)，选取以下形式的切换 Lyapunov 函数

$$V_i(t) = x^{\mathrm{T}}(t) P_i x(t) \tag{2-12}$$

则由式(2-8)可得

$$\dot{V}_i(t) < \lambda^- V_i(t) \tag{2-13}$$

当 $x(t) \in \Omega_2$ 时，对于第 j 个子系统状态反馈控制器仍为 $u(t) = K_i x(t)$，此时，闭环系统的状态方程可表述为

$$\dot{x}(t) = (A_j + B_j K_i) x(t) \tag{2-14}$$

对系统(2-14)，选取以下形式的 Lyapunov 函数

$$V_{ij}(t) = x^{\mathrm{T}}(t) P_{ij} x(t) \tag{2-15}$$

由式(2-9)可得

$$\dot{V}_{ij}(t) < \lambda^+ V_{ij}(t) \tag{2-16}$$

由 Ω_1 和 Ω_2 的定义，Lyapunov 函数(2-12)和(2-15)可写成

$$V_i(t) = x^{\mathrm{T}}(t) P_i x(t), \quad t \in [t_{k-1} + \Delta_{k-1}, t_k), k = 1, 2, \cdots$$

$$V_i(t) = x^{\mathrm{T}}(t) P_{ij} x(t), \quad t \in [t_k, t_k + \Delta_k), k = 0, 1, \cdots$$

记 $t_0 < t_1 < t_2 < \cdots < t_k = T_f$ 是系统在时间段 $[t_0, T_f]$ 内的切换时刻，定义如下形式的分段 Lyapunov 函数

$$V(t) = \begin{cases} x^{\mathrm{T}}(t) P_i x(t), t \in [t_r + \Delta_r, t_{r+1}), & r = 0, 1, \cdots, k-1 \\ x^{\mathrm{T}}(t) P_{ij} x(t), t \in [t_r, t_r + \Delta_r), & r = 0, 1, \cdots, k-1 \end{cases} \tag{2-17}$$

由式(2-13)和式(2-16)，可得

$$\begin{aligned} V(t) &< e^{\lambda^-(t - t_{k-1} - \Delta_{k-1})} V(t_{k-1} + \Delta_{k-1}) \\ &< \mu_1 e^{\lambda^-(t - t_{k-1} - \Delta_{k-1})} V((t_{k-1} + \Delta_{k-1})^-) \\ &< \mu_1 e^{\lambda^+ \Delta_{k-1}} e^{\lambda^-(t - t_{k-1} - \Delta_{k-1})} V(t_{k-1}) \\ &< \mu_1 \mu_2 e^{\lambda^+ \Delta_{k-1}} e^{\lambda^-(t - t_{k-1} - \Delta_{k-1})} V(t_{k-1}^-) \\ &< \mu_1 \mu_2 e^{\lambda^+ \Delta_{k-1}} e^{\lambda^-(t - t_{k-1} - \Delta_{k-1})} e^{\lambda^-(t_{k-1} - t_{k-2} - \Delta_{k-2})} V(t_{k-2} + \Delta_{k-2}) \\ &< \mu_1^2 \mu_2 e^{\lambda^+ \Delta_{k-1}} e^{\lambda^-(t - t_{k-1} - \Delta_{k-1})} e^{\lambda^-(t_{k-1} - t_{k-2} - \Delta_{k-2})} V((t_{k-2} + \Delta_{k-2})^-) \\ &< \mu_1^2 \mu_2 e^{\lambda^+ \Delta_{k-1}} e^{\lambda^+ \Delta_{k-2}} e^{\lambda^-(t - t_{k-1} - \Delta_{k-1})} e^{\lambda^-(t_{k-1} - t_{k-2} - \Delta_{k-2})} V(t_{k-2}) \\ &= \mu_1^2 \mu_2 e^{\lambda^+(\Delta_{k-1} + \Delta_{k-2}) + \lambda^-[(t - t_{k-1} - \Delta_{k-1}) + (t_{k-1} - t_{k-2} - \Delta_{k-2})]} V(t_{k-2}) \\ &\cdots \cdots \\ &< \mu_1^k \mu_2^{k-1} e^{\lambda^+(\Delta_{k-1} + \cdots + \Delta_0) + \lambda^-[(t - t_{k-1} - \Delta_{k-1}) + (t_{k-1} - t_{k-2} - \Delta_{k-2}) + \cdots + (t_1 - t_0 - \Delta_0)]} V(t_0) \\ &< \mu_2^{-1} (\mu_1 \mu_2)^{k[t_0, T_f]} e^{\lambda^+ T^+(t_0, T_f) + \lambda^- T^-(t_0, T_f)} V(t_0) \end{aligned} \tag{2-18}$$

其中 $T^+(t_0, T_f)$、$T^-(t_0, T_f)$ 分别表示在时间段 $[t_0, T_f]$ 内控制器与子系统总的不匹配切换时间和总的匹配切换时间。

由式(2-17),可得

$$V(t) \geq \inf_{i,j \in \underline{N}} \{\lambda_{\min}(P_i), \lambda_{\min}(P_{ij})\} \|x(t)\|^2 \tag{2-19}$$

对分段 Lyapunov 函数初始值有估计

$$V(t_0) \leq \sup_{i,j \in \underline{N}} \{\lambda_{\max}(P_i), \lambda_{\max}(P_{ij})\} \|x(t_0)\|^2 \tag{2-20}$$

如果初始状态满足

$$\|x(t_0)\| \leq \delta \tag{2-21}$$

可以得到

$$V(t_0) \leq \sup_{i,j \in \underline{N}} \{\lambda_{\max}(P_i), \lambda_{\max}(P_{ij})\} \delta^2 \tag{2-22}$$

综合式(2-18)~式(2-22),可获得对状态轨迹 $x(t)$ 的进一步估计

$$\|x(t)\|^2 \leq \mu_2^{-1}(\mu_1\mu_2)^{k_{[t_0,T_f]}} e^{\lambda^+ T^+(t_0,T_f) + \lambda^- T^-(t_0,T_f)} \frac{\sup_{i,j \in \underline{N}}\{\lambda_{\max}(P_i), \lambda_{\max}(P_{ij})\}}{\inf_{i,j \in \underline{N}}\{\lambda_{\min}(P_i), \lambda_{\min}(P_{ij})\}} \delta^2 \tag{2-23}$$

式(2-18)中的 $k_{[t_0,T_f]}$ 实际上是系统在时间段 $[t_0, T_f]$ 的总切换次数,由定义 2.1 可知

$$k_{[t_0,T_f]} = N_\sigma \tag{2-24}$$

则有关系

$$k_{[t_0,T_f]} \leq \frac{T_f - t_0}{\tau_a} \tag{2-25}$$

成立,由式(2-10)和式(2-25),可得

$$\mu_2^{-1}(\mu_1\mu_2)^{k_{[t_0,T_f]}} e^{\lambda^+ T^+(t_0,T_f) + \lambda^- T^-(t_0,T_f)} \frac{\sup_{i,j \in \underline{N}}\{\lambda_{\max}(P_i), \lambda_{\max}(P_{ij})\}}{\inf_{i,j \in \underline{N}}\{\lambda_{\min}(P_i), \lambda_{\min}(P_{ij})\}} \delta^2 < \varepsilon^2 \tag{2-26}$$

由式(2-23)和式(2-26),可得

$$\|x(t)\| < \varepsilon \tag{2-27}$$

定理证毕。

说明 2.3 从式(2-8)和式(2-9)不难看出,对于切换系统有限时间异步镇定问题,在有限时间段内并不需要镇定每个子系统,也就是说无论是在匹配切换时间段还是在不匹配切换时间段所设计的异步切换控制器无须确保每个子系统都是有限时间稳定的,而整个系统却是有限时间可镇定的。文献[102]给出了切换系统异步切换下的指数可镇定的条件,并要求子系统在匹配切换时间段内是指数可镇定的,显然这样的条件相较于有限时间可镇定的条件更加保守。特别地,当式(2-8)和式(2-9)中的参数满足 $\lambda^+ = \lambda^- = \lambda$ 时,式(2-10)可简化为

$$\tau_a > \frac{\ln(\mu_1\mu_2)(T_f - t_0)}{\ln\left(\frac{\varepsilon^2}{\delta^2} \cdot \frac{\inf_{i,j \in \underline{N}}\{\lambda_{\min}(P_i), \lambda_{\min}(P_{ij})\}}{\sup_{i,j \in \underline{N}}\{\lambda_{\max}(P_i), \lambda_{\max}(P_{ij})\}} \cdot \mu_2\right) - \lambda(T_f - t_0)}$$

可以看出此时的平均驻留时间与 $T^+(t_0, T_f)$ 和 $T^-(t_0, T_f)$ 均无关。

说明 2.4 基于式(2-10),可以看出如果切换序列 $\sigma(t): \{(t_0, \sigma(t_0)),$ $(t_1, \sigma(t_1)), \cdots, (t_k, \sigma(t_k)), \cdots\}$ 预先给定,即此时的平均驻留时间 τ_a 是已知的常数,则 $T^+(t_0, T_f)$ 和 $T^-(t_0, T_f)$ 满足如下的关系:

$$\lambda^+ T^+(t_0, T_f) + \lambda^- T^-(t_0, T_f) < \ln\left(\frac{\varepsilon^2}{\delta^2} \cdot \frac{\inf_{i,j \in \underline{N}}\{\lambda_{\min}(P_i), \lambda_{\min}(P_{ij})\}}{\sup_{i,j \in \underline{N}}\{\lambda_{\max}(P_i), \lambda_{\max}(P_{ij})\}} \cdot \mu_2\right) - \frac{\ln(\mu_1\mu_2)(T_f - t_0)}{\tau_a} \tag{2-28}$$

说明 2.5 文献[102]给出了异步切换下的指数稳定控制器的设计方法,这种方法要求不匹配切换时间段和匹配切换时间段两者的比率不超过某个特定的值,也就意味着要有足够长的匹配切换时间段镇定系统。然而,从定理 2.1 的条件可以看出在切换序列未知时,匹配切换时间段和不匹配切换时间段的比率不受任何约束就可保证系统在异步切换下的有限时间稳定性。当切换序列预先给定时,匹配切换时间段和不匹配切换时间段之间应存在一定的约束关系(2-28)确保系统有限时间稳定。对于确保指数稳定的异步切换平均驻留时间策略,$T^+(t_0, T_f)$ 和 $T^-(t_0, T_f)$ 两者的比率以及平均驻留时间 τ_a 需要同时满足文献[102]所给出的条件,而对于有限时间异步切换控制策略,只需在 $T^+(t_0, T_f)$ 和 $T^-(t_0, T_f)$ 两者的比率以及平均驻留时间 τ_a 这两个与稳定性相关的参数中预先确定一个的值,另一个值可由式(2-10)得到。

说明 2.6 为了得到异步切换控制器 K_i 的解,令 $X_i = P_i^{-1}, X_{ij} = P_{ij}^{-1}, W_i = K_i P_i^{-1}$,并代入式(2-7)~式(2-9)可得

$$\mu_1 X_i > X_{ij}, \mu_2 X_{ij} > X_i \tag{2-29}$$

$$(A_i X_i + B_i W_i)^T + (A_i X_i + B_i W_i) < \lambda^- X_i \tag{2-30}$$

$$X_{ij}(A_j + B_j W_i X_i^{-1})^T + (A_j + B_j W_i X_i^{-1}) X_{ij} < \lambda^+ X_{ij} \tag{2-31}$$

注意到以上的矩阵不等式组同时含有待求矩阵变量 $X_i, W_i, X_i^{-1}, W_i X_i^{-1}$,它们是相互耦合的,并且不能通过矩阵变换将其化为无相互约束的线性矩阵不等式组,不便于直接求解。注意到式(2-30)是线性矩阵不等式,因此,首先可以通过设定式(2-30)中的标量参数 λ^- 获得矩阵 X_i, W_i 的解,然后将所得到的解 X_i, W_i 代入式(2-29)和式(2-31),此时式(2-29)和式(2-31)成为了关于待求矩阵变量 X_{ij} 的线性矩阵不等式组,通过设定标量参数 μ_1, μ_2, λ^+,如果式(2-29)和式(2-31)有解,则 X_i, W_i 为矩阵不等式组的解;否则,重新设定参数 $\mu_1, \mu_2, \lambda^-, \lambda^+$,重复以上步骤直

至有解。注意到式(2-30)和式(2-31)的右边项 $\lambda^- X_i, \lambda^+ X_{ij}$,且 $X_i > 0, X_{ij} > 0$,在调整参数时可以将 λ^-, λ^+ 从小到大地进行调整,则解的保守性会逐步降低,特别地,考虑极端情形,如果 $\lambda^-, \lambda^+ \to \infty$,则式(2-30)和式(2-31)恒成立,此时控制器 $K_i = W_i X_i^{-1}$ 可以任意设计;另外,由式(2-13)和式(2-16)可知,λ^-, λ^+ 的值恰好决定了匹配和不匹配切换时间段内,Lyapunov 函数上限估计值的大小,λ^-, λ^+ 的值越大,闭环系统的 Lyapunov 函数在匹配和不匹配切换时间段内可允许的能量变化范围就越大,自然这类控制器的选择范围更广,这也从另一个侧面说明了为何参数 λ^-, λ^+ 越大,矩阵不等式解的保守性就越小。

2.2.3 L_∞ 控制性能分析

考虑系统含有持续有界的干扰信号,本节给出系统(2-1)的 L_∞ 有限时间异步镇定设计方法。

定理 2.2 对给定的正数 $\varepsilon > \delta > 0$,当系统(2-1)的初始值 x_0 满足 $\|x_0\| \leq \delta$ 时,如果存在矩阵 $P_i > 0, P_{ij} > 0, K_i$ 和正标量 $\mu_1 > 1, \mu_2 > 1, \lambda^+ > 0, \lambda^- > 0$,使得

$$P_i < \mu_1 P_{ij}, P_{ij} < \mu_2 P_i \tag{2-32}$$

$$\begin{bmatrix} (A_i + B_i K_i)^T P_i + P_i(A_i + B_i K_i) - \lambda^- P_i & P_i G_i \\ G_i^T P_i & -\varepsilon_i I \end{bmatrix} < 0 \tag{2-33}$$

$$\begin{bmatrix} (A_j + B_j K_i)^T P_{ij} + P_{ij}(A_j + B_j K_i) - \lambda^+ P_{ij} & P_{ij} G_j \\ G_j^T P_{ij} & -\varepsilon_{ij} I \end{bmatrix} < 0 \tag{2-34}$$

且平均驻留时间设计为

$$\tau_a > \frac{\ln(\mu_1 \mu_2)(T_f - t_0)}{\ln\left(\dfrac{\varepsilon^2}{\delta^2} \cdot \dfrac{\inf_{i,j \in \underline{N}}\{\lambda_{\min}(P_i), \lambda_{\min}(P_{ij})\}}{\sup_{i,j \in \underline{N}}\{\lambda_{\max}(P_i), \lambda_{\max}(P_{ij})\}} \cdot \mu_2\right) - \lambda^+ T^+(t_0, T_f) - \lambda^- T^-(t_0, T_f)} \tag{2-35}$$

则在匹配切换时间段内子系统具有 L_∞ 扰动抑制性能 $\gamma^- \leq \sqrt{\dfrac{\varepsilon_i(e^{\lambda^- T^-(t_0,T_f)} - 1)}{\lambda^- \lambda_{\min}(P_i)}}$,在不匹配切换时间段内子系统具有 L_∞ 扰动抑制性能 $\gamma^+ \leq \sqrt{\dfrac{\varepsilon_{ij}(e^{\lambda^+ T^+(t_0,T_f)} - 1)}{\lambda^+ \lambda_{\min}(P_{ij})}}$,且系统(2-1)在状态反馈控制器 $u(t) = K_{\sigma'(t)} x(t)$ 下关于 $(\delta, \varepsilon, T_f, \sigma(t), \sigma'(t))$ 是 L_∞ 有限时间异步可镇定的,其中 $T^-(t_0, T_f)$ 和 $T^+(t_0, T_f)$ 分别代表在有限控制时间段 $[t_0, T_f]$ 内的匹配切换时间段和不匹配切换时间段。

证明 基于定理 2.1,从定理 2.2 的条件,易得系统(2-1)在反馈控制器 $u(t) = K_{\sigma'(t)} x(t)$ 下是渐近稳定的。

当 $x(t) \in \Omega_1$ 时,对于第 i 个子系统状态反馈控制器为 $u(t) = K_i x(t)$,因此,闭环系统的状态方程可表述为

$$\dot{x}(t) = (A_i + B_i K_i)x(t) + G_i w(t) \tag{2-36}$$

对系统(2-36),选取切换 Lyapunov 函数

$$V_i(t) = x^T(t) P_i x(t), \quad t \in [t_{k-1} + \Delta_{k-1}, t_k), k = 1, 2, \cdots \tag{2-37}$$

则由式(2-33)可得

$$\dot{V}_i(t) \leq \lambda^- V_i(t) + \varepsilon_i w^T(t) w(t) \tag{2-38}$$

在零初始条件下,由引理 2.1 可得

$$V_i(t) \leq \varepsilon_i \int_0^{t-t_{k-1}-\Delta_{k-1}} e^{\lambda^- \tau} w^T(t-\tau) w(t-\tau) \mathrm{d}\tau \tag{2-39}$$

注意到

$$V_i(t) \geq \lambda_{\min}(P_i) \|x(t)\|^2 \tag{2-40}$$

由式(2-39)和式(2-40)可得

$$\lambda_{\min}(P_i) \sup_{t \in [t_{k-1}+\Delta_{k-1}, t_k)} \|x(t)\|^2 \leq \frac{\varepsilon_i(e^{\lambda^- T^-(t_0, T_f)} - 1)}{\lambda^-} \sup_{t \in [t_{k-1}+\Delta_{k-1}, t_k)} \|w(t)\|^2 \tag{2-41}$$

整理得到

$$\frac{\sup_{t \in [t_{k-1}+\Delta_{k-1}, t_k)} \|x(t)\|}{\sup_{t \in [t_{k-1}+\Delta_{k-1}, t_k)} \|w(t)\|} \leq \sqrt{\frac{\varepsilon_i(e^{\lambda^- T^-(t_0, T_f)} - 1)}{\lambda^- \lambda_{\min}(P_i)}} \tag{2-42}$$

当 $x(t) \in \Omega_2$ 时,对于第 j 个子系统状态反馈控制器仍为 $u(t) = K_i x(t)$,此时闭环系统的状态方程可表述为

$$\dot{x}(t) = (A_j + B_j K_i)x(t) + G_j w(t) \tag{2-43}$$

对系统(2-43),选取 Lyapunov 函数

$$V_{ij}(t) = x^T(t) P_{ij} x(t), \quad t \in [t_k, t_k + \Delta_k), k = 0, 1, \cdots \tag{2-44}$$

由式(2-34)可得

$$\dot{V}_{ij}(t) \leq \lambda^+ V_{ij}(t) + \varepsilon_{ij} w^T(t) w(t) \tag{2-45}$$

在零初始条件下,由引理 2.1 可得

$$V_{ij}(t) \leq \varepsilon_{ij} \int_0^{t-t_k} e^{\lambda^+ \tau} w^T(t-\tau) w(t-\tau) \mathrm{d}\tau \tag{2-46}$$

注意到

$$V_{ij}(t) \geq \lambda_{\min}(P_{ij}) \|x(t)\|^2 \tag{2-47}$$

由式(2-46)和式(2-47)可得

$$\lambda_{\min}(P_{ij}) \sup_{t \in [t_k, t_k+\Delta_k)} \|x(t)\|^2 \leq \frac{\varepsilon_{ij}(e^{\lambda^+ T^+(t_0, T_f)} - 1)}{\lambda^+} \sup_{t \in [t_k, t_k+\Delta_k)} \|w(t)\|^2 \tag{2-48}$$

整理可得

$$\frac{\sup\limits_{t\in[t_k,t_k^*+\Delta_k]}\|x(t)\|}{\sup\limits_{t\in[t_k,t_k^*+\Delta_k]}\|w(t)\|} \leq \sqrt{\frac{\varepsilon_{ij}(e^{\lambda^+ T^+(t_0,T_f)}-1)}{\lambda^+ \lambda_{\min}(P_{ij})}} \quad (2\text{-}49)$$

综合式(2-42)和式(2-49),在有限时间段 $[t_0,T_f] = \bigcup\limits_{r=0}^{k-1}[t_r,t_r+\Delta_r) \cup [t_r+\Delta_r,t_{r+1})$,上,有关系

$$\frac{\sup\limits_{t\in[t_0,T_f]}\|x(t)\|}{\sup\limits_{t\in[t_0,T_f]}\|w(t)\|} \leq \max\left(\sqrt{\frac{e^{\lambda^- T^-(t_0,T_f)}-1}{\lambda^-}\max_{i\in\underline{N}}\left(\frac{\varepsilon_i}{\lambda_{\min}(P_i)}\right)}, \sqrt{\frac{e^{\lambda^+ T^+(t_0,T_f)}-1}{\lambda^+}\max_{i,j\in\underline{N}}\left(\frac{\varepsilon_{ij}}{\lambda_{\min}(P_{ij})}\right)}\right)$$
(2-50)

成立,由 L_∞ 有限时间可镇定的定义,所设计的满足平均驻留时间 τ_a 的异步切换控制器 $u(t) = K_{\sigma'(t)}x(t)$ 能够确保系统有限时间稳定,并使系统具有 L_∞ 扰动抑制性能。定理证毕。

说明2.7 定理2.2表明所设计的反馈控制器确保系统具有 L_∞ 扰动抑制性能,要求无论是在匹配切换时间段还是在不匹配切换时间段,所有闭环子系统都应具有 L_∞ 扰动抑制性能。显然要求每个闭环子系统都具有 L_∞ 扰动抑制性能这样的条件过于保守,定理2.3将对这个条件进一步放宽。

说明2.8 虽然定理2.2给出了系统具有 L_∞ 扰动抑制性能的有限时间镇定方法,然而从式(2-50)可以看出,要获得系统 L_∞ 性能指标,$T^-(t_0,T_f)$ 和 $T^+(t_0,T_f)$ 需要预先确定。实际应用中,由于 $T^-(t_0,T_f)$ 和 $T^+(t_0,T_f)$ 与控制器的切换时间相关,控制器在未设计好之前往往很难获得它们的精确值,因此定理2.2虽然给出了控制器及切换控制律的存在条件,但具体设计方法难于应用。定理2.3将给出实用且保守性更小的设计方法。

定理2.3 对给定的正数 $\varepsilon > \delta > 0$,当系统(2-1)的初始值 x_0 满足 $\|x_0\| \leq \delta$,如果存在矩阵 $P_i > 0, P_{ij} > 0, K_i$ 和正标量 $\mu_1 > 1, \mu_2 > 1, \lambda^+ > 0, \lambda^- > 0$,使得

$$P_i < \mu_1 P_{ij}, P_{ij} < \mu_2 P_i \quad (2\text{-}51)$$

$$\begin{bmatrix} (A_i+B_iK_i)^\mathrm{T}P_i + P_i(A_i+B_iK_i) - \lambda^- P_i & P_iG_i \\ G_i^\mathrm{T}P_i & -\varepsilon_i I \end{bmatrix} < 0 \quad (2\text{-}52)$$

$$\begin{bmatrix} (A_j+B_jK_i)^\mathrm{T}P_{ij} + P_{ij}(A_j+B_jK_i) - \lambda^+ P_{ij} & P_{ij}G_j \\ G_j^\mathrm{T}P_{ij} & -\varepsilon_{ij} I \end{bmatrix} < 0 \quad (2\text{-}53)$$

且平均驻留时间设计为

$$\tau_a > \frac{\ln(\mu_1\mu_2)(T_f-t_0)}{\ln\left(\dfrac{\varepsilon^2}{\delta^2}\cdot\dfrac{\inf\limits_{i,j\in\underline{N}}\{\lambda_{\min}(P_i),\lambda_{\min}(P_{ij})\}}{\sup\limits_{i,j\in\underline{N}}\{\lambda_{\max}(P_i),\lambda_{\max}(P_{ij})\}}\cdot\mu_2\right) - \lambda^+ T^+(t_0,T_f) - \lambda^- T^-(t_0,T_f)}$$
(2-54)

在有限时间段$[t_0,T_f]$内,量测噪声$w(t)$满足$\sup\limits_{t\in[t_0,T_f]}\|w(t)\|<\infty$,则系统(2-1)在状态反馈控制器$u(t)=K_{\sigma'(t)}x(t)$下关于$(\delta,\varepsilon,T_f,\sigma(t),\sigma'(t))$是有限时间异步可镇定的,且具有$L_\infty$扰动抑制性能$\gamma=\sqrt{\dfrac{\max\limits_{i,j\in\underline{N}}(\varepsilon_i,\varepsilon_{ij})(\mathrm{e}^{\max(\lambda^+,\lambda^-)(T_f-t_0)}-1)}{\max(\lambda^+,\lambda^-)\min\limits_{i,j\in\underline{N}}(\lambda_{\min}(P_i),\lambda_{\min}(P_{ij}))}}$,其中$T^-(t_0,T_f)$和$T^+(t_0,T_f)$分别代表在有限控制时间段$[t_0,T_f]$内的匹配切换时间段和不匹配切换时间段。

证明 基于定理2.1,从定理2.3的条件,易得系统(2-1)在反馈控制器$u(t)=K_{\sigma'(t)}x(t)$下是渐近稳定的。

沿着定理2.2的证明思路,基于式(2-37)和式(2-44),定义分段Lyapunov函数

$$V(t)=\begin{cases}x^{\mathrm{T}}(t)P_ix(t),t\in[t_r+\Delta_r,t_{r+1}),&r=0,1,\cdots,k-1\\x^{\mathrm{T}}(t)P_{ij}x(t),t\in[t_r,t_r+\Delta_r),&r=0,1,\cdots,k-1\end{cases} \quad (2\text{-}55)$$

由式(2-52)和式(2-53)可得

$$\dot{V}(t)\leq\max(\lambda^+,\lambda^-)V(t)+\max_{i,j\in\underline{N}}(\varepsilon_i,\varepsilon_{ij})w^{\mathrm{T}}(t)w(t) \quad (2\text{-}56)$$

在零初始条件下,由引理2.1可得

$$V(t)\leq\max_{i,j\in\underline{N}}(\varepsilon_i,\varepsilon_{ij})\int_0^{T_f-t_0}\mathrm{e}^{\max(\lambda^+,\lambda^-)\tau}w^{\mathrm{T}}(t-\tau)w(t-\tau)\mathrm{d}\tau \quad (2\text{-}57)$$

注意到

$$V(t)\geq\min_{i,j\in\underline{N}}(\lambda_{\min}(P_i),\lambda_{\min}(P_{ij}))\|x(t)\|^2 \quad (2\text{-}58)$$

由式(2-57)和式(2-58)可得

$$\min_{i,j\in\underline{N}}(\lambda_{\min}(P_i),\lambda_{\min}(P_{ij}))\sup_{t\in[t_0,T_f]}\|x(t)\|^2$$
$$\leq\dfrac{\max\limits_{i,j\in\underline{N}}(\varepsilon_i,\varepsilon_{ij})(\mathrm{e}^{\max(\lambda^+,\lambda^-)(T_f-t_0)}-1)}{\max(\lambda^+,\lambda^-)}\sup_{t\in[t_0,T_f]}\|w(t)\|^2 \quad (2\text{-}59)$$

由式(2-59)可得

$$\dfrac{\sup\limits_{t\in[t_0,T_f]}\|x(t)\|}{\sup\limits_{t\in[t_0,T_f]}\|w(t)\|}\leq\sqrt{\dfrac{\max\limits_{i,j\in\underline{N}}(\varepsilon_i,\varepsilon_{ij})(\mathrm{e}^{\max(\lambda^+,\lambda^-)(T_f-t_0)}-1)}{\max(\lambda^+,\lambda^-)\min\limits_{i,j\in\underline{N}}(\lambda_{\min}(P_i),\lambda_{\min}(P_{ij}))}} \quad (2\text{-}60)$$

由L_∞有限时间可镇定的定义,所设计的满足平均驻留时间τ_a的异步切换控制器$u(t)=K_{\sigma'(t)}x(t)$能够确保系统有限时间稳定,并使系统具有L_∞扰动抑制性能。定理证毕。

说明2.9 式(2-51)~式(2-53)不是标准的线性矩阵不等式,可根据说明2.6,通过变量代换法,求得不等式的解。

说明2.10 定理2.3表明,如果量测噪声$w(t)$在有限时间段$[t_0,T_f]$内是幅值

有界的,在匹配和不匹配切换时间段内,即使子系统不满足 $L_∞$ 扰动抑制性能,仍然能够设计异步切换控制器使得整个系统具有 $L_∞$ 性能,显然这样的条件比定理 2.2 具有更小的保守性。

2.2.4 数值算例

考虑闭环切换系统(2-3)具有参数

$$A_1 = \begin{bmatrix} -1 & 0 \\ 0 & 0.1 \end{bmatrix}, \quad A_2 = \begin{bmatrix} 2.1 & 1 \\ 0 & 0.3 \end{bmatrix}, \quad B_1 = \begin{bmatrix} 0.2 & 0.14 \\ 0 & 2 \end{bmatrix}$$

$$B_2 = \begin{bmatrix} 1 & 0 \\ 0.3 & 0.1 \end{bmatrix}, \quad G_1 = \begin{bmatrix} 0.2 & 0 \\ 0.3 & 0.1 \end{bmatrix}, \quad G_2 = \begin{bmatrix} 0.1 & 0.2 \\ 0.4 & 0 \end{bmatrix}$$

选取参数 $\delta = 0.1, \varepsilon = 10, \varepsilon_1 = \varepsilon_2 = 100, \varepsilon_{12} = \varepsilon_{21} = 10, \mu_1 = \mu_2 = 20, \lambda^+ = 100, \lambda^- = 10, T_f = 0.005, t_0 = 0, \tau_a = 0.00375$,由定理 2.3,解相应的矩阵不等式可得反馈控制器增益

$$K_1 = \begin{bmatrix} 9.6364 & 1.4424 \\ -10.3539 & 0.4207 \end{bmatrix}, \quad K_2 = \begin{bmatrix} 2.1337 & 0.4083 \\ -0.6623 & 3.5807 \end{bmatrix}$$

相应的代换变量矩阵

$$X_1 = \begin{bmatrix} 8.2146 & -14.6028 \\ -14.6028 & 86.9322 \end{bmatrix}, \quad X_2 = \begin{bmatrix} 92.6569 & 14.6028 \\ 14.6028 & 13.9393 \end{bmatrix}$$

$$X_{12} = \begin{bmatrix} 7.9844 & -0.3851 \\ -0.3851 & 9.9854 \end{bmatrix}, \quad X_{21} = \begin{bmatrix} 10.1766 & 0.1461 \\ 0.1461 & 8.7611 \end{bmatrix}$$

由式(2-28),匹配切换时间段和不匹配切换时间段满足关系

$$100T^+(t_0, T_f) + 10T^-(t_0, T_f) < 0.36$$

注意到 $T^+(t_0, T_f) + T^-(t_0, T_f) = 0.005$,则有

$$T^+(t_0, T_f) < 0.003$$
$$0.003 < T^-(t_0, T_f) < 0.005$$

因此,在系统切换序列的平均驻留时间已知的条件下,所设计的状态反馈控制器 K_1, K_2 在切换律满足以上条件时能确保闭环系统(2-3)关于 $(0.1, 10, 0.005, \sigma(t), \sigma'(t))$ 是有限时间异步可镇定的,且由式(2-60)可计算得到 $L_∞$ 扰动抑制性能 $\gamma = 7.8$。

2.3 有限时间异步切换鲁棒容错控制器

对于能量有限的外部干扰信号,本节在针对系统稳定性研究的基础上设计了系统的故障容错有限时间控制器,进一步分析了系统的鲁棒 $H_∞$ 性能,并给出了系统鲁棒容错 $H_∞$ 控制器的设计方法。

2.3.1 问题描述与预备知识

本节所考虑的系统基于 2.2 节中的线性系统模型,所不同的是系统具有不确

定参数和执行器故障，且系统中的外部干扰项 $w(t)$ 不再属于持续有界的能量信号，而是平方可积的有限能量信号，即 $w(t) \in H_\infty$。如果不加特殊说明，本节所考虑的系统模型均属此类情况。L_∞ 控制方法无法用来处理这类扰动，对于这类扰动考虑利用 H_∞ 控制思想加以抑制。H_∞ 控制思想实质上是通过对有限能量的干扰信号所引起的系统输出能量加以抑制，从而达到所期望的控制效果。为了更好地阐明问题，首先给出系统的模型描述及 H_∞ 性能定义。

考虑如下具有不确定参数和执行器故障的切换系统

$$\dot{x}(t) = \hat{A}_{\sigma(t)} x(t) + \hat{B}_{\sigma(t)} u^f(t) + G_{\sigma(t)} w(t) \tag{2-61a}$$

$$z(t) = \hat{C}_{\sigma(t)} x(t) + D_{\sigma(t)} w(t) \tag{2-61b}$$

其中 $x(t) \in R^n$ 是系统状态；$u^f(t) \in R^p$ 为执行器故障时的控制输入；$z(t) \in R^m$ 是系统控制输出；$w(t)$ 为外部扰动且满足

$$\int_0^T w^T(t) w(t) \mathrm{d}t \leqslant d \quad (d \geqslant 0)$$

其中 $G_i, D_i, i \in \underline{N}$ 是实常数矩阵，$\hat{A}_i, \hat{B}_i$ 和 $\hat{C}_i$ 是具有时变不确定参数的未知实数矩阵，如文献[103]所述，该类时变不确定参数通常可表示成

$$\hat{A}_i = A_i + H_i U_i(t) E_{ai}, \hat{B}_i = B_i + H_i U_i(t) E_{bi}, \hat{C}_i = C_i + H_i U_i(t) E_{ci} \tag{2-62}$$

其中 $A_i, B_i, C_i, H_i, E_{ai}, E_{bi}, E_{ci}$ 是适当维数的实值矩阵；$H_i, E_{ai}, E_{bi}, E_{ci}$ 反映了参数的不确定结构；$U_i(t)$ 为未知时变矩阵，且满足

$$U_i^T(t) U_i(t) \leqslant I, \quad \forall t \tag{2-63}$$

不确定结构 $H_i U_i(t) E_{ai}, H_i U_i(t) E_{bi}$ 和 $H_i U_i(t) E_{ci}$ 称为可容许参数不确定。

状态反馈异步切换控制器具有如下形式

$$u(t) = K_{\sigma'(t)} x(t) \tag{2-64}$$

由于执行器故障，实际的控制输入为

$$u^f(t) = R_{\sigma'(t)} u(t) \tag{2-65}$$

式中 $R_i, i \in \underline{N}$ 为具有如下形式的执行器故障矩阵

$$R_i = \mathrm{diag}\{r_{i1}, r_{i2}, \cdots, r_{ip}\}, \quad 0 \leqslant \underline{r}_{ik} \leqslant r_{ik} \leqslant \bar{r}_{ik}, \bar{r}_{ik} \geqslant 1, k = 1, 2, \cdots, p$$

定义

$$R_{i0} = \mathrm{diag}\{\tilde{r}_{i1}, \tilde{r}_{i2}, \cdots, \tilde{r}_{ip}\} \tag{2-66}$$

$$Q_i = \mathrm{diag}\{q_{i1}, q_{i2}, \cdots, q_{ip}\} \tag{2-67}$$

$$S_i = \mathrm{diag}\{s_{i1}, s_{i2}, \cdots, s_{ip}\} \tag{2-68}$$

其中 $\tilde{r}_{ik} = \frac{1}{2}(\bar{r}_{ik} + \underline{r}_{ik}), q_{ik} = \frac{\bar{r}_{ik} - \underline{r}_{ik}}{\bar{r}_{ik} + \underline{r}_{ik}}, s_{ik} = \frac{r_{ik} - \tilde{r}_{ik}}{\tilde{r}_{ik}}$。

由式(2-66)~式(2-68)可得

$$R_i = R_{i0}(I + S_i), \quad |S_i| \leqslant Q_i \leqslant I \tag{2-69}$$

其中 $|S_i|$ 表示对 S_i 的对角元素取绝对值，即 $|S_i| = \mathrm{diag}\{|s_{i1}|, |s_{i2}|, \cdots, |s_{ip}|\}$。

说明 2.11 $r_{ik}=1$ 表示第 i 个子系统第 k 条执行器通道控制信号正常，$r_{ik}=0$ 表示第 i 个子系统第 k 条执行器通道控制信号中断。当 $\underline{r}_{ik}>0$，$r_{ik}\neq 1$ 时，表示第 i 个子系统第 k 条执行器通道控制信号发生局部故障。

在不考虑参数不确定情形下，可得式(2-61)的名义系统

$$\dot{x}(t) = A_{\sigma(t)}x(t) + B_{\sigma(t)}u^f(t) + G_{\sigma(t)}w(t) \qquad (2\text{-}70\text{a})$$

$$z(t) = C_{\sigma(t)}x(t) + D_{\sigma(t)}w(t) \qquad (2\text{-}70\text{b})$$

当不考虑外部扰动时，式(2-70)变为

$$\dot{x}(t) = A_{\sigma(t)}x(t) + B_{\sigma(t)}u^f(t) \qquad (2\text{-}71\text{a})$$

$$z(t) = C_{\sigma(t)}x(t) \qquad (2\text{-}71\text{b})$$

以下给出系统的有限时间鲁棒容错可镇定和 H_∞ 性能的定义。

定义 2.4 对于初始时刻 t_0，正数 c_1,c_2,T_f，其中 $c_1<c_2$，和给定的系统切换信号 $\sigma(t)$，式(2-61)的每条轨迹 $x(t)$ 在控制器 $u(t)=K_{\sigma'(t)}x(t)$ 及切换信号 $\sigma'(t)$ 下满足

$$\|x_0\|\leqslant c_1 \Rightarrow \|x(t)\|\leqslant c_2, \quad \forall t\in[0,T_f]$$

则称系统(2-61)在异步切换下关于 $(c_1,c_2,T_f,\sigma(t),\sigma'(t))$ 是有限时间鲁棒容错可镇定的。

定义 2.5 对给定的正常数 $\gamma>0$ 和 $\beta>0$，当 $u^f(t)\equiv 0$ 时，即不含输入的系统(2-70)，在已知的切换律 $\sigma(t)$ 条件下，如果具有以下性质：

(1) 系统关于 $(c_1,c_2,T_f,\sigma(t))$ 是有限时间稳定的；

(2) 在零初始条件 $x(t_0)=0$ 下有

$$\int_0^{T_f} e^{-\beta t}z^T(t)z(t)dt \leqslant \gamma^2 \int_0^{T_f} w^T(t)w(t)dt, \forall w(t): \int_0^{T_f} w^T(t)w(t)dt \leqslant d$$

则称系统(2-70)是有限时间稳定的，且具有加权 H_∞ 性能 γ。

条件(2)中的不等式反映了系统对外部有限能量扰动的抑制能力，因此 γ 也称系统对外部扰动的抑制度，γ 越小表明系统的性能越好。在以后的定理证明中，将使用到以下的引理。

引理 2.2[104] 对于适当维数的矩阵 M_1，M_2，以下矩阵不等式成立

$$M_1\Phi(t)M_2 + M_2^T\Phi^T(t)M_1^T \leqslant \beta M_1 VM_1^T + \beta^{-1}M_2^T VM_2$$

其中 $\Phi(t)$ 是时变对角矩阵；β 是正常数；V 是已知的实值矩阵且满足 $|\Phi(t)|\leqslant V$，$|\Phi(t)|$ 表示对 $\Phi(t)$ 的对角元素取绝对值。

本节的主要目的是设计鲁棒 H_∞ 容错控制器确保系统(2-61)在异步切换下关于 $(c_1,c_2,T_f,\sigma(t),\sigma'(t))$ 是有限时间稳定的，且具有 H_∞ 性能。

2.3.2 容错控制器设计

将式(2-64)和式(2-65)代入式(2-71a)，可得闭环系统

$$\dot{x}(t) = (A_{\sigma(t)} + B_{\sigma(t)}R_{\sigma'(t)}K_{\sigma'(t)})x(t) \qquad (2\text{-}72)$$

第2章 连续切换系统有限时间异步控制及性能分析

为了设计容错控制器,首先给出式(2-72)的稳定条件。

引理 2.3 如果存在矩阵 $P_i > 0, P_{ij} > 0, K_i, R_i, \forall i, j \in \underline{N}, i \neq j$,和常数 $\mu_1 > 1$, $\mu_2 > 1, \lambda^+ > 0, \lambda^- > 0$,使得

$$P_i \leq \mu_1 P_{ij}, P_{ij} \leq \mu_2 P_i \tag{2-73}$$

$$(A_i + B_i R_i K_i)^T P_i + P_i(A_i + B_i R_i K_i) < \lambda^- P_i \tag{2-74}$$

$$(A_j + B_j R_j K_i)^T P_{ij} + P_{ij}(A_j + B_j R_j K_i) < \lambda^+ P_{ij} \tag{2-75}$$

且当初始时刻 $t_0 = 0$ 时,平均驻留时间满足

$$\tau_a > \frac{T_f \ln(\mu_1 \mu_2)}{\ln\left(\dfrac{c_2^2}{c_1^2} \cdot \kappa \cdot \mu_2\right) - \lambda^+ T^+(0, T_f) - \lambda^- T^-(0, T_f)} \tag{2-76}$$

其中 $\kappa = \dfrac{\inf\limits_{i,j \in \underline{N}, i \neq j}\{\lambda_{\min}(P_i), \lambda_{\min}(P_{ij})\}}{\sup\limits_{i,j \in \underline{N}, i \neq j}\{\lambda_{\max}(P_i), \lambda_{\max}(P_{ij})\}}$,则闭环系统(2-72)关于 $(c_1, c_2, T_f, \sigma(t),$ $\sigma'(t))$ 是有限时间稳定的,其中 $T^-(0, T_f)$ 和 $T^+(0, T_f)$ 分别代表在有限控制时间段 $[0, T_f]$ 内的匹配切换时间段和不匹配切换时间段。

证明 证明过程与定理 2.1 类似,此处省略。

在引理 2.3 中,注意到实际系统中故障矩阵 R_i 不能事先预知,因此 $P_i B_i R_i K_i$ 是非线性项,为了得到控制器 K_i 的解,需要将式(2-74)和式(2-75)转化为可解的形式。以下的定理给出了系统(2-71)异步切换下的故障容错控制器设计方法。

定理 2.4 假定存在矩阵 $X_i > 0, X_{ij} > 0, \forall i, j \in \underline{N}, i \neq j$,和常数 $\alpha_i > 0, \zeta_j > 0$, $\mu_1 > 1, \mu_2 > 1, \lambda^+ > 0, \lambda^- > 0$,使得

$$X_{ij} \leq \mu_1 X_i, X_i \leq \mu_2 X_{ij} \tag{2-77}$$

$$\begin{bmatrix} \Lambda_i & Y_i^T R_{i0} Q_i^{1/2} \\ * & -\alpha_i I \end{bmatrix} < 0 \tag{2-78}$$

$$\begin{bmatrix} \Lambda_{ij} & (Y_i X_i^{-1} X_{ij})^T R_{j0} Q_j^{1/2} \\ * & -\zeta_j I \end{bmatrix} < 0 \tag{2-79}$$

系统平均驻留时间满足

$$\tau_a > \frac{T_f \ln(\mu_1 \mu_2)}{\ln\left(\dfrac{c_2^2}{c_1^2} \cdot \chi \cdot \mu_2\right) - \lambda^+ T^+(0, T_f) - \lambda^- T^-(0, T_f)} \tag{2-80}$$

则式(2-71)在反馈控制器 $u(t) = K_{\sigma'(t)} x(t), K_i = Y_i X_i^{-1}$ 下关于 $(c_1, c_2, T_f, \sigma(t),$ $\sigma'(t))$ 是有限时间稳定的,其中

$$\Lambda_i = (A_i X_i + B_i R_{i0} Y_i) + (A_i X_i + B_i R_{i0} Y_i)^T + \alpha_i B_i Q_i B_i^T - \lambda^- X_i,$$

$$\Lambda_{ij} = (A_j X_{ij} + B_j R_{j0} Y_i X_i^{-1} X_{ij}) + (A_j X_{ij} + B_j R_{j0} Y_i X_i^{-1} X_{ij})^T + \alpha_j B_j Q_j B_j^T - \lambda^+ X_{ij},$$

$$\chi = \frac{\inf_{i,j\in\underline{N},i\neq j}\{\lambda_{\min}(X_i^{-1}),\lambda_{\min}(X_{ij}^{-1})\}}{\sup_{i,j\in\underline{N},i\neq j}\{\lambda_{\max}(X_i^{-1}),\lambda_{\max}(X_{ij}^{-1})\}}。$$

证明 记

$$T_i = \begin{bmatrix} \Lambda_i & Y_i^T R_{i0} Q_i^{1/2} \\ * & -\alpha_i I \end{bmatrix}$$

由Schur补引理可得，$T_i < 0$ 等价于

$$\Lambda_i + \alpha_i^{-1} Y_i^T R_{i0} Q_i R_{i0} Y_i < 0 \tag{2-81}$$

由引理2.2和式(2-69)可得

$$B_i R_{i0} S_i Y_i + (B_i R_{i0} S_i Y_i)^T \leq \alpha_i B_i Q_i B_i^T + \alpha_i^{-1} Y_i^T R_{i0} Q_i R_{i0} Y_i$$

令 $X_i = P_i^{-1}, Y_i = K_i X_i$，可得

$$(A_i + B_i R_i K_i)^T P_i + P_i (A_i + B_i R_i K_i) < \lambda^- P_i$$

记

$$Z_{ij} = \begin{bmatrix} \Lambda_{ij} & (Y_i X_i^{-1} X_{ij})^T R_{j0} Q_j^{1/2} \\ * & -\zeta_j I \end{bmatrix}$$

同理可得，$Z_{ij} < 0$ 等价于

$$(A_j + B_j R_j K_i)^T P_{ij} + P_{ij} (A_j + B_j R_j K_i) < \lambda^+ P_{ij}$$

其中 $X_{ij} = P_{ij}^{-1}$。由引理2.3可得定理2.4成立。定理证毕。

说明2.12 由于定理2.4中同时存在 X_i, X_{ij}, Y_i 和 $Y_i X_i^{-1} X_{ij}$，式(2-77)~式(2-79)是非线性矩阵不等式组，根据说明2.6中的求解方法，可获得 X_i, Y_i 的解，进而求得控制器 K_i 的参数。

考虑系统中含有不确定参数，进一步给出式(2-61)在不含外部扰动，即 $w(t) \equiv 0$ 时的鲁棒容错控制器的设计方法。

定理2.5 假定存在矩阵 $X_i > 0, X_{ij} > 0, \forall i,j \in \underline{N}, i \neq j$，和常数 $\alpha_i > 0, \zeta_j > 0$，$\varepsilon_i > 0, \xi_j > 0, \delta_i > 0, \psi_j > 0, \mu_1 > 1, \mu_2 > 1, \lambda^+ > 0, \lambda^- > 0$，使得

$$X_{ij} \leq \mu_1 X_i, X_i \leq \mu_2 X_{ij} \tag{2-82}$$

$$\begin{bmatrix} \Pi_i & Y_i^T R_{i0} Q_i^{1/2} & (E_{ai} X_i + E_{bi} R_{i0} Y_i + \alpha_i E_{bi} Q_i B_i^T)^T \\ * & -\alpha_i I & 0 \\ * & * & -\varepsilon_i I \end{bmatrix} < 0 \tag{2-83}$$

$$\begin{bmatrix} \Pi_{ij} & (Y_i X_i^{-1} X_{ij})^T R_{j0} Q_j^{1/2} & (E_{aj} X_{ij} + E_{bj} R_{j0} Y_i X_i^{-1} X_{ij} + \zeta_j E_{bj} Q_j B_j^T)^T \\ * & -\zeta_j I & 0 \\ * & * & -\xi_j I \end{bmatrix} < 0 \tag{2-84}$$

系统平均驻留时间满足

$$\tau_a > \frac{T_f \ln(\mu_1 \mu_2)}{\ln\left(\dfrac{c_2^2}{c_1^2} \cdot \chi \cdot \mu_2\right) - \lambda^+ T^+(0, T_f) - \lambda^- T^-(0, T_f)} \tag{2-85}$$

则式(2-61)在反馈控制器 $u(t) = K_{\sigma'(t)} x(t)$,$K_i = Y_i X_i^{-1}$ 下关于 $(c_1, c_2, T_f, \sigma(t), \sigma'(t))$ 是有限时间稳定的,其中

$$\Pi_i = (A_i X_i + B_i R_{i0} Y_i) + (A_i X_i + B_i R_{i0} Y_i)^T + \alpha_i B_i Q_i B_i^T + (\varepsilon_i + \delta_i) H_i H_i^T - \lambda^- X_i,$$

$$\Pi_{ij} = (A_j X_{ij} + B_j R_{j0} Y_i X_i^{-1} X_{ij}) + (A_j X_{ij} + B_j R_{j0} Y_i X_i^{-1} X_{ij})^T + \zeta_j B_j Q_j B_j^T +$$
$$(\xi_j + \psi_j) H_j H_j^T - \lambda^+ X_{ij},$$

$$\chi = \frac{\inf\limits_{i,j \in \underline{N}, i \neq j} \{\lambda_{\min}(X_i^{-1}), \lambda_{\min}(X_{ij}^{-1})\}}{\sup\limits_{i,j \in \underline{N}, i \neq j} \{\lambda_{\max}(X_i^{-1}), \lambda_{\max}(X_{ij}^{-1})\}} \circ$$

证明 当 $w(t) \equiv 0$ 时,将式(2-64)和式(2-65)代入式(2-61a),可得闭环系统

$$\dot{x}(t) = (\hat{A}_{\sigma(t)} + \hat{B}_{\sigma(t)} R_{\sigma'(t)} K_{\sigma'(t)}) x(t)$$

记

$$\hat{T}_i = \begin{bmatrix} \hat{\Lambda}_i & Y_i^T R_{i0} Q_i^{1/2} \\ * & -\alpha_i I \end{bmatrix}$$

其中 $\hat{\Lambda}_i = (\hat{A}_i X_i + \hat{B}_i R_{i0} Y_i) + (\hat{A}_i X_i + \hat{B}_i R_{i0} Y_i)^T + \alpha_i \hat{B}_i Q_i \hat{B}_i^T - \lambda^- X_i$。

由 Schur 补引理,$\hat{T}_i < 0$ 等价于

$$\hat{\Lambda}_i + \alpha_i^{-1} Y_i^T R_{i0} Q_i R_{i0} Y_i < 0 \tag{2-86}$$

将式(2-62)代入式(2-86)可得

$$\Lambda_i + H_i U_i (E_{ai} X_i + E_{bi} R_{i0} Y_i + \alpha_i E_{bi} Q_i B_i^T) + * + \alpha_i H_i U_i E_{bi} Q_i E_{bi}^T U_i^T H_i^T < 0 \tag{2-87}$$

其中

$$* = [H_i U_i (E_{ai} X_i + E_{bi} R_{i0} Y_i + \alpha_i E_{bi} Q_i B_i^T)]^T,$$

$$\Lambda_i = (A_i X_i + B_i R_{i0} Y_i) + (A_i X_i + B_i R_{i0} Y_i)^T + \alpha_i B_i Q_i B_i^T - \lambda^- X_i \circ$$

由引理 2.2,式(2-87)等价于

$$\Lambda_i + \varepsilon_i H_i H_i^T + \varepsilon_i^{-1} (E_{ai} X_i + E_{bi} R_{i0} Y_i + \alpha_i E_{bi} Q_i B_i^T)^T (E_{ai} X_i + E_{bi} R_{i0} Y_i + \alpha_i E_{bi} Q_i B_i^T) +$$
$$\alpha_i H_i U_i E_{bi} Q_i E_{bi}^T U_i^T H_i^T < 0$$

从上式易得,一定存在某个常数 δ_i 使得

$$\alpha_i H_i U_i E_{bi} Q_i E_{bi}^T U_i^T H_i^T < \delta_i H_i H_i^T$$

因此式(2-83)能够确保式(2-86)成立。

记

$$\hat{Z}_{ij} = \begin{bmatrix} \hat{\Lambda}_{ij} & (Y_i X_i^{-1} X_{ij})^T R_{j0} Q_j^{1/2} \\ * & -\zeta_j I \end{bmatrix}$$

其中 $\hat{\Lambda}_{ij} = (\hat{A}_j X_{ij} + \hat{B}_j R_{j0} Y_i X_i^{-1} X_{ij}) + (\hat{A}_j X_{ij} + \hat{B}_j R_{j0} Y_i X_i^{-1} X_{ij})^T + \alpha_j \hat{B}_j Q_j \hat{B}_j^T - \lambda^+ X_{ij}$,同理

由式(2-84)可得 $\hat{Z}_{ij} < 0$。由引理 2.3 可得定理 2.5 成立。定理证毕。

2.3.3 鲁棒 H_∞ 控制性能分析

将式(2-64)和式(2-65)代入式(2-70)，可得闭环系统

$$\dot{x}(t) = (A_{\sigma(t)} + B_{\sigma(t)} R_{\sigma'(t)} K_{\sigma'(t)}) x(t) + G_{\sigma(t)} w(t) \quad (2\text{-}88a)$$

$$z(t) = C_{\sigma(t)} x(t) + D_{\sigma(t)} w(t) \quad (2\text{-}88b)$$

为了研究式(2-88)的加权 H_∞ 性能，首先考虑非切换系统

$$\dot{x}(t) = Ax(t) + Gw(t) \quad (2\text{-}89a)$$

$$z(t) = Cx(t) + Dw(t) \quad (2\text{-}89b)$$

对系统(2-89)，有以下引理成立：

引理 2.4 对于给定的正标量 $\alpha > 0$，如果存在对称正定矩阵 $P > 0$，使得

$$\begin{bmatrix} A^T P + PA + \gamma^{-1} C^T C - \alpha P & PG + \gamma^{-1} C^T D \\ * & -\gamma I + \gamma^{-1} D^T D \end{bmatrix} < 0 \quad (2\text{-}90)$$

则构造 Lyapunov 函数

$$V(t) = x^T(t) P x(t)$$

沿着系统(2-89)的轨迹，有关系

$$V(t) < e^{\alpha(t-t_0)} V(t_0) - \int_{t_0}^{t} e^{\alpha(t-s)} (\gamma^{-1} z^T(s) z(s) - \gamma w^T(s) w(s)) ds \quad (2\text{-}91)$$

成立。

证明 考虑 Lyapunov 函数 $V(t) = x^T(t) P x(t)$，沿着系统(2-89)的轨迹有

$$\dot{V}(t) = x^T(t) (A^T P + PA) x(t) + w^T(t) G^T P x(t) + x^T(t) P G w(t)$$

$$= \begin{bmatrix} x(t) \\ w(t) \end{bmatrix}^T \begin{bmatrix} A^T P + PA & PG \\ * & 0 \end{bmatrix} \begin{bmatrix} x(t) \\ w(t) \end{bmatrix} \quad (2\text{-}92)$$

由条件(2-90)，基于 Schur 补可得

$$\dot{V}(t) < \alpha V(t) - \gamma^{-1} z^T(t) z(t) + \gamma w^T(t) w(t) \quad (2\text{-}93)$$

对式(2-93)的两边从 t_0 到 t 积分，通过适当的数学运算可得

$$V(t) < e^{\alpha(t-t_0)} V(t_0) - \int_{t_0}^{t} e^{\alpha(t-s)} (\gamma^{-1} z^T(s) z(s) - \gamma w^T(s) w(s)) ds$$

引理证毕。

基于引理 2.4，可得式(2-88)具有 H_∞ 性能的有限时间稳定条件。

引理 2.5 假定存在矩阵 $P_i > 0, P_{ij} > 0, K_i, R_i, \forall i, j \in \underline{N}, i \neq j$，和常数 $\mu_1 > 1$, $\mu_2 > 1, \lambda^+ > 0, \lambda^- > 0, \gamma > 0$，使得

$$P_i \leq \mu_1 P_{ij}, P_{ij} \leq \mu_2 P_i \quad (2\text{-}94)$$

$$\begin{bmatrix} \tilde{A}_i^T P_i + P_i \tilde{A}_i + \gamma^{-1} C_i^T C_i - \lambda^- P_i & P_i G_i + \gamma^{-1} C_i^T D_i \\ * & -\gamma I + \gamma^{-1} D_i^T D_i \end{bmatrix} < 0 \quad (2\text{-}95)$$

$$\begin{bmatrix} \tilde{A}_{ij}^T P_{ij} + P_{ij}\tilde{A}_{ij} + \gamma^{-1}C_j^T C_j - \lambda^+ P_{ij} & P_{ij}G_j + \gamma^{-1}C_j^T D_j \\ * & -\gamma I + \gamma^{-1}D_j^T D_j \end{bmatrix} < 0 \qquad (2\text{-}96)$$

其中 $\tilde{A}_i = A_i + B_i R_i K_i, \tilde{A}_{ij} = A_j + B_j R_i K_i$,且系统平均驻留时间满足

$$\tau_a > \max\left\{\dfrac{T_f \ln(\mu_1 \mu_2)}{\ln\left(\dfrac{c_2^2}{c_1^2}\cdot \nu \cdot \mu_2\right) - \lambda^+ T^+(0,T_f) - \lambda^- T^-(0,T_f)}, \dfrac{\ln(\mu_1\mu_2)}{\max\{\lambda^+,\lambda^-\}}\right\}$$

$$(2\text{-}97)$$

其中 $\nu = \dfrac{\inf\limits_{i,j\in \underline{N},i\neq j}\{\lambda_{\min}(P_i),\lambda_{\min}(P_{ij})\}}{\sup\limits_{i,j\in \underline{N},i\neq j}\{\lambda_{\max}(P_i),\lambda_{\max}(P_{ij})\}}$,则闭环系统(2-88)有限时间稳定且具有加权 H_∞ 性能 $\gamma e^{|\lambda^+ - \lambda^-|T_f/2}$。

证明 由式(2-95)和式(2-96)可得

$$\tilde{A}_i^T P_i + P_i \tilde{A}_i + \gamma^{-1}C_i^T C_i < \lambda^- P$$

$$\tilde{A}_{ij}^T P_{ij} + P_{ij}\tilde{A}_{ij} + \gamma^{-1}C_j^T C_j < \lambda^+ P_{ij}$$

易知式(2-88)关于 $(c_1,c_2,T_f,\sigma(t),\sigma'(t))$ 是有限时间稳定的。

当 $\Delta_k > 0, x(t) \in \Omega_1$ 时,可得如下闭环系统

$$\begin{aligned}\dot{x}(t) &= (A_i + B_i R_i K_i)x(t) + G_i w(t) \\ z(t) &= C_i x(t) + D_i w(t)\end{aligned} \qquad (2\text{-}98)$$

构造 Lyapunov 函数

$$V_i(t) = x^T(t)P_i x(t) \qquad (2\text{-}99)$$

由式(2-95)和引理 2.4 可得

$$V_i(t_b) < e^{\lambda^-(t_b - t_a)}V_i(t_a) - \int_{t_a}^{t_b} e^{\lambda^-(t_b - t_a)}\Gamma(s)ds, t_b > t_a \qquad (2\text{-}100)$$

其中 $\Gamma(s) = \gamma^{-1}z^T(s)z(s) - \gamma w^T(s)w(s)$。

当 $\Delta_k > 0, x(t) \in \Omega_2$ 时,可得如下闭环系统

$$\begin{aligned}\dot{x}(t) &= (A_j + B_j R_i K_i)x(t) \\ z(t) &= C_j x(t) + D_j w(t)\end{aligned} \qquad (2\text{-}101)$$

构造 Lyapunov 函数

$$V_{ij}(t) = x^T(t)P_{ij}x(t) \qquad (2\text{-}102)$$

由式(2-96)和引理 2.4 可得

$$V_{ij}(t_b) < e^{\lambda^+(t_b - t_a)}V_{ij}(t_a) - \int_{t_a}^{t_b}e^{\lambda^+(t_b - t_a)}\Gamma(s)ds, t_b > t_a \qquad (2\text{-}103)$$

记 $0 < t_1 < t_2 < \cdots < t_k = T_f$ 是在时间段 $[0,T_f]$ 上的切换时刻,定义分段 Lyapunov 函数

$$V(t) = \begin{cases} x^{\mathrm{T}}(t)P_i x(t), & t \in [t_l + \Delta_l, t_{l+1}), l = 0,1,\cdots,k-1 \\ x^{\mathrm{T}}(t)P_{ij} x(t), & t \in [t_l, t_l + \Delta_l), l = 0,1,\cdots,k-1 \end{cases} \quad (2\text{-}104)$$

当 $t \in [t_{k-1} + \Delta_{k-1}, t_k), k = 1, 2, \cdots$ 时, 可得

$$\begin{aligned} V(t) &< \mathrm{e}^{\lambda^-(t-t_{k-1}-\Delta_{k-1})} V(t_{k-1} + \Delta_{k-1}) - \int_{t_{k-1}+\Delta_{k-1}}^{t} \mathrm{e}^{\lambda^-(t-s)} \Gamma(s) \mathrm{d}s \\ &< \mu_1 \mathrm{e}^{\lambda^-(t-t_{k-1}-\Delta_{k-1})} V((t_{k-1}+\Delta_{k-1})^-) - \int_{t_{k-1}+\Delta_{k-1}}^{t} \mathrm{e}^{\lambda^-(t-s)} \Gamma(s) \mathrm{d}s \\ &< \mu_1 \mathrm{e}^{\lambda^+\Delta_{k-1}} \mathrm{e}^{\lambda^-(t-t_{k-1}-\Delta_{k-1})} V(t_{k-1}) - \mu_1 \int_{t_{k-1}}^{t_{k-1}+\Delta_{k-1}} \mathrm{e}^{\lambda^-(t-t_{k-1}-\Delta_{k-1})} \mathrm{e}^{\lambda^+(t_{k-1}+\Delta_{k-1}-s)} \Gamma(s) \mathrm{d}s - \\ & \quad \int_{t_{k-1}+\Delta_{k-1}}^{t} \mathrm{e}^{\lambda^-(t-s)} \Gamma(s) \mathrm{d}s \\ &< \mu_1 \mu_2 \mathrm{e}^{\lambda^-(t-t_{k-1}-\Delta_{k-1})+\lambda^+\Delta_{k-1}} V(t_{k-1}^-) - \mu_1 \int_{t_{k-1}}^{t_{k-1}+\Delta_{k-1}} \mathrm{e}^{\lambda^-(t-t_{k-1}-\Delta_{k-1})+\lambda^+(t_{k-1}+\Delta_{k-1}-s)} \Gamma(s) \mathrm{d}s - \\ & \quad \int_{t_{k-1}+\Delta_{k-1}}^{t} \mathrm{e}^{\lambda^-(t-s)} \Gamma(s) \mathrm{d}s \\ &< \mu_1 \mu_2 \mathrm{e}^{\lambda^+\Delta_{k-1}} \mathrm{e}^{\lambda^-(t-t_{k-1}-\Delta_{k-1})} \left[\mathrm{e}^{\lambda^-(t_{k-1}-t_{k-2}-\Delta_{k-2})} V(t_{k-2}+\Delta_{k-2}) - \int_{t_{k-2}+\Delta_{k-2}}^{t_{k-1}} \mathrm{e}^{\lambda^-(t_{k-1}-s)} \Gamma(s) \mathrm{d}s \right] - \\ & \quad \mu_1 \int_{t_{k-1}}^{t_{k-1}+\Delta_{k-1}} \mathrm{e}^{\lambda^-(t-t_{k-1}-\Delta_{k-1})+\lambda^+(t_{k-1}+\Delta_{k-1}-s)} \Gamma(s) \mathrm{d}s - \int_{t_{k-1}+\Delta_{k-1}}^{t} \mathrm{e}^{\lambda^-(t-s)} \Gamma(s) \mathrm{d}s \\ &= \mu_1 \mu_2 \mathrm{e}^{\lambda^+\Delta_{k-1}+\lambda^-(t-t_{k-2}-\Delta_{k-1}-\Delta_{k-2})} V(t_{k-2}+\Delta_{k-2}) - \mu_1 \mu_2 \int_{t_{k-2}+\Delta_{k-2}}^{t_{k-1}} \mathrm{e}^{\lambda^-(t-\Delta_{k-1}-s)+\lambda^+\Delta_{k-1}} \Gamma(s) \mathrm{d}s - \\ & \quad \mu_1 \int_{t_{k-1}}^{t_{k-1}+\Delta_{k-1}} \mathrm{e}^{\lambda^-(t-t_{k-1}-\Delta_{k-1})+\lambda^+(t_{k-1}+\Delta_{k-1}-s)} \Gamma(s) \mathrm{d}s - \int_{t_{k-1}+\Delta_{k-1}}^{t} \mathrm{e}^{\lambda^-(t-s)} \Gamma(s) \mathrm{d}s \\ & \cdots\cdots \\ &< \mu_2^{-1} (\mu_1 \mu_2)^{k[0,T_f]} \mathrm{e}^{\lambda^- T^-(0,T_f)+\lambda^+ T^+(0,T_f)} V(0) - \mu_2^{-1} \int_0^t (\mu_1 \mu_2)^{k[s,t]} \mathrm{e}^{\lambda^- T^-(s,t)+\lambda^+ T^+(s,t)} \Gamma(s) \mathrm{d}s \end{aligned}$$

$$(2\text{-}105)$$

在零初始条件下有 $0 \leq V(T_f) < -\mu_2^{-1} \int_0^{T_f} (\mu_1 \mu_2)^{k[s,T_f]} \mathrm{e}^{\lambda^- T^-(s,T_f)+\lambda^+ T^+(s,T_f)} \Gamma(s) \mathrm{d}s$, 则有关系

$$\begin{aligned} & \int_0^{T_f} (\mu_1 \mu_2)^{k[s,T_f]} \mathrm{e}^{\lambda^- T^-(s,T_f)+\lambda^+ T^+(s,T_f)} \gamma^{-1} z^{\mathrm{T}}(s) z(s) \mathrm{d}s \\ &< \int_0^{T_f} (\mu_1 \mu_2)^{k[s,T_f]} \mathrm{e}^{\lambda^- T^-(s,T_f)+\lambda^+ T^+(s,T_f)} \gamma w^{\mathrm{T}}(s) w(s) \mathrm{d}s \end{aligned}$$

上式两边同乘以 $(\mu_1 \mu_2)^{-k[0,T_f]}$ 可得

$$\begin{aligned} & \int_0^{T_f} (\mu_1 \mu_2)^{-k[0,s]} \mathrm{e}^{\lambda^- T^-(s,T_f)+\lambda^+ T^+(s,T_f)} \gamma^{-1} z^{\mathrm{T}}(s) z(s) \mathrm{d}s \\ &< \int_0^{T_f} (\mu_1 \mu_2)^{-k[0,s]} \mathrm{e}^{\lambda^- T^-(s,T_f)+\lambda^+ T^+(s,T_f)} \gamma w^{\mathrm{T}}(s) w(s) \mathrm{d}s \end{aligned}$$

由式(2-97)可得

$$\tau_a > \frac{\ln(\mu_1\mu_2)}{\max\{\lambda^+,\lambda^-\}} \tag{2-106}$$

则有

$$0 \leq k_{[0,s]} \leq s/\tau_a < \frac{\max\{\lambda^+,\lambda^-\}}{\ln(\mu_1\mu_2)} s \tag{2-107}$$

注意到

$$e^{\min\{\lambda^-,\lambda^+\}(T_f-s)} < e^{\lambda^- T^-(s,T_f) + \lambda^+ T^+(s,T_f)} < e^{\max\{\lambda^-,\lambda^+\}(T_f-s)} \tag{2-108}$$

综合以上可得

$$\int_0^{T_f} e^{-(\lambda^-+\lambda^+)s} z^{\mathrm{T}}(s)z(s)\,\mathrm{d}s < (\gamma^2/e^{-|\lambda^- - \lambda^+|T_f}) \int_0^{T_f} w^{\mathrm{T}}(s)w(s)\,\mathrm{d}s \tag{2-109}$$

当 $\Delta_k < 0$ 时,可得相同结论。定理证毕。

基于引理 2.5 具有 H_∞ 性能的有限时间稳定条件,可以得到系统(2-70)的有限时间 H_∞ 容错控制器的设计方法。

定理 2.6 假定存在矩阵 $X_i > 0, X_{ij} > 0, \forall i,j \in \underline{N}, i \neq j$,和常数 $\gamma > 0, \alpha_i > 0, \psi_j > 0, \mu_1 > 1, \mu_2 > 1, \lambda^+ > 0, \lambda^- > 0$,使得

$$X_{ij} \leq \mu_1 X_i, X_i \leq \mu_2 X_{ij} \tag{2-110}$$

$$\begin{bmatrix} \Phi_i & G_i & X_i C_i^{\mathrm{T}} & Y_i^{\mathrm{T}} R_{i0} Q_i^{1/2} \\ * & -\gamma I & D_i^{\mathrm{T}} & 0 \\ * & * & -\gamma I & 0 \\ * & * & * & -\alpha_i I \end{bmatrix} < 0 \tag{2-111}$$

$$\begin{bmatrix} \Phi_{ij} & G_j & X_j C_i^{\mathrm{T}} & (Y_i X_i^{-1} X_{ij})^{\mathrm{T}} R_{j0} Q_j^{1/2} \\ * & -\gamma I & D_j^{\mathrm{T}} & 0 \\ * & * & -\gamma I & 0 \\ * & * & * & -\psi_j I \end{bmatrix} < 0 \tag{2-112}$$

系统平均驻留时间满足

$$\tau_a > \max\left\{ \frac{T_f \ln(\mu_1\mu_2)}{\ln\left(\frac{c_2^2}{c_1^2} \cdot \bar{\omega} \cdot \mu_2\right) - \lambda^+ T^+(0,T_f) - \lambda^- T^-(0,T_f)}, \frac{\ln(\mu_1\mu_2)}{\max\{\lambda^+,\lambda^-\}} \right\} \tag{2-113}$$

其中 $\bar{\omega} = \dfrac{\inf\limits_{i,j\in\underline{N},i\neq j}\{\lambda_{\min}(X_i^{-1}),\lambda_{\min}(X_{ij}^{-1})\}}{\sup\limits_{i,j\in\underline{N},i\neq j}\{\lambda_{\max}(X_i^{-1}),\lambda_{\max}(X_{ij}^{-1})\}}$,则式(2-70)在反馈控制器 $u(t) = K_{\sigma'(t)} x(t)$, $K_i = Y_i X_i^{-1}$ 下关于 $(c_1, c_2, T_f, \sigma(t), \sigma'(t))$ 是有限时间稳定的,且具有加权 H_∞ 性能 $\gamma e^{|\lambda^+ - \lambda^-|T_f/2}$,其中

$$\Phi_i = A_iX_i + B_iR_{i0}Y_i + (A_iX_i + B_iR_{i0}Y_i)^T + \alpha_iB_iQ_iB_i^T - \lambda^-X_i,$$

$$\Phi_{ij} = (A_jX_{ij} + B_jR_{j0}Y_iX_i^{-1}X_{ij}) + (A_jX_{ij} + B_jR_{j0}Y_iX_i^{-1}X_{ij})^T + \alpha_jB_jQ_jB_j^T - \lambda^+X_{ij}。$$

证明 基于引理2.5，与定理2.4证明过程中的控制器设计方法类似，此处省略。定理证毕。

基于针对名义系统的控制器设计定理2.6，进一步考虑到系统中的可容许不确定参数，可以得到系统(2-61)的有限时间鲁棒H_∞容错控制器的设计方法。

定理2.7 假定存在矩阵$X_i > 0, X_{ij} > 0, \forall i,j \in \underline{N}, i \neq j$，和常数$\gamma > 0, \alpha_i > 0,$ $\upsilon_j > 0, \varepsilon_i > 0, \pi_j > 0, \delta_i > 0, \vartheta_j > 0, \mu_1 > 1, \mu_2 > 1, \lambda^+ > 0, \lambda^- > 0$，使得

$$X_{ij} \leq \mu_1 X_i, X_i \leq \mu_2 X_{ij} \tag{2-114}$$

$$\begin{bmatrix} \Sigma_i & G_i & X_iC_i^T & Y_i^TR_{i0}Q_i^{1/2} & (E_{ai}X_i + E_{bi}R_{i0}Y_i + \alpha_iE_{bi}Q_iB_i^T)^T & E_{ci}^T \\ * & -\gamma I & D_i^T & 0 & 0 & 0 \\ * & * & -\gamma I + \varepsilon_iH_iH_i^T & 0 & 0 & 0 \\ * & * & * & -\alpha_i I & 0 & 0 \\ * & * & * & * & -\varepsilon_i I & 0 \\ * & * & * & * & * & -\varepsilon_i I \end{bmatrix} < 0 \tag{2-115}$$

$$\begin{bmatrix} \Sigma_{ij} & G_j & X_jC_j^T & (Y_iX_i^{-1}X_{ij})^TR_{j0}Q_j^{1/2} & (E_{aj}X_j + E_{bj}R_{j0}Y_iX_i^{-1}X_{ij} + \pi_jE_{bj}Q_jB_j^T)^T & E_{cj}^T \\ * & -\gamma I & D_j^T & 0 & 0 & 0 \\ * & * & -\gamma I + \upsilon_jH_jH_j^T & 0 & 0 & 0 \\ * & * & * & -\pi_j I & 0 & 0 \\ * & * & * & * & -\upsilon_j I & 0 \\ * & * & * & * & * & -\upsilon_j I \end{bmatrix} < 0 \tag{2-116}$$

系统平均驻留时间满足

$$\tau_a > \max\left\{\frac{T_f\ln(\mu_1\mu_2)}{\ln\left(\frac{c_2^2}{c_1^2}\cdot\eta\cdot\mu_2\right) - \lambda^+T^+(0,T_f) - \lambda^-T^-(0,T_f)}, \frac{\ln(\mu_1\mu_2)}{\max\{\lambda^+,\lambda^-\}}\right\}$$

其中 $\eta = \dfrac{\inf\limits_{i,j \in \underline{N}, i \neq j}\{\lambda_{\min}(X_i^{-1}), \lambda_{\min}(X_{ij}^{-1})\}}{\sup\limits_{i,j \in \underline{N}, i \neq j}\{\lambda_{\max}(X_i^{-1}), \lambda_{\max}(X_{ij}^{-1})\}}$，则式(2-61)在反馈控制器$u(t) = K_{\sigma'(t)}x(t), K_i = Y_iX_i^{-1}$下关于$(c_1,c_2,T_f,\sigma(t),\sigma'(t))$是有限时间稳定的，且具有加权$H_\infty$性能$\gamma e^{|\lambda^+-\lambda^-|T_f/2}$，其中

$$\Sigma_i = (A_iX_i + B_iR_{i0}Y_i) + (A_iX_i + B_iR_{i0}Y_i)^T + \alpha_iB_iQ_iB_i^T + (\varepsilon_i + \delta_i)H_iH_i^T - \lambda^-X_i,$$

$$\Sigma_{ij} = (A_j X_{ij} + B_j R_{j0} Y_i X_i^{-1} X_{ij}) + (A_j X_{ij} + B_j R_{j0} Y_i X_i^{-1} X_{ij})^T + \pi_j B_j Q_j B_j^T + (\upsilon_j + \vartheta_j) H_j H_j^T - \lambda^- X_{ij} \circ$$

证明 基于定理2.6,其中针对参数不确定的处理方法与定理2.5的证明过程类似,此处省略。定理证毕。

说明 2.13 通过式(2-115)和式(2-116)求得矩阵 X_{ij} 和 X_i 的可行解后,基于条件(2-114),有关系

$$\mu_1 = \max_{i,j \in \underline{N}, i \neq j} \{\lambda_{\max}(X_{ij})\} / \min_{i \in \underline{N}} \{\lambda_{\min}(X_i)\}, \mu_2 = \max_{i \in \underline{N}} \{\lambda_{\max}(X_i)\} / \min_{i,j \in \underline{N}, i \neq j} \{\lambda_{\max}(X_{ij})\}$$

成立,此时 μ_1, μ_2 的值可不用预先给定,一定程度上可减弱矩阵不等式求解的保守性。

说明 2.14 从结论可以看出,当 $\lambda^+ \neq \lambda^-$ 时,加权 H_∞ 性能和有限时间 T_f 是相关的,随着 T_f 增大,加权 H_∞ 性能 $\gamma e^{|\lambda^+ - \lambda^-| T_f / 2}$ 也变大,表明随着系统运行时间的加长,所设计的控制器使得系统扰动抑制能力变弱,故在实际控制中,应尽量缩短系统有限时间稳定的时间域来提高扰动抑制性能。当 $\lambda^+ = \lambda^-$ 时,加权 H_∞ 性能值为 γ,它是独立于 T_f 的,由此可知,控制器参数的选择不仅决定了系统的控制性能好坏,同时也决定了控制性能是否与系统稳定的有限时间相关,实际运用中可根据需要来决定。

2.3.4 数值算例

1. 鲁棒容错镇定设计

在不考虑系统外部扰动时,即 $w(t) \equiv 0$,假设系统(2-61a)包含两个子系统,且具有参数

子系统 $1(S_1): A_1 = \begin{bmatrix} -1 & 0 \\ 0 & 0.1 \end{bmatrix}, B_1 = \begin{bmatrix} 0.2 & 0.14 \\ 0 & 2 \end{bmatrix}, E_{a1} = \begin{bmatrix} 0.2 & 0.5 \\ 0 & 0 \end{bmatrix}, E_{b1} = \begin{bmatrix} 0.2 & 0 \\ 0.3 & 0.1 \end{bmatrix}, H_1 = \begin{bmatrix} 0.1 & 0.2 \\ 0.1 & 0 \end{bmatrix}$

子系统 $2(S_2): A_2 = \begin{bmatrix} 2.1 & 1 \\ 0 & 0.3 \end{bmatrix}, B_2 = \begin{bmatrix} 1 & 0 \\ 0.3 & 0.1 \end{bmatrix}, E_{a2} = \begin{bmatrix} 0.1 & 0.2 \\ 0.4 & 0 \end{bmatrix}, E_{b2} = \begin{bmatrix} 0.2 & 0 \\ 0.2 & 0 \end{bmatrix}, H_2 = \begin{bmatrix} 0.1 & 0.2 \\ 0.1 & 0 \end{bmatrix}$

利用文献[105]的镇定设计方法,选择参数 $T_f = 0.007, t_0 = 0, c_1 = 1, c_2 = 100, B_{\bar{\Omega}_1} = \begin{bmatrix} 0.14 \\ 2 \end{bmatrix}, B_{\bar{\Omega}_2} = \begin{bmatrix} 0 \\ 0.1 \end{bmatrix}, \alpha = 10, \beta = 20, R = I$,可获得控制器增益为

$$K_1 = \begin{bmatrix} -6.1067 & 0.0002 \\ -4.2732 & -46.0813 \end{bmatrix}, K_2 = \begin{bmatrix} -28.5294 & -9.2352 \\ -0.0237 & -2.9994 \end{bmatrix}$$

平均驻留时间 $\tau_a > \tau_a^* = 0.0022$。以上利用文献[105]获得的结果是在不考虑异步切换情形下得到的,即在设计控制器时假设系统切换和控制器切换时刻是一致的。然而实际应用中系统切换和控制器切换总存在时间差,完全的同步切换是极为理

想的假设。这里,选择系统初始状态为 $x_0 = [-0.5 \quad -0.8]^T$,实际不匹配切换时间段 $|\Delta_k| = 0.0013, k = 0, 1, \cdots$,用以上求得的控制器参数 K_1, K_2 和平均驻留时间 $\tau_a = 0.0023$ 镇定原系统。图 2-2 表示了平均驻留时间 τ_a 和不匹配切换时间段 Δ_k 下系统的切换信号 $\sigma(t)$ 和控制器的切换信号 $\sigma'(t)$ 的时间序列。闭环切换系统的状态响应如图 2-3 所示,从图中可以看出,系统状态 $x(t)$ 的 2-范数在时间段 $[0, 0.007]$ 上有时大于 10^2,即 $\|x(t)\|^2 < c_2^2 = 10^4, \forall t \in [0, 0.007]$ 并不是总成立的,文献[105]中的方法由于在系统镇定设计过程中没有考虑到异步切换对系统稳定性的影响,使得所得到的控制器并不能使系统关于 $(1, 100, 0.007, \sigma(t), \sigma'(t))$ 是有限时间稳定的。在这种情况下文献[105]的方法是失效的。

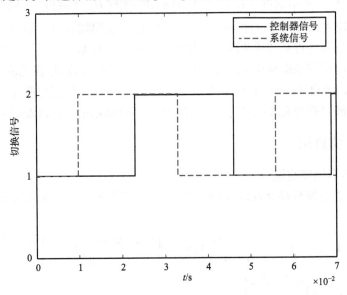

图 2-2 文献[105]设计的系统切换信号 $\sigma(t)$ 和控制器切换信号 $\sigma'(t)$

对上述问题,利用本节的方法来解决系统(2-61)的异步切换控制问题。为了便于比较,子系统的参数,初始状态和 T_f, c_1, c_2 的值仍然不变。选取参数 $\alpha_1 = \alpha_2 = \zeta_1 = \zeta_2 = \delta_1 = \delta_2 = \psi_1 = \psi_2 = 1, \tau_a = 0.0041, \varepsilon_1 = \varepsilon_2 = \xi_1 = \xi_2 = 100, \lambda^+ = 100, \lambda^- = 10, \mu_1 = \mu_2 = 20$,执行器故障模型参数为 $0.1 \leq r_{11} \leq 1.3, 0.1 \leq r_{12} \leq 1.2, 0.2 \leq r_{21} \leq 1, 0.1 \leq r_{22} \leq 1$,可得故障参数矩阵 $R_{10} = \begin{bmatrix} 0.7 & 0 \\ 0 & 0.65 \end{bmatrix}, Q_1 = \begin{bmatrix} \frac{6}{7} & 0 \\ 0 & \frac{11}{13} \end{bmatrix}, R_{20} = \begin{bmatrix} 0.6 & 0 \\ 0 & 0.55 \end{bmatrix}, Q_2 = \begin{bmatrix} \frac{2}{3} & 0 \\ 0 & \frac{9}{11} \end{bmatrix}$。由定理 2.5,可得一组可行解

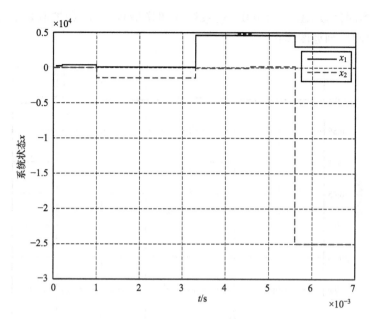

图 2-3　系统(2-61)的状态响应(文献[105]设计方法)

$$K_1 = \begin{bmatrix} 0.1915 & 0.1045 \\ 0.0938 & 0.6969 \end{bmatrix}, \quad K_2 = \begin{bmatrix} 0.1306 & 0.1247 \\ -0.0145 & 0.0603 \end{bmatrix}$$

$$X_1 = \begin{bmatrix} 11.5719 & 0.1777 \\ 0.1777 & 18.6561 \end{bmatrix}, \quad X_2 = \begin{bmatrix} 24.5618 & 0.3901 \\ 0.3901 & 13.6215 \end{bmatrix}$$

$$X_{12} = \begin{bmatrix} 4.2740 & 0.0627 \\ 0.0627 & 4.2078 \end{bmatrix}, \quad X_{21} = \begin{bmatrix} 4.2343 & 0.0163 \\ 0.0163 & 4.1176 \end{bmatrix}$$

对定理 2.5 的条件(2-85)作适当变换可得, $\lambda^+ T^+(0, T_f) + \lambda^- T^-(0, T_f) < \ln\left(\dfrac{c_2^2}{c_1^2} \cdot \chi \cdot \mu_2\right) - \dfrac{T_f \ln(\mu_1 \mu_2)}{\tau_a}$ 代入参数值得 $100 T^+(0, T_f) + 10 T^-(0, T_f) < 0.1899$,注意到 $T^+(0, T_f) + T^-(0, T_f) = 0.007$,由此可得 $T^+(0, T_f) < 0.0013, 0.0057 < T^-(0, T_f) < 0.007$。如果平均驻留时间 τ_a 是预先给定的,则可以确定 $T^-(0, T_f)$ 和 $T^+(0, T_f)$ 的范围。选取系统不确定参数中的未知时变矩阵 $U_i(t) = \begin{bmatrix} \sin t & 0 \\ 0 & \sin t \end{bmatrix}$,子系统 1 和子系统 2 的故障矩阵为 $R_1 = \begin{bmatrix} 0.6 & 0 \\ 0 & 0.8 \end{bmatrix}, R_2 = \begin{bmatrix} 1 & 0 \\ 0 & 1 \end{bmatrix}$。用符号 S_1^{sub},$S_2^{\text{sub}}, S_{12}^{\text{sub}}, S_{21}^{\text{sub}}$ 分别表示闭环子系统 $(\hat{A}_1 + \hat{B}_1 R_1 K_1), (\hat{A}_2 + \hat{B}_2 R_2 K_2), (\hat{A}_1 + \hat{B}_1 R_2 K_2)$ 和 $(\hat{A}_2 + \hat{B}_2 R_1 K_1)$。开环系统的切换序列为 $S_1 S_2 S_1 S_2 \cdots$。基于控制器切换信号 $\sigma'(t)$ 的定义,闭环子系统以如下的序列被激活 $S_1^{\text{sub}} S_{12}^{\text{sub}} S_2^{\text{sub}} S_{21}^{\text{sub}} S_1^{\text{sub}} S_{12}^{\text{sub}} \cdots$。系统状态响应曲线和相应的控制律曲线如图 2-4 和图 2-5 所示。在平均驻留时间 $\tau_a = 0.0041$ 和

不匹配切换时间段 $|\Delta_k| = 0.001$ 下,系统的切换信号 $\sigma(t)$ 和控制器的切换信号 $\sigma'(t)$ 的时间序列如图 2-6 所示。

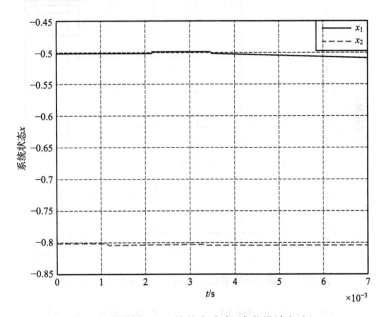

图 2-4 系统(2-61)的状态响应(本节设计方法)

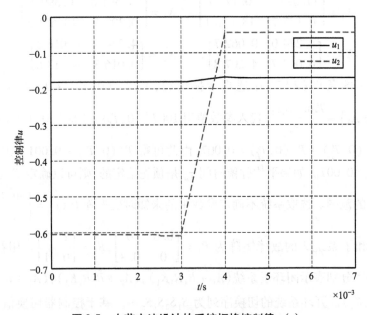

图 2-5 本节方法设计的系统切换控制律 $u(t)$

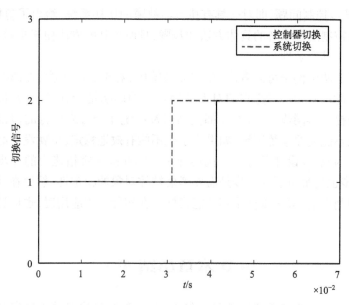

图2-6 本节方法设计的系统切换信号 $\sigma(t)$ 和控制器切换信号 $\sigma'(t)$

基于以上的仿真效果图可以看出,所设计的控制器 K_1,K_2 确保了系统(2-61)关于 $(1,100,0.007,\sigma(t),\sigma'(t))$ 是有限时间稳定的。从图2-4可以看出,$\|x(t)\|^2 < c_2^2 = 10^4$, $\forall t \in [0,0.007]$。因此,本节所提出的异步切换控制的方法是有效的。

2. H_∞ 镇定设计

仍然考虑系统(2-61)的子系统个数 $N=2$,子系统参数与上例相同。系统输出方程的参数 C_i, G_i, D_i 和不确定结构参数为

$$C_1 = \begin{bmatrix} 0.15 & 1.1 \\ 1 & 0.2 \end{bmatrix}, \quad C_2 = \begin{bmatrix} 0 & 0.2 \\ 1.4 & 0 \end{bmatrix}, \quad E_{c1} = \begin{bmatrix} 0 & 0.5 \\ 0 & 0 \end{bmatrix}, \quad E_{c2} = \begin{bmatrix} 0.5 & 0 \\ 0.1 & 0 \end{bmatrix}$$

$$G_1 = \begin{bmatrix} 0.25 & 0.41 \\ 0 & 0 \end{bmatrix}, \quad G_2 = \begin{bmatrix} 0.1 & 0 \\ 0.1 & 0.3 \end{bmatrix}, \quad D_1 = \begin{bmatrix} 0.2 & 0.7 \\ 1 & 0 \end{bmatrix}, \quad D_2 = \begin{bmatrix} 0 & 0 \\ 0.1 & 0.1 \end{bmatrix}$$

其余参数设置为 $\alpha_1 = \alpha_2 = \pi_1 = \pi_2 = \delta_1 = \delta_2 = \vartheta_1 = \vartheta_2 = 1, \varepsilon_1 = \varepsilon_2 = \upsilon_1 = \upsilon_2 = 100$,$c_1 = 0.01, c_2 = 100, \lambda^+ = \lambda^- = 10, \mu_1 = \mu_2 = 20, \gamma = 6, T_f = 0.8$。由定理2.7可求得控制器参数的一组可行解

$$K_1 = \begin{bmatrix} -0.0175 & -0.0373 \\ -0.3711 & -1.1807 \end{bmatrix}, \quad K_2 = \begin{bmatrix} -0.4006 & -0.1295 \\ -0.0092 & -0.0048 \end{bmatrix}$$

平均驻留时间设计为 $\tau_a > 0.634$,则系统(2-61)关于 $(0.01,100,0.8,\sigma(t),\sigma'(t))$ 是有限时间稳定的,且具有加权 H_∞ 性能 $\gamma e^{|\lambda^+ - \lambda^-|T_f/2} = 6$。文献[106]也研究了切换系统的鲁棒容错控制问题,然而没有给出 H_∞ 性能指标的设计,且未考虑异步切换。

相比于文献[105]和[106],本节的方法解决了这两篇文献中没有考虑到的

H_∞ 控制和异步控制问题,即对于具有执行器故障的切换系统,给出了鲁棒 H_∞ 控制和异步切换控制问题求解的具体方法和步骤,且所得到的方法便于求解,通过仿真实例也验证了其有效性。

基于以上两个例子可以看出,在实际系统中,对于故障干扰、外部扰动和异步切换,在设计控制器时,考虑它们对系统稳定性的影响是十分必要的,按照理想情形下系统与控制器同步切换、无外部扰动以及系统完全可靠运行的假设所设计的控制器往往不能使原系统镇定,如果原系统不能有效地稳定,也就没有必要讨论其控制性能。因此,在设计具有一定扰动抑制性能和故障容错能力的异步切换控制器时,第一步也是最重要的一步是需要考虑被控对象的稳定性,然后在此基础上研究其扰动抑制性能,进一步优化其性能指标。在实际工程应用时,也应遵循这样的设计步骤。

本章小结

异步切换广泛存在于实际工程系统中,且有限时间控制对于镇定系统具有重要意义,本章首先给出了切换系统异步切换下的有限时间可镇定的定义,系统 L_∞ 性能以及 H_∞ 性能的定义,并陈述和推导了一些相关引理。基于所给出的定义和引理,在假定系统干扰分别为持续有界能量干扰信号和平方可积干扰信号的情形下,利用 L_∞ 控制和 H_∞ 控制的思想得到了系统 L_∞ 性能控制器以及 H_∞ 性能控制器的设计方法,并在 H_∞ 控制问题中进一步讨论了执行器故障时的系统容错控制问题。基于平均驻留时间方法和 Lyapunov 函数,所得到的有限时间可镇定条件依赖于系统驻留时间和切换模式,数值例子表明了所提方法的有效性。值得指出的是,本章的结果只是提供了系统控制性能指标的分析方法,并没有进一步给出性能指标的优化方案,这是今后工作中需要关注的问题。目前很多文献都将具有包丢失和时延的网络控制系统建模成切换系统或跳变系统,但在模型分析和控制器设计中没有考虑异步切换,而实际上在系统建模中确实存在异步切换的现象,这种机理目前仍没有被很好地揭示,将来的工作需要进一步将本章所提出的方法拓展并应用到文献[107]所给出的典型的具有网络诱导约束的系统中。

第 3 章

离散随机切换系统有限时间异步控制

作为一类重要的切换系统,切换随机系统在国防及工业控制过程中具有许多实际的应用背景,尤其是在网络通信系统中,如随机包丢失和随机时延等都可建模成切换随机系统[108]。Hu 等在文献[109]中提出了随机混杂系统的一种较为一般的形式化模型。本章将线性系统随机稳定性理论拓展到切换系统中,在有限时间随机稳定概念的基础上,提出了系统有限时间异步切换随机镇定的概念;分析了切换系统的随机特性,基于有限时间控制方法,给出了系统有限时间随机稳定的充分条件,解决了子系统包含随机过程的切换系统稳定性及镇定问题,为离散异步切换控制器的设计提供了一种有效的线性矩阵不等式(LMI)方法。

3.1 引 言

离散随机过程广泛存在于具有随机扰动的工程学、生物学、医学以及物理学系统中[110-114]。在国防工程中,一些存在强电磁脉冲干扰的环境下这种随机过程尤为明显,在理想环境中设计的控制器由于受到干扰往往无法正常工作。离散随机过程也大量出现在随机微分方程的数值求解算法中[115]。相比较于切换系统状态空间模型,切换随机系统的研究更加困难,因为不仅要考虑系统的稳定性,还要考虑随机迭代过程解收敛的定性性质。目前,不少关于切换随机系统的研究结果都在文献中有所报道。例如,文献[116]研究了在 Markov 切换下,离散随机过程的状态反馈镇定问题,利用离散 Markov 链描述了具有跳变的 Markov 切换。文献[117]给出了具有切换 Markov 链的随机系统驻留时间控制器设计方法,并证明了如果在两次相邻切换之间的时间间隔期望值足够大,则系统在保概率切换下是稳定的。Feng 等[118]研究了一类随机切换系统的矩稳定性和样本路径稳定性。基于平均驻留时间概念,文献[119]研究了多变量切换随机系统的渐近均方稳定性和指数均方稳定性。

以上大多数有关切换随机系统的研究结果都是基于经典的 Lyapunov 稳定性概念,考虑的是系统在无限时间域上的随机稳定特性,然而在某些情况下,在有限时间区域内的随机稳定特性更加受到关注，从而需要发展和引入切换随机系统的有限时间稳定性概念。迄今为止，只有少数文献研究了切换随机系统的有限时间稳定性。文献[120]提出了连续时间切换随机系统的有限时间随机稳定的定义，并且给出了系统镇定方法。然而，文献[121]中指出，对于连续时间切换系统很容易找到子系统的凸组合，从而可以方便地进行稳定性和镇定问题的求解，而对于离散切换系统这样的凸组合却不易得到。因此，离散切换随机系统的有限时间随机稳定性问题是一个非平凡的控制问题。另外，在研究切换随机系统的有限时间随机稳定的文献中，并未考虑控制器和子系统之间存在的异步切换现象。所以到目前为止，针对离散随机切换系统的有限时间异步控制问题尚未得到解决。

本章主要对两个方面内容进行了研究：①利用平均驻留时间方法，给出了离散随机切换系统的有限时间随机稳定的判别条件；②基于有限时间随机稳定性条件，研究了系统的异步切换控制问题，设计了基于状态反馈的异步切换控制器。结论表明系统有限时间随机可镇定并不要求确保每个闭环子系统在异步切换控制下是有限时间随机稳定的。在有限时间间隔内，切换频率只需限定在某个范围内就可确保系统是有限时间随机异步可镇定的。

3.2 问题描述与预备知识

本节对离散切换随机系统异步控制模型进行了描述，归纳了若干有限时间随机稳定及镇定的定义，并给出了异步控制实现中用到的相关引理。

3.2.1 离散随机切换系统异步控制模型

考虑如下的离散随机切换系统

$$x(k+1) = A_{\sigma(k)}x(k) + B_{\sigma(k)}u(k) + (C_{\sigma(k)}x(k) + D_{\sigma(k)}u(k))\omega(k) \quad (3\text{-}1)$$

$$x(0) = x_0 \quad (3\text{-}2)$$

其中 $x(k) \in R^n$ 是系统状态；$u(k) \in R^p$ 是控制输入；$x(0) = x_0$ 是系统的初始状态，且为确定的有限值；$\omega(k)$ 是在关于 σ-代数递增族 $(\mathcal{F}_k)_{k \in L}$ 的概率空间 $(\Omega, \mathcal{F}, \mathcal{P})$ 上的零均值实标量随机过程，$\mathcal{F}_k \subset \mathcal{F}$ 由 $(\omega(k))_{k \in L}$ 产生，L 是自然数集。假定

$$E\{\omega(k)\} = 0, E\{\omega(k)^2\} = \alpha \quad (3\text{-}3)$$

其中标量 $\alpha > 0$，随机过程 $\omega(0), \omega(1), \cdots$ 是相互独立的，即 $E\{\omega(r)\omega(h)\} = 0, r \neq h$。$\sigma(k): Z^+ \to \underline{N} = \{1, 2, \cdots, N\}$ 是依赖于离散时间 k 的分段常值函数切换信号，N 是有限正整数，它代表子系统的个数。相对于切换信号 $\sigma(k)$，记离散时间切换序列为 $S = \{(i_0, k_0), (i_1, k_1), \cdots, (i_l, k_l), \cdots | i_l \in \underline{N}, l \in Z^+\}$，初始时刻 $k_0 = 0$，序列 S 表明第 i_l 个子系统在时间段 $k_l \leq k < k_{l+1}$ 内被激活，即 $\sigma(k) = i_l, k_l \leq k < k_{l+1}$。用 $(A_{i_l}, B_{i_l}, C_{i_l}, D_{i_l})$ 表示第 i_l 个子系统或系统(3-1)的第 i_l 个切换模式。$A_i \in R^{n \times n}$，

$B_i \in R^{n \times p}, C_i \in R^{n \times n}$ 和 $D_i \in R^{n \times p}, \forall i \in \underline{N}$ 是适当维数的实值矩阵。

第2章给出了连续切换系统异步切换控制律的模型描述,相应地可以将其推广到离散切换系统的异步切换控制律描述。这里用 $\sigma'(k)$ 表示控制器的实际切换信号,其时间序列可描述为 $\sigma'(k): \{(k_0 + \Delta_{k_0}, \sigma(k_0)), (k_1 + \Delta_{k_1}, \sigma(k_1)), \cdots, (k_l + \Delta_{k_l}, \sigma(k_l)), \cdots\}$,其中 $\Delta_{k_l} < \inf_{l \geq 0}(k_{l+1} - k_l), \Delta_{k_l} > 0$,这里 Δ_{k_l} 表示控制器 i_l 滞后于子系统 i_l 的切换时间段;或者 $|\Delta_{k_l}| < \inf_{l \geq 1}(k_l - k_{l-1}), \Delta_{k_l} < 0$,这里 Δ_{k_l} 代表控制器 i_l 超前子系统 i_l 的切换时间段。Δ_{k_l} 统称为离散时间切换系统与控制器之间的不匹配切换时间段。

3.2.2 相关定义与引理

定义 3.1 给定切换序列 S 和离散控制器切换信号 $\sigma'(k)$,记 $\Delta_{[0,k)} = \Delta_{k_0} + \Delta_{k_1} + \cdots + \Delta_{k_l}$ 为时间段 $[0,k)$ 上总的不匹配切换时间,称比率 $\Delta_{[0,k)}/k$ 为系统中控制器的不匹配切换率。

对于离散切换系统,相应的驻留时间概念表述如下:

定义 3.2[122] 对于任意的切换信号 $\sigma(k)$ 和 $k_0 \leq k \leq K$,用 $N_\sigma(k,K)$ 表示在时间段 $[k,K]$ 上 $\sigma(k)$ 的切换次数,对于给定的非负整数 $N_0 \geq 0$ 和 $\tau_a > 0$,如果有关系

$$N_\sigma(k,K) \leq N_0 + \frac{K-k}{\tau_a} \tag{3-4}$$

成立,则正整数 τ_a 称为平均驻留时间;非负整数 N_0 称为振动幅度且为固定常数,不失一般性,我们可以选择 $N_0 = 0$。

说明 3.1 平均驻留时间的概念最初是针对连续时间切换系统提出的,可参见文献[40],文献[121-123]将此概念拓展到离散时间系统的情形,定义 3.2 借鉴了以上文献中关于离散时间切换系统的平均驻留时间定义。

下面将引入离散切换随机系统的有限时间随机稳定和有限时间异步切换镇定的概念。

定义 3.3(有限时间随机稳定,FTSS) 对于正数 c_1, c_2, M,其中 $c_1 < c_2$,和给定的切换信号 $\sigma(k)$,如果在不考虑控制输入情况下,即 $u(k) \equiv 0$,系统(3-1)的每条轨迹 $x(k)$ 满足

$$\|x(0)\| \leq c_1 \Rightarrow E\{\|x(k)\|\} \leq c_2, \quad \forall k \in [1, M] \tag{3-5}$$

则称系统(3-1)关于 $(c_1, c_2, M, \sigma(k))$ 是有限时间随机稳定的。

说明 3.2 文献[124]中指出有限时间稳定(FTS)和渐近稳定是两个独立的稳定性概念。从定义 3.3 可以看出有限时间随机稳定和渐近均方稳定[119]对于随机系统也是两个独立的稳定性概念。

定义 3.4(有限时间随机异步镇定) 如果存在异步切换状态反馈控制器

$$u(k) = K_{\sigma'(k)} x(k) \tag{3-6}$$

使得式(3-1)的闭环系统关于$(c_1,c_2,M,\sigma(k),\sigma'(k))$是有限时间随机稳定的,其中$c_1<c_2,\sigma(k)$是系统切换信号,$\sigma'(k)$是控制器切换信号,则系统(3-1)在异步切换下是有限时间随机可镇定的。

本章研究的问题是对于给定的系统(3-1),寻求合适的状态反馈异步切换控制器(3-6)使得式(3-1)的闭环系统关于$(c_1,c_2,M,\sigma(k),\sigma'(k))$是有限时间随机稳定的。以下将给出求解这一问题过程中所需要的一些必要的引理。

引理 3.1 考虑离散随机系统

$$x(k+1)=Ax(k)+Cx(k)\omega(k) \tag{3-7}$$

对于给定的标量$\beta\geq 1$,如果存在对称正定矩阵$P>0$,使得

$$\begin{bmatrix} -P & A^TP & C^TP \\ PA & -\beta P & 0 \\ PC & 0 & -(\beta/\alpha)P \end{bmatrix}<0 \tag{3-8}$$

成立,则 Lyapunov 函数

$$V(x(k))=x(k)^TPx(k) \tag{3-9}$$

沿着系统(3-7)的轨迹,有不等式

$$E\{V(x(k))\}<\beta^k V(x(0)) \tag{3-10}$$

成立。

证明 考虑 Lyapunov 函数

$$V(x(k))=x(k)^TPx(k) \tag{3-11}$$

沿着系统(3-7)的轨迹,对于所有的$x(k)\neq 0$,经过适当的计算可得

$$\begin{aligned}
& E\{V(x(k+1))|\mathcal{F}_k\}-V(x(k)) \\
&= x(k+1)^TPx(k+1)-x(k)^TPx(k) \\
&= [Ax(k)+Cx(k)\omega(k)]^TP[Ax(k)+Cx(k)\omega(k)]-x(k)^TPx(k) \\
&= x(k)^TA^TPAx(k)+2x(k)^TA^TPCx(k)\omega(k)+ \\
&\quad \omega(k)^Tx(k)^TC^TPCx(k)\omega(k)-x(k)^TPx(k)
\end{aligned} \tag{3-12}$$

基于式(3-3),对式(3-12)的两边取期望值可得

$$\begin{aligned}
& E\{V(x(k+1))\}-E\{V(x(k))\} \\
&= E\{x(k)^TA^TPAx(k)-x(k)^TPx(k)+\omega(k)^Tx(k)^TC^TPCx(k)\omega(k)\} \\
&= E\{x(k)^TA^TPAx(k)-x(k)^TPx(k)+\|P^{1/2}Cx(k)\|^2\omega(k)^2\} \\
&= E\{x(k)^TA^TPAx(k)-x(k)^TPx(k)+\alpha x(k)^TC^TPCx(k)\}
\end{aligned} \tag{3-13}$$

由式(3-8),易得

$$E\{V(x(k+1))\}<\beta E\{V(x(k))\} \tag{3-14}$$

由式(3-14),迭代可得式(3-10)成立。定理证毕。

说明 3.3 上述引理提供了 Lyapunov 函数期望值的估计方法,该引理将用来设计系统(3-1)的异步切换控制器。

将控制器(3-6)代入系统(3-1)，则 $\forall \sigma(k-\Delta_{k_l}) = i_{l-1} \in \underline{N}, \sigma(k) = i_l \in \underline{N}, i_{l-1} \neq i_l$ 可得闭环系统

$$\begin{cases} x(k+1) = \bar{A}_{i_l i_{l-1}} x(k) + \bar{C}_{i_l i_{l-1}} x(k) \omega(k), & \forall k \in [k_l, k_l + \Delta_{k_l}] \\ x(k+1) = \bar{A}_{i_l} x(k) + \bar{C}_{i_l} x(k) \omega(k), & \forall k \in [k_l + \Delta_{k_l}, k_{l+1}] \end{cases} \quad (3\text{-}15)$$

其中 $\bar{A}_{i_l i_{l-1}} = A_{i_l} + B_{i_l} K_{i_{l-1}}, \bar{C}_{i_l i_{l-1}} = C_{i_l} + D_{i_l} K_{i_{l-1}}, \bar{A}_{i_l} = A_{i_l} + B_{i_l} K_{i_l}, \bar{C}_{i_l} = C_{i_l} + D_{i_l} K_{i_l}$。

基于引理 3.1，可以得到确保式(3-15)有限时间随机稳定的充分条件，利用有限时间随机稳定性分析方法，可以设计系统(3-1)异步切换下的有限时间镇定控制器。

3.3 有限时间随机稳定性分析

本节对离散随机切换系统的有限时间稳定性进行了分析，提出了系统稳定的充分条件，并将该结论推广到任意切换的情形。

3.3.1 有限时间随机稳定的充分条件

当不考虑控制输入时，切换随机系统描述为

$$x(k+1) = A_{\sigma(k)} x(k) + C_{\sigma(k)} x(k) \omega(k) \quad (3\text{-}16)$$

以下定理给出了系统(3-16)的有限时间随机稳定的充分条件。

定理 3.1 对于任意给定的 $i,j \in \underline{N}, i \neq j$，如果存在对称正定矩阵 $P_i > 0$ 和标量 $\beta \geq 1, \mu \geq 1$，使得

$$P_i \leq \mu P_j \quad (3\text{-}17)$$

$$\begin{bmatrix} -P_i & A_i^T P_i & C_i^T P_i \\ P_i A_i & -\beta P_i & 0 \\ P_i C_i & 0 & -(\beta/\alpha) P_i \end{bmatrix} < 0 \quad (3\text{-}18)$$

平均驻留时间满足

$$\tau_a > \tau_a^* = \frac{M \ln \mu}{\ln \left(\dfrac{c_2^2}{c_1^2} \cdot \dfrac{\inf\limits_{i \in \underline{N}} \{\lambda_{\min}(P_i)\}}{\sup\limits_{i \in \underline{N}} \{\lambda_{\max}(P_i)\}} \right) - M \ln \beta} \quad (3\text{-}19)$$

则系统(3-16)关于 $(c_1, c_2, M, \sigma(k))$ 是有限时间随机稳定的。

证明 考虑具有以下形式的类 Lyapunov 函数：

$$V(x(k)) = V_{\sigma(k)}(x(k)) = x(k)^T P_{\sigma(k)} x(k) \quad (3\text{-}20)$$

由系统的切换序列 S 可知，第 i_l 个子系统在时间段 $k \in [k_l, k_{l+1}]$ 上被激活。不失一般性，假定 $i_l = i$，根据引理 3.1 和式(3-18)，沿着子系统(3-16)的轨迹可得

$$E\{V_i(x(k))\} < \beta E\{V_i(x(k-1))\} \tag{3-21}$$

注意到切换发生在时刻 k_l,不失一般性,假定 $\sigma(k_l) = i, \sigma(k_l - 1) = j$,则有

$$V(x(k_l)) = V_{\sigma(k_l)}(x(k_l)) = V_i(x(k_l)) = x(k_l)^T P_i x(k_l) \tag{3-22}$$

由式(3-17)可得

$$V_{\sigma(k_l)}(x(k_l)) = x(k_l)^T P_i x(k_l) \leq \mu x(k_l)^T P_j x(k_l) = \mu V_{\sigma(k_l-1)}(x(k_l)) \tag{3-23}$$

记 $0 = k_0 < k_1 < k_2 < \cdots < k_{N_\sigma(0,M)} < M$ 为切换信号 $\sigma(k)$ 在时间域 $[0,M]$ 上的切换时刻。则 $\forall k \in [0,M]$ 一定存在 $0 \leq r \leq N_\sigma(0,M)$,使得 $k \in [k_r, k_{r+1})$。由于 $k_r - k_{r-1} \geq 1$,则有

$$V_{\sigma(k_r-1)}(x(k_r)) = V_{\sigma(k_r-1)}(x(k_r)) \tag{3-24}$$

由式(3-23)和式(3-24),将式(3-21)进行迭代,可得

$$\begin{aligned}
E\{V(x(k))\} &< \beta^{k-k_r} E\{V_{\sigma(k_r)}(x(k_r))\} \\
&< \beta^{k-k_r} \mu E\{V_{\sigma(k_r-1)}(x(k_r))\} \\
&= \beta^{k-k_r} \mu E\{V_{\sigma(k_{r-1})}(x(k_r))\} \\
&< \beta^{k-k_r} \mu \beta^{k_r-k_{r-1}} E\{V_{\sigma(k_{r-1})}(x(k_{r-1}))\} \\
&= \mu \beta^{k-k_{r-1}} E\{V_{\sigma(k_{r-1})}(x(k_{r-1}))\} \\
&< \cdots \cdots \\
&< \mu^r \beta^k E\{V_{\sigma(0)}(x(0))\} \\
&= \mu^r \beta^k E\{V(x(0))\}
\end{aligned} \tag{3-25}$$

注意到 $r \leq N_\sigma(0,M) \leq \dfrac{M}{\tau_a}$,则有

$$E\{V(x(k))\} < \mu^{\frac{M}{\tau_a}} \beta^M E\{V(x(0))\} \tag{3-26}$$

根据式(3-20),有

$$V(x(k)) \geq \inf_{i \in \underline{N}}\{\lambda_{\min}(P_i)\} \|x(k)\|^2 \tag{3-27}$$

另一方面,对于 $i \in \underline{N}$,有

$$V(x(0)) \leq \sup_{i \in \underline{N}}\{\lambda_{\max}(P_i)\} \|x(0)\|^2 \tag{3-28}$$

对初始状态

$$\|x(0)\| \leq c_1 \tag{3-29}$$

有

$$V(x(0)) \leq \sup_{i \in \underline{N}}\{\lambda_{\max}(P_i)\} c_1^2 \tag{3-30}$$

综合式(3-25)~式(3-29),可得

$$E\{\|x(k)\|^2\} < \dfrac{\sup_{i \in \underline{N}}\{\lambda_{\max}(P_i)\}}{\inf_{i \in \underline{N}}\{\lambda_{\min}(P_i)\}} c_1^2 \mu^{\frac{M}{\tau_a}} \beta^M \tag{3-31}$$

基于式(3-19),易知

$$\frac{\sup_{i\in \underline{N}}\{\lambda_{\max}(P_i)\}}{\inf_{i\in \underline{N}}\{\lambda_{\min}(P_i)\}}c_1^2\mu^{\frac{M}{\tau_a}}\beta^M < c_2^2 \tag{3-32}$$

根据式(3-31)和式(3-32),可得

$$E\{\|x(k)\|\} < c_2 \tag{3-33}$$

定理证毕。

3.3.2 稳定性条件的相关说明及推论

说明 3.4 不同于研究切换系统渐近稳定的经典 Lyapunov 函数方法,这里并不要求 Lyapunov 函数期望值的差分 $\Delta E\{V(x(k))\}$ 是负定或半负定的。

说明 3.5 基于以上的证明过程可以看出,对于具有确定界的初始条件(3-29),系统在有限时间域内状态演化轨迹的期望估计也具有确定界。

说明 3.6 由式(3-21)可知,如果 $0<\beta<1$,子系统是指数均方稳定的,文献[125]给出了这个结论。显然,切换随机系统的有限时间稳定性不要求子系统是均方稳定的。然而,即使子系统是指数均方稳定的,由于系统暂态响应超出了给定界限,整个系统也并不一定是有限时间稳定的。事实上,有限时间随机稳定并不要求每个子系统是稳定的,这和切换随机系统的均方稳定性对子系统的要求是不同的。

说明 3.7 如果预先设置 $\mu = \sup_{i,j\in \underline{N}}\left\{\frac{\lambda_{\max}(P_i)}{\lambda_{\min}(P_j)}, i\neq j\right\}$,则条件(3-17)可以省略。这种情形下,有 i 个矩阵不等式需要求解。如果条件(3-17)中 $P_i, P_j, i\neq j$ 作为未知矩阵参与运算,即条件(3-17)作为一组待求的矩阵不等式,则此时需要解 i^2 个矩阵不等式。当子系统数量不是很多时,解 i^2 个矩阵不等式并不复杂,然而当子系统个数急剧增长时,需要解的矩阵不等式数量将呈现平方数的增长。

说明 3.8 由式(3-19),$\mu=1$ 意味着 $\tau_a>0$,从式(3-31)可以看出,当 $\mu=1$ 时,$E\{\|x(k)\|^2\}$ 独立于 τ_a,则此时对 τ_a 的选择不受任何约束。此外,由式(3-19)可得,为了确保 τ_a 是非负的,以下关系自然成立

$$c_2^2 \inf_{i\in \underline{N}}\{\lambda_{\min}(P_i)\} > c_1^2 \sup_{i\in \underline{N}}\{\lambda_{\max}(P_i)\}\beta^M$$

由定理 3.1 的证明可以看出,函数 $V(x(k))$ 本质还是多 Lyapunov 函数,多 Lyapunov 函数在系统稳定性研究方面具有很大灵活性和较小的保守性。然而,条件(3-19)表明系统要保持稳定,对平均驻留时间 τ_a 是有一定约束的,它不适用于具有快速切换和未知切换序列的系统。以下推论将给出确保系统(3-16)在任意切换下有限时间随机稳定的充分条件。

推论 3.1 对于任意给定的 $i\in \underline{N}$,如果存在正定矩阵 $P>0$ 和标量 $\beta\geqslant 1$,使得

$$\begin{bmatrix} -P & A_i^T P & C_i^T P \\ PA_i & -\beta P & 0 \\ PC_i & 0 & -(\beta/\alpha)P \end{bmatrix} < 0 \tag{3-34}$$

$$\lambda_{\max}(P)\beta^M c_1^2 < \lambda_{\min}(P)c_2^2 \tag{3-35}$$

则系统(3-16)关于(c_1,c_2,M)在任意切换下是有限时间随机稳定的。

3.4 有限时间异步切换离散控制设计

本节对离散随机切换系统的有限时间异步切换控制律进行了研究，提出了系统切换控制律存在的条件，并给出了异步切换状态反馈控制的设计方法。

3.4.1 有限时间异步切换律的存在条件

基于定理3.1的有限时间随机稳定条件，可以设计系统(3-1)的有限时间异步切换控制器。本节所研究的有限时间镇定问题就是寻求这样的异步切换控制器。

考虑闭环系统(3-15)，在不匹配切换时间段$[k_l, k_l+\Delta_{k_l})$内，系统的状态空间表达式为

$$x(k+1) = \bar{A}_{ij}x(k) + \bar{C}_{ij}x(k)\omega(k) \tag{3-36}$$

其中$\bar{A}_{ij} = A_i + B_i K_j, \bar{C}_{ij} = C_i + D_i K_j$。为了简便起见，分别用下标$i$和$j$代替$i_l$和$i_{l-1}$。为式(3-36)选择以下的类Lyapunov函数：

$$V_{ij}(x(k)) = x(k)^T P_{ij} x(k) \tag{3-37}$$

其中$P_{ij} > 0$。与定理3.1的证明类似，可以得到$V_{ij}(x(k))$沿着式(3-36)状态轨迹期望值的增长估计。

引理3.2 对于任意给定的$i,j \in \underline{N}, i \neq j$，如果存在正定矩阵$P_{ij} > 0$和标量$\xi_1 \geq 1$，使得

$$\begin{bmatrix} -P_{ij} & \bar{A}_{ij}^T P_{ij} & \bar{C}_{ij}^T P_{ij} \\ P_{ij}\bar{A}_{ij} & -\xi_1 P_{ij} & 0 \\ P_{ij}\bar{C}_{ij} & 0 & -(\xi_1/\alpha)P_{ij} \end{bmatrix} < 0 \tag{3-38}$$

则函数$V_{ij}(x(k))$沿着系统(3-36)的轨迹，有关系

$$E\{V_{ij}(x(k))\} < \xi_1 E\{V_{ij}(x(k-1))\} \tag{3-39}$$

成立。

考虑闭环系统(3-15)，在匹配切换时间段$[k_l+\Delta_{k_l}, k_{l+1})$内，系统的状态空间表达式为

$$x(k+1) = \bar{A}_i x(k) + \bar{C}_i x(k)\omega(k) \tag{3-40}$$

其中$\bar{A}_i = A_i + B_i K_i, \bar{C}_i = C_i + D_i K_i$。为简便见，用下标$i$代替$i_l$。为式(3-40)选择以下的类Lyapunov函数：

$$V_i(x(k)) = x(k)^T P_i x(k) \tag{3-41}$$

其中 $P_i > 0$。与定理 3.1 的证明类似,可以得到 $V_i(x(k))$ 沿着式(3-40)状态轨迹期望值的增长估计。

引理 3.3 对于任意给定的 $i \in \underline{N}$,如果存在正定矩阵 $P_i > 0$ 和标量 $\xi_2 \geqslant 1$,使得

$$\begin{bmatrix} -P_i & \bar{A}_i^T P_i & \bar{C}_i^T P_i \\ P_i \bar{A}_i & -\xi_2 P_i & 0 \\ P_i \bar{C}_i & 0 & -(\xi_2/\alpha) P_i \end{bmatrix} < 0 \quad (3\text{-}42)$$

则函数 $V_i(x(k))$ 沿着系统(3-40)的轨迹,有关系

$$E\{V_i(x(k))\} < \xi_2 E\{V_i(x(k-1))\} \quad (3\text{-}43)$$

成立。

说明 3.9 引理 3.2 和引理 3.3 分别给出了 Lyapunov 函数(3-37)和函数(3-41)期望值增长估计的充分条件。值得指出的是,由于 $\xi_1, \xi_2 \geqslant 1$,$E\{V_{ij}(x(k))\}$ 和 $E\{V_i(x(k))\}$ 的上确界随着 ξ_1, ξ_2 的增大而增大,称式(3-39)和式(3-43)为 Lyapunov 函数期望值的增长估计式。式(3-39)和式(3-43)可被用来设计镇定控制器和系统切换律,这里不要求 $0 < \xi_1, \xi_2 < 1$,即不需要保证 Lyapunov 函数期望值最终收敛,从而降低了控制器设计的保守性。

下面给出系统(3-15)的异步切换控制律的设计方法。为了更加清楚地阐述证明过程,假定在切换时刻 k_l 第 i_{l-1} 个子系统切换到第 i_l 个子系统,在异步切换下第 i_{l-1} 个控制器的切换时刻是 $k_l + \Delta_{k_l}$,则存在不匹配切换时间段 $[k_l, k_l + \Delta_{k_l})$,$\Delta_{k_l} > 0$(或 $[k_l + \Delta_{k_l}, k_l)$,$\Delta_{k_l} < 0$)。在不匹配切换时间段内,控制器 $K_{i_{l-1}}$ 作用于第 i_l 个子系统(或控制器 K_{i_l} 作用于第 i_{l-1} 个子系统)。

说明 3.10 与连续切换系统异步切换的过程类似,当考虑 $\Delta_{k_l} > 0$ 时,即控制器切换时刻滞后于子系统切换时刻,图 3-1 展示了离散控制器和子系统之间的异步切换模式。由图 3-1 可以看出,在匹配切换时间段 $[k_{l-1} + \Delta_{k_{l-1}}, k_l)$ 内第 i_{l-1} 个子系统的控制器 $K_{i_{l-1}}$ 作用于第 i_{l-1} 个子系统,在不匹配切换时间段 $[k_l, k_l + \Delta_{k_l})$ 内作用于第 i_l 个子系统。

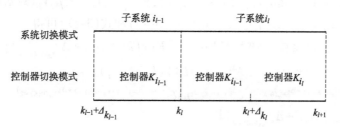

图 3-1 离散切换系统与离散时间控制器异步切换模式

基于引理 3.2 和引理 3.3,以下的定理给出了闭环系统(3-15)在异步切换下镇定切换控制律存在的充分条件。

定理 3.2 对于任意给定的 $i,j \in \underline{N}, i \neq j$,如果存在正定矩阵 $P_i > 0, P_{ij} > 0$ 和标量 $\xi_1 \geq 1, \xi_2 \geq 1$,使得式(3-38)和式(3-42)成立,且系统平均驻留时间满足

$$\tau_a > \tau_a^* = \frac{M\ln\mu_1\mu_2}{\ln\left(\dfrac{\mu_2 c_2^2}{c_1^2} \cdot \dfrac{\inf\limits_{i,j \in \underline{N}}\{\lambda_{\min}(P_i), \lambda_{\min}(P_{ij})\}}{\sup\limits_{i,j \in \underline{N}}\{\lambda_{\max}(P_i), \lambda_{\max}(P_{ij})\}}\right) - (M - \Delta_{[0,M)})\ln\xi_2 - \Delta_{[0,M)}\ln\xi_1}$$

(3-44)

则闭环系统(3-15)关于$(c_1, c_2, M, \sigma(k), \sigma'(k))$是有限时间随机稳定的,其中 μ_1,$\mu_2 \geq 1, P_i \leq \mu_1 P_{ij}, P_{ij} \leq \mu_2 P_i, M$ 是系统被镇定的有限时间段,$\Delta_{[0,M)}$ 是有限时间段 $[0, M)$ 上总的不匹配切换时间。

证明 这里只讨论 $\Delta_{k_l} > 0$ 的情况,对于 $\Delta_{k_l} < 0$ 的情形,证明方法与之类似,且所得结论相同。

对任意给定的 $M \geq 1$,记 $0 = k_0 < k_1 < k_2 < \cdots < k_{N_\sigma(0,M)} = K < M$ 表示切换信号 $\sigma(k)$ 在 $[0, M)$ 上的切换时刻,如前所述,$\sigma(k) = i_l, k \in [k_l, k_{l+1})$。为系统(3-15)选取分段类 Lyapunov 函数

$$V(x(k)) = \begin{cases} V_{i_l}(x(k)), & \forall k \in [k_l + \Delta_{k_l}, k_{l+1}), l = 0, 1, \cdots, N_\sigma(0, M) - 1 \\ V_{i_l i_{l-1}}(x(k)), & \forall k \in [k_l, k_l + \Delta_{k_l}), l = 0, 1, \cdots, N_\sigma(0, M) - 1 \end{cases}$$

(3-45)

如果用下标 i_l, i_{l-1} 代替 i, j,则 $V_{i_l}(x(k))$ 和 $V_{i_l i_{l-1}}(x(k))$ 具有与式(3-37)和式(3-41)相同形式的定义,由式(3-39)、式(3-43)和式(3-45)可得

$$E\{V(x(k))\} \leq \begin{cases} \xi_2^{k-k_l-\Delta_{k_l}} E\{V_{i_l}(x(k_l + \Delta_{k_l}))\}, & \forall k \in [k_l + \Delta_{k_l}, k_{l+1}), l = 0, 1, \cdots, N_\sigma(0, M) - 1 \\ \xi_1^{k-k_l} E\{V_{i_l i_{l-1}}(x(k_l))\}, & \forall k \in [k_l, k_l + \Delta_{k_l}), l = 0, 1, \cdots, N_\sigma(0, M) - 1 \end{cases}$$

(3-46)

进一步,可以得到 $\forall (i_{l-1}, i_l) \in \underline{N} \times \underline{N}, i_{l-1} \neq i_l$,有

$$V_{i_l}(x(k_l + \Delta_{k_l})) \leq \mu_1 V_{i_l i_{l-1}}(x(k_l + \Delta_{k_l})), V_{i_l i_{l-1}}(x(k_l)) \leq \mu_2 V_{i_l}(x(k_l)) \quad (3-47)$$

当 $k \in [k_l + \Delta_{k_l}, k_{l+1})$,基于定义 3.1,由式(3-46)和式(3-47)可得

$$E\{V(x(k))\} \leq \xi_2^{k-(k_{N_\sigma(0,K)-1} + \Delta_{k_{N_\sigma(0,K)-1}})} E\{V(k_{N_\sigma(0,K)-1} + \Delta_{k_{N_\sigma(0,K)-1}})\}$$

$$\leq \xi_2^{k-(k_{N_\sigma(0,K)-1} + \Delta_{k_{N_\sigma(0,K)-1}})} \xi_1^{\Delta_{k_{N_\sigma(0,K)-1}}} E\{V(k_{N_\sigma(0,K)-1})\}$$

$$\leq \mu_1 \xi_2^{k-(k_{N_\sigma(0,K)-1} + \Delta_{k_{N_\sigma(0,K)-1}})} \xi_1^{\Delta_{k_{N_\sigma(0,K)-1}}} \mu_2 \xi_2^{k_{N_\sigma(0,K)-1}-(k_{N_\sigma(0,K)-2} + \Delta_{k_{N_\sigma(0,K)-2}})}$$

$$E\{V(k_{N_\sigma(0,K)-2} + \Delta_{k_{N_\sigma(0,K)-2}})\}$$

$$\leq \mu_1 \mu_2 \xi_2^{k-(k_{N_\sigma(0,K)-2} + \Delta_{k_{N_\sigma(0,K)-1}} + \Delta_{k_{N_\sigma(0,K)-2}})} \xi_1^{\Delta_{k_{N_\sigma(0,K)-1}}} \mu_1 \xi_1^{\Delta_{k_{N_\sigma(0,K)-2}}} E\{V(k_{N_\sigma(0,K)-2})\}$$

$$\leq (\mu_1 \mu_2)^2 \xi_2^{k-(k_{N_\sigma(0,K)-3} + \Delta_{k_{N_\sigma(0,K)-1}} + \Delta_{k_{N_\sigma(0,K)-2}} + \Delta_{k_{N_\sigma(0,K)-3}})} \xi_1^{\Delta_{k_{N_\sigma(0,K)-1}} + \Delta_{k_{N_\sigma(0,K)-2}}}$$

$$E\{V(k_{N_\sigma(0,K)-3}+\Delta_{k_{N_\sigma(0,K)-3}})\}$$

$$\leq \cdots$$

$$\leq \mu_1(\mu_1\mu_2)^{N_\sigma(0,K)-1}\xi_2^{k-(\Delta_{k_{N_\sigma(0,K)-1}}+\Delta_{k_{N_\sigma(0,K)-2}}+\cdots+\Delta_0)}\xi_1^{\Delta_{k_{N_\sigma(0,K)-1}}+\Delta_{k_{N_\sigma(0,K)-2}}+\cdots+\Delta_0}E\{V(0)\}$$

$$\leq \mu_2^{-1}(\mu_1\mu_2)^{N_\sigma(0,M)}\xi_2^{M-\Delta_{[0,M]}}\xi_1^{\Delta_{[0,M]}}E\{V(0)\} \tag{3-48}$$

由式(3-45), $\forall i,j \in \underline{N}, i \neq j$, 有

$$V(x(k)) \geq \inf_{i,j\in\underline{N}}\{\lambda_{\min}(P_i),\lambda_{\min}(P_{ij})\}\|x(k)\|^2 \tag{3-49}$$

另一方面

$$V(x(0)) \leq \sup_{i,j\in\underline{N}}\{\lambda_{\max}(P_i),\lambda_{\max}(P_{ij})\}\|x(0)\|^2 \tag{3-50}$$

初始条件满足

$$\|x(0)\| \leq c_1 \tag{3-51}$$

由此可得

$$V(x(0)) \leq \sup_{i,j\in\underline{N}}\{\lambda_{\max}(P_i),\lambda_{\max}(P_{ij})\}c_1^2 \tag{3-52}$$

由式(3-48)~式(3-52),可得

$$E\{\|x(k)\|^2\} \leq \mu_2^{-1}(\mu_1\mu_2)^{N_\sigma(0,M)}\xi_2^{M-\Delta_{[0,M]}}\xi_1^{\Delta_{[0,M]}}\frac{\sup_{i,j\in\underline{N}}\{\lambda_{\max}(P_i),\lambda_{\max}(P_{ij})\}}{\inf_{i,j\in\underline{N}}\{\lambda_{\min}(P_i),\lambda_{\min}(P_{ij})\}}c_1^2 \tag{3-53}$$

由定义3.2有

$$N_\sigma(0,M) \leq \frac{M}{\tau_a} \tag{3-54}$$

由式(3-44)和式(3-54)可得

$$\mu_2^{-1}(\mu_1\mu_2)^{N_\sigma(0,M)}\xi_2^{M-\Delta_{[0,M]}}\xi_1^{\Delta_{[0,M]}}\frac{\sup_{i,j\in\underline{N}}\{\lambda_{\max}(P_i),\lambda_{\max}(P_{ij})\}}{\inf_{i,j\in\underline{N}}\{\lambda_{\min}(P_i),\lambda_{\min}(P_{ij})\}}c_1^2 < c_2^2 \tag{3-55}$$

基于式(3-53)和式(3-55)可得

$$E\{\|x(k)\|\} < c_2 \tag{3-56}$$

定理证毕。

说明 3.11 正如定理3.1所述,整个系统的有限时间随机稳定性对每个子系统的稳定性没有特别的要求,切换随机系统异步切换下的有限时间随机稳定性不要求闭环子系统在匹配切换时间段和不匹配切换时间段都是稳定的。

说明 3.12 定理3.2给出了系统(3-15)的镇定切换律的设计方法,为了获得平均驻留时间,不匹配切换时间段$\Delta_{[0,M]}$需要提前设定。然而,在实际工程系统中,在设计控制器之前$\Delta_{[0,M]}$无法准确获知。为了使问题可解,对驻留时间条件作适当的修改,可知满足以下条件的切换信号$\sigma(k)$能确保系统(3-15)是有限时间随机稳

定的:

$$\text{Cond}_1 : \frac{\Delta_{[0,M]}}{M} \leq \frac{1}{1 + \log_{(\bar{\xi}/\xi_1)}(\xi_2/\bar{\xi})} \tag{3-57}$$

$$\text{Cond}_2 : \tau_a > \tau_a^* = \frac{M\ln(\mu_1\mu_2)}{\ln\left(\dfrac{\mu_2 c_2^2}{c_1^2} \cdot \dfrac{\inf\limits_{i,j \in \underline{N}}\{\lambda_{\min}(P_i), \lambda_{\min}(P_{ij})\}}{\sup\limits_{i,j \in \underline{N}}\{\lambda_{\max}(P_i), \lambda_{\max}(P_{ij})\}}\right) - M\ln\bar{\xi}} \tag{3-58}$$

其中 $\xi_1 < \bar{\xi} < \xi_2$。$\text{Cond}_1$ 限制了系统的不匹配切换率,通过对总的不匹配切换时间段占总的有限时间比率上界的约束,很容易得到平均驻留时间 τ_a。虽然 Cond_1 的引入增加了问题求解的保守性,但 $\Delta_{[0,M]}$ 需要预先确定的问题可以被有效避免。

另一方面,当 $\xi_1 = \xi_2 = \xi$ 时,式(3-44)变为

$$\tau_a > \tau_a^* = \frac{M\ln(\mu_1\mu_2)}{\ln\left(\dfrac{\mu_2 c_2^2}{c_1^2} \cdot \dfrac{\inf\limits_{i,j \in \underline{N}}\{\lambda_{\min}(P_i), \lambda_{\min}(P_{ij})\}}{\sup\limits_{i,j \in \underline{N}}\{\lambda_{\max}(P_i), \lambda_{\max}(P_{ij})\}}\right) - M\ln\xi} \tag{3-59}$$

此时,通过对参数 ξ_1, ξ_2 附加的条件,平均驻留时间 τ_a 是可计算的。值得指出的是,以上两种获得 τ_a 的方法都以增加问题求解的保守性作为代价。

说明 3.13 定理 3.2 表明如果系统的切换序列 $\sigma(k):\{(k_0,\sigma(k_0)),(k_1,\sigma(k_1)),\cdots,(k_l,\sigma(k_l)),\cdots\}$ 是预先给定的,即 τ_a 是已知常数,则匹配切换时间段 $M - \Delta_{[0,M]}$ 和不匹配切换时间段 $\Delta_{[0,M]}$ 应满足关系

$$\xi_1^{\Delta_{[0,M]}} \xi_2^{M-\Delta_{[0,M]}} < \frac{\mu_2 c_2^2}{(\mu_1\mu_2)^{M/\tau_a} c_1^2} \cdot \frac{\inf\limits_{i,j \in \underline{N}}\{\lambda_{\min}(P_i), \lambda_{\min}(P_{ij})\}}{\sup\limits_{i,j \in \underline{N}}\{\lambda_{\max}(P_i), \lambda_{\max}(P_{ij})\}} \tag{3-60}$$

进一步,如果 $\xi_1 > \xi_2$,则不匹配切换率具有约束条件

$$\frac{\Delta_{[0,M]}}{M} < \log_{\xi_1/\xi_2}\left\{\left[\frac{\mu_2 c_2^2}{c_1^2} \cdot \frac{\inf\limits_{i,j \in \underline{N}}\{\lambda_{\min}(P_i), \lambda_{\min}(P_{ij})\}}{\sup\limits_{i,j \in \underline{N}}\{\lambda_{\max}(P_i), \lambda_{\max}(P_{ij})\}}\right]^{1/M} \cdot \frac{1}{\xi_2(\mu_1\mu_2)^{1/\tau_a}}\right\} \tag{3-61}$$

由式(3-44)和式(3-61)可知,如果系统切换序列是预先给定的,则需要对不匹配切换率加以限制。此外,对于有限时间随机稳定的平均驻留时间策略,在 τ_a 和 $\dfrac{\Delta_{[0,M]}}{M}$ 这两个影响系统稳定性的参数中可以预先确定其中的一个值,另一个值可由式(3-44)来确定。

说明 3.14 定理 3.2 表明为了确保闭环系统(3-15)是有限时间随机稳定的,应使不匹配切换率取相对较小的值,而平均驻留时间的值应相对较大。

说明 3.15 式(3-53)表明系统的有限时间越长,$E\{\|x(k)\|^2\}$ 的上界越大。值得指出的是,如果有限时间 M 的值较大,其他的相关参数 $\xi_1, \xi_2, \mu_1, \mu_2$ 必须进行相

应调整，从而确保 $\mu_2^{-1}(\mu_1\mu_2)^{N_{\sigma(0,M)}}\xi_2^{M-\Delta_{[0,M]}}\xi_1^{\Delta_{[0,M]}}\dfrac{\sup\limits_{i,j\in\underline{N}}\{\lambda_{\max}(P_i),\lambda_{\max}(P_{ij})\}}{\inf\limits_{i,j\in\underline{N}}\{\lambda_{\min}(P_i),\lambda_{\min}(P_{ij})\}}c_1^2$ 足够

小，使得 $E\{\|x(k)\|^2\}$ 不超过 c_2^2。

3.4.2 异步切换下的状态反馈设计方法

下面的定理给出了系统(3-1)在异步切换下状态反馈控制器的设计方法。

定理3.3 对于任意给定的 $i,j\in\underline{N},i\neq j$，如果存在正定矩阵 $X_i>0,X_{ij}>0$，矩阵 Y_i 和标量 $\xi_1,\xi_2,\mu_1,\mu_2\geqslant 1$，使得

$$X_{ij}\leqslant\mu_1 X_i,X_i\leqslant\mu_2 X_{ij} \tag{3-62}$$

$$\begin{bmatrix} -X_i & (A_iX_i+B_iY_i)^{\mathrm{T}} & (C_iX_i+D_iY_i)^{\mathrm{T}} \\ A_iX_i+B_iY_i & -\xi_2 X_i & 0 \\ C_iX_i+D_iY_i & 0 & -(\xi_2/\alpha)X_i \end{bmatrix}<0 \tag{3-63}$$

$$\begin{bmatrix} -X_{ij} & X_{ij}(A_i+B_iY_jX_j^{-1})^{\mathrm{T}} & X_{ij}(C_i+D_iY_jX_j^{-1})^{\mathrm{T}} \\ (A_i+B_iY_jX_j^{-1})X_{ij} & -\xi_1 X_{ij} & 0 \\ (C_i+D_iY_jX_j^{-1})X_{ij} & 0 & -(\xi_1/\alpha)X_{ij} \end{bmatrix}<0 \tag{3-64}$$

且系统平均驻留时间满足

$$\tau_a>\tau_a^*=\dfrac{M\ln(\mu_1\mu_2)}{\ln\left(\dfrac{\mu_2 c_2^2}{c_1^2}\cdot\dfrac{\inf\limits_{i,j\in\underline{N}}\{\lambda_{\min}(X_i^{-1}),\lambda_{\min}(X_{ij}^{-1})\}}{\sup\limits_{i,j\in\underline{N}}\{\lambda_{\max}(X_i^{-1}),\lambda_{\max}(X_{ij}^{-1})\}}\right)-(M-\Delta_{[0,M]})\ln\xi_2-\Delta_{[0,M]}\ln\xi_1} \tag{3-65}$$

则系统(3-1)在异步切换控制器 $u(k)=K_{\sigma'(k)}x(k),K_i=Y_iX_i^{-1}$ 下关于 $(c_1,c_2,M,\sigma(k),\sigma'(k))$ 是有限时间随机稳定的。

证明 令 $X_i=P_i^{-1},Y_i=K_iP_i^{-1}$，将其代入式(3-63)，可得

$$\begin{bmatrix} -P_i^{-1} & (A_iP_i^{-1}+B_iK_iP_i^{-1})^{\mathrm{T}} & (C_iP_i^{-1}+D_iK_iP_i^{-1})^{\mathrm{T}} \\ A_iP_i^{-1}+B_iK_iP_i^{-1} & -\xi_2 P_i^{-1} & 0 \\ C_iP_i^{-1}+D_iK_iP_i^{-1} & 0 & -(\xi_2/\alpha)P_i^{-1} \end{bmatrix}<0 \tag{3-66}$$

式(3-66)的左边项分别左乘和右乘 $\mathrm{diag}\{P_i,P_i,P_i\}$ 可得式(3-42)。同理令 $X_{ij}=P_{ij}^{-1},Y_j=K_jP_j^{-1}$，式(3-64)等价于式(3-38)。此外，$X_{ij}\leqslant\mu_1 X_i,X_i\leqslant\mu_2 X_{ij}$ 确保了 $P_i\leqslant\mu_1 P_{ij},P_{ij}\leqslant\mu_2 P_i$。由定理3.2，可得定理3.3的结论成立。定理证毕。

说明3.16 注意到式(3-62)~式(3-64)不是一组线性矩阵不等式，借鉴第2章中的说明2.6的求解方法，可求得控制器参数。

考虑系统(3-1)不存在异步切换的理想条件,即$\Delta_{k_l}=0$,则定理3.3可简化为以下的推论。

推论3.2 对于任意给定的$i,j\in N,i\neq j$,如果存在正定矩阵$X_i>0$和标量$\mu\geqslant 1$,使得式(3-63)成立,且系统平均驻留时间满足

$$\tau_a > \tau_a^* = \frac{M\ln\mu}{\ln\left(\frac{c_2^2}{c_1^2}\cdot\frac{\inf\limits_{i\in N}\{\lambda_{\min}(X_i^{-1})\}}{\sup\limits_{i\in N}\{\lambda_{\max}(X_i^{-1})\}}\right) - M\ln\xi_2} \quad (3\text{-}67)$$

则系统(3-1)在控制器$u(k)=K_{\sigma(k)}x(k),K_i=Y_iX_i^{-1}$下关于$(c_1,c_2,M,\sigma(k))$是有限时间随机稳定的,其中$\mu\geqslant 1,X_j\leqslant\mu X_i$。

3.5 数值算例

本节通过系统有限时间随机稳定性和异步镇定算例的仿真研究,验证了所提方法的有效性。

3.5.1 有限时间随机稳定算例

考虑系统(3-16)包含两个子系统,且具有参数

$$A_1 = \begin{bmatrix} 1 & -0.5 \\ 2 & 0 \end{bmatrix}, \quad A_2 = \begin{bmatrix} 0 & -2 \\ 0.5 & 1 \end{bmatrix}, \quad C_1 = C_2 = \begin{bmatrix} 1 & 0 \\ 0 & 1 \end{bmatrix}$$

假定$\omega(k)$是高斯白噪声,且具有随机特性$E\{\omega(k)\}=0,E\{\omega(k)^2\}=1$,系统初始状态为$x(0)=(0.5\ -0.2)^T$。注意到$\lambda_{1,2}(A_1)=\lambda_{1,2}(A_2)=0.5\pm 0.866i$,因此所有子系统都不是渐近稳定的,设置系统参数为$c_1=1,c_2=100,M=6,\mu=2,\beta=3$,基于定理3.1,解矩阵不等式组(3-17)和(3-18),可得

$$P_1 = \begin{bmatrix} 1.1831 & -0.2332 \\ -0.2332 & 0.5136 \end{bmatrix}, \quad P_2 = \begin{bmatrix} 0.5136 & 0.2332 \\ 0.2332 & 1.1831 \end{bmatrix}$$

由式(3-19)可得$\tau_a^*=2.6$。基于定理3.1,系统(3-16)关于$(1,100,6,\sigma(k))$是有限时间随机稳定的。图3-2给出了系统在平均驻留时间$\tau_a=3$的周期切换信号$\sigma(k)$下,在有限时间段$[0,6]$内的系统状态响应曲线。由图3-3,显然有$E\{\|x(k)\|^2\}<c_2^2=10^4,\forall k\in[0,6]$,由随机切换系统有限时间稳定的定义可知,系统(3-16)是有限时间随机稳定的。这里与连续切换系统不同的是,系统状态的变化呈现离散特性,在相邻离散采样点之间系统的状态保持恒定值,且并不要求系统的状态最终趋于零平衡状态。受随机过程的影响,系统状态的变化具有随机特性,随机过程使得状态在某个时间段,例如图3-2中时间段$[5,6]$内会发生很大的改变,但在有限时间稳定切换律下,能够保证状态的改变不会超过指定的值。

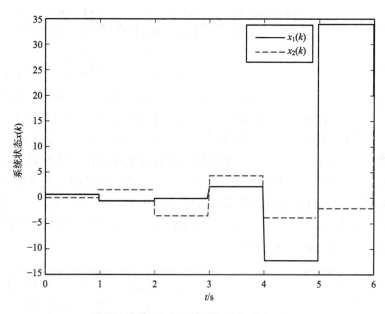

图 3-2 随机稳定下的系统状态响应 $x(k)$

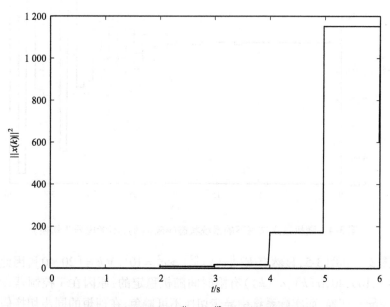

图 3-3 随机稳定下的 $\|x(k)\|^2$ 随时间变化的曲线

3.5.2 有限时间随机镇定算例

考虑系统(3-1)包含两个子系统,且具有参数

子系统 $1(S_1): A_1 = \begin{bmatrix} 1 & -0.5 \\ 2 & 0 \end{bmatrix}, B_1 = \begin{bmatrix} 0.1 & 0 \\ 0 & 0.1 \end{bmatrix}, C_1 = \begin{bmatrix} 1 & 0 \\ 0 & 1 \end{bmatrix}, D_1 = \begin{bmatrix} 1 & 0 \\ 0 & 0.1 \end{bmatrix}$

子系统 $2(S_2): A_2 = \begin{bmatrix} 0 & -2 \\ 0.5 & 1 \end{bmatrix}, B_2 = \begin{bmatrix} 0.1 & 0 \\ 0 & 0.1 \end{bmatrix}, C_2 = \begin{bmatrix} 1 & 0 \\ 0 & 1 \end{bmatrix}, D_2 = \begin{bmatrix} 0.2 & 0 \\ 0 & 1 \end{bmatrix}$

基于推论 3.2,设置参数 $c_1=1, c_2=100, M=40, \mu=10, \xi_2=1$,可得控制器增益为

$$K_1 = \begin{bmatrix} -1.3835 & 0.1876 \\ -7.8034 & -6.2857 \end{bmatrix}, \quad K_2 = \begin{bmatrix} -4.7578 & 3.2202 \\ -0.0526 & -1.2539 \end{bmatrix}$$

平均驻留时间 $\tau_a > \tau_a^* = 8.49$,以上所得结果是假定系统切换和控制器切换时间一致的情形。在实际系统中异步切换是不可避免的,我们仍然用以上求得的结果镇定实际系统,这里选择系统初始状态为 $x(0)=(0.3\ \ -0.4)^T, \tau_a=10$,假设不匹配切换时间段 $\Delta_{k_l}=1, l=0,1,\cdots$,图 3-4 给出了系统(3-1)的状态响应曲线,图 3-5 给出了 $\|x(k)\|^2$ 随时间变化的曲线。

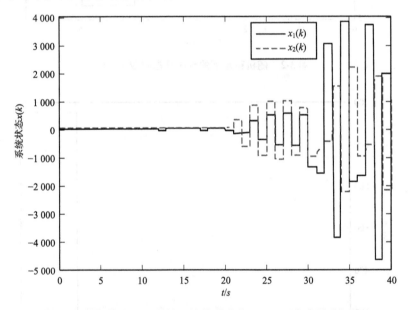

图 3-4 随机镇定作用下的系统状态响应 $x(k)$(不考虑异步切换)

由图 3-4 和图 3-5,显然有 $E\{\|x(k)\|^2\} > c_2^2 = 10^4, \forall k \in [20,40]$,因此系统不是关于 $(1,100,40,\sigma(k),\sigma'(k))$ 有限时间随机稳定的,原因在于控制器设计过程没有考虑异步切换,而实际系统中异步切换不可避免,在理想的同步切换假设条件下设计的控制器在实际系统中失效。

针对以上存在异步切换的系统,采用定理 3.3 设计异步切换控制器。为了便于比较,子系统参数仍然不变。定理 3.3 中的参数值 $\mu_1, \mu_2, \xi_1, \xi_2, c_1, c_2$ 和 M 设置为

$$c_1=1, \quad c_2=100, \quad M=40, \quad \mu_1=\mu_2=10, \quad \xi_1=\xi_2=1$$

基于定理 3.3,可得矩阵不等式(3-62)~式(3-64)的一组可行解为

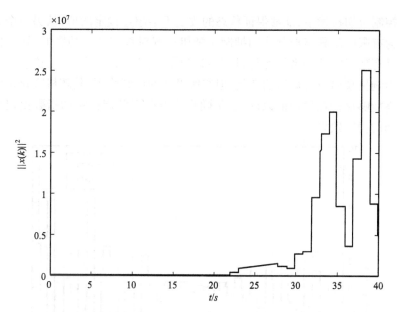

图 3-5　随机镇定作用下的 $\|x(k)\|^2$ 随时间变化的曲线（不考虑异步切换）

$$X_1 = \begin{bmatrix} 69.4939 & 63.9256 \\ 63.9256 & 142.9840 \end{bmatrix}, \quad X_2 = \begin{bmatrix} 154.2010 & -52.2203 \\ -52.2203 & 50.2685 \end{bmatrix}$$

$$X_{12} = \begin{bmatrix} 90.7283 & 114.4665 \\ 114.4665 & 196.4122 \end{bmatrix}, \quad X_{21} = \begin{bmatrix} 55.5097 & -45.4227 \\ -45.4227 & 57.1621 \end{bmatrix}$$

$$K_1 = \begin{bmatrix} -1.3865 & 0.1883 \\ -7.6356 & -6.4085 \end{bmatrix}, \quad K_2 = \begin{bmatrix} -4.8689 & 3.1527 \\ -0.0459 & -1.2520 \end{bmatrix}$$

通过计算,可得

$$\lambda_{1,2}(A_1 + B_1 K_1) = 0.1102 \pm 0.1755i, \lambda_{1,2}(A_2 + B_2 K_2) = 0.1940 \pm 0.6092i,$$
$$\lambda_{1,2}(A_1 + B_1 K_2) = 0.1940 \pm 0.5165i, \lambda_1(A_2 + B_2 K_1) = -0.6540,$$
$$\lambda_2(A_2 + B_2 K_1) = 0.8745$$

可以看出,并不是所有闭环子系统在匹配切换时间段和不匹配切换时间段都是渐近稳定的。由(3-65)可得,平均驻留时间满足 $\tau_a > \tau_a^* = 22.2$,系统状态的初始条件仍然为 $x(0) = (0.3 \quad -0.4)^T$,不匹配切换时间段仍然为 $\Delta_{k_l} = 1, l = 0, 1, \cdots$,定理可保证闭环系统(3-1)在异步切换下是有限时间随机稳定的。设置 $\tau_a = 23$,用符号 $S_1^{sub}, S_2^{sub}, S_{12}^{sub}, S_{21}^{sub}$ 分别表示闭环子系统 $(A_1 + B_1 K_1, C_1 + D_1 K_1), (A_2 + B_2 K_2, C_2 + D_2 K_2), (A_1 + B_1 K_2, C_1 + D_1 K_2)$ 和 $(A_2 + B_2 K_1, C_2 + D_2 K_1)$。开环系统的切换序列为 $S_1 S_2 S_1 S_2 \cdots$,则基于控制器异步切换信号 $\sigma'(k)$,闭环子系统被激活的序列为 $S_1^{sub} S_{12}^{sub} S_2^{sub} S_{21}^{sub} S_1^{sub} S_{12}^{sub} \cdots$。闭环系统的状态响应如图 3-6 所示,由图 3-7 可知尽管存在异步切换,所设计的控制器和切换律仍然可以使得系统(3-1)是有限时间随机稳定的。因此,在实际工程系统中,异步切换对系统的影响是不能忽略的。在有限时间异步控制及切换律下,能够保证状态的改变不会超过设定的值,从另一个方面也可理解为有限时间异步控制作用抑制了随机过程对系统状态的影响,异步控制使得原本具有随机特性的系统运行过程表现出了一定的受控性,即使状态受到随机过程的影响呈现出没有规律的变化,但在所设计的控制律下,其随机变化范围的期望值始终能够保持在设定值以内,这是随机均方渐近镇定控制和指数镇定控制所不能达到的稳定效果。

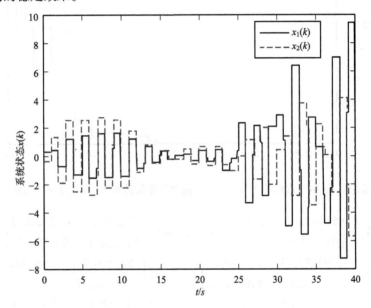

图 3-6 随机异步镇定下的系统状态响应 $x(k)$

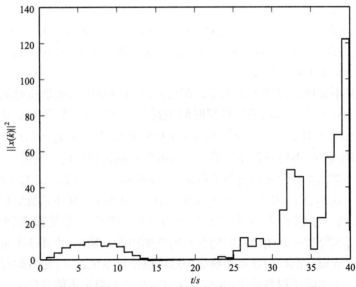

图 3-7 随机异步镇定下的 $\|x(k)\|^2$ 随时间变化的曲线

第3章　离散随机切换系统有限时间异步控制

●●●● 本章小结 ●●●●

　　由于很多实际工程系统都具有离散特性，且由于系统自身的不确定性和噪声干扰，随机过程在控制系统中广泛存在。本章研究了离散切换随机系统的有限时间随机稳定性，给出了系统稳定的充分条件，基于稳定性条件设计了系统异步切换控制器。有别于要求切换随机系统的状态期望值渐近收敛到零的渐近均方稳定性和指数均方稳定性的概念，本章提出了系统有限时间随机稳定性的定义，它要求系统状态期望值在有限时间内不超过一定的范围，并基于这个定义研究了具有离散时间状态的系统有限时间随机异步切换镇定问题。相关定理的条件以矩阵不等式的形式给出，且依赖于系统的切换模式。所得结果可以用来处理具有随机特性子系统和异步切换的系统镇定问题，两个数值算例表明了结论的有效性。本章所给出的方法可以进一步扩展到解决系统有限时间有界随机镇定的问题。

第 4 章

基于采样数据反馈的切换系统有限时间异步控制

国防工程控制系统中广泛采用数字控制器,控制系统的被控对象或被控过程通常具有连续动态特性,然而,由于数字控制器或数字传感器的参与,控制系统中的信号既有离散信号也有连续信号。系统对输出的连续时间测量信号进行采样和量化,产生离散时间控制输入信号,离散时间控制输出信号通过零阶保持器(ZOH)转化成连续信号作用于被控对象。因此,具有数字控制器和传感器的控制系统是同时包含离散时间信号和连续时间信号的混合信号控制系统。本章针对这类具有连续被控对象状态方程和离散采样状态反馈变量所构成的连续-离散混合切换系统,在系统采样、系统切换和控制器切换时间均不一致时设计了有限时间切换控制器。

4.1 引 言

具有混合信号的控制系统镇定问题可以用基于采样数据的反馈控制方法来解决。许多文献也对这类系统进行了研究。文献[126]针对具有不确定参数和执行器故障的土木结构减振控制系统设计了采样数据状态反馈鲁棒控制器。文献[127]研究了具有时间驱动数字控制器和事件驱动保持器的网络控制系统的分析与综合问题。文献[128]设计了时变时延神经网络的状态估计器,利用随机采样生成的数据估计所讨论的神经网络的状态。多速率采样数据系统、时延采样数据系统、概率采样系统已被广泛研究[129-131]。近年来,采样数据系统的有限时间控制问题已开始受到关注[132]。正如文献[133]所指出的,在实际工程系统中通常难以用模拟器件和设备来实施切换控制,对于具有切换特性的系统来说,采样数据反馈控制是一种实用而有效的控制方式。因此,研究如何利用采样数据反馈控制器来镇定连续切换系统具有重要的应用价值。所考虑的采样数据反馈切换系统的控制结构如图 4-1 所示。对已知和未知的任意切换过程,文献[134]给出了系统的采样数据反馈切换控制设计方法。文献[135]基于多 Lyapunov 函数,设计了切换线性系统的采样数据状态反馈指数稳定控制器,所提出的方法在 F-18 飞行器控制模型上得到了验证。

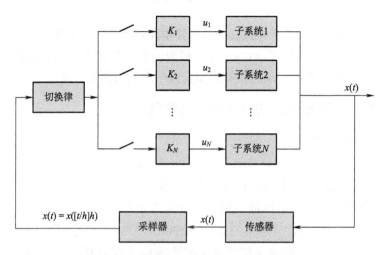

图 4-1 采样数据反馈切换系统控制框图

以上文献均讨论的是系统在同步切换下的镇定问题,对于异步切换下的采样数据状态反馈控制目前很少被研究。原因在于,异步切换和数据采样在发生时间序列上存在交错,控制器切换、系统切换和数据采样三者的发生时刻均不一致,这给系统分析和镇定设计带来了一定困难,且这并非采用非同步切换控制的研究方法所能解决。在已有的切换采样系统的研究中,总是假定系统的切换发生在采样时刻,然而在实际系统中切换发生在采样时刻这一条件显然过于苛刻,如果实际应用中采样时刻和系统的切换时刻不一致,而系统模型仍然考虑一致的情形,则会导致理论模型与实际系统运行机理不符,产生模型失配。采样时刻与系统切换时刻的不一致和控制器与子系统切换的不同步这两个切换采样系统属性的交织导致系统控制时序上的复杂,赋予了系统更为丰富的动力学特性。因此,在设计采样数据反馈切换控制器时考虑控制器切换、系统切换和数据采样三者的发生时刻均不一致的情形不仅具有理论价值,更具有实际的工程意义。

本章提出了一种利用采样数据进行反馈控制的切换系统有限时间镇定方法。当系统采样时间和切换时间不一致时,通过时变时延等效处理技术研究了有限时间异步切换控制问题。结论表明,通过异步切换控制器镇定系统并不需要确保每个子系统都是有限时间可镇定的。在有限时间段内,切换频率只需限定在某个范围内,便可确保系统是有限时间稳定的。相较于系统切换发生在采样时刻的镇定结论,需要增加一些额外的条件来设计系统的控制器,产生这些条件的原因是由系统采样时刻和切换时刻不一致所导致的。

4.2 问题描述与预备知识

本节对切换系统基于采样数据反馈的异步控制模型进行了描述,为便于分析,将系统模型进行了等效处理,归纳了等效模型的稳定性和采样数据切换系统有限时间镇定的定义,并给出了采样反馈控制实现中用到的相关引理。

4.2.1 基于采样反馈的切换系统及其等效形式

考虑以下的切换系统:

$$\dot{x}(t) = A_{\sigma(t)}x(t) + B_{\sigma(t)}u(t) \quad (4\text{-}1)$$

其中 $x(t) \in R^n$ 是系统状态;$u(t) \in R^p$ 是控制输入;$\sigma(t):[0,\infty) \to \underline{N} = \{1,2,\cdots,N\}$ 是系统切换信号,它是依赖时间 t 的分段常值函数;$S = \{(t'_0, \sigma(t'_0)), (t'_1, \sigma(t'_1)), \cdots, (t'_k, \sigma(t'_k)), \cdots | k \in Z^+\}$ 是系统的切换序列,其中 $t'_0 = 0$ 是系统初始切换时刻,t'_k 是第 k 个切换时刻,$A_i \in R^{n \times n}, B_i \in R^{n \times p}, \forall i \in \underline{N}$ 是具有适当维数的实数矩阵。

这里考虑的异步切换与前几章类似,仍然用 $\sigma'(t)$ 代表实际的控制器切换信号。假定系统的状态变量在时刻 $0 = t_0 < t_1 < \cdots < t_h < t_{h+1} < \cdots, h = 0,1,2,\cdots$,由测量得到,在时间段 $t_h \leq t < t_{h+1}$ 内,$x(t_h)$ 是可获取的。对于具有零阶保持器的状态反馈采样控制,异步切换控制器具有形式

$$u(t) = u_d(t_h) = K_{\sigma'(t)}x(t_h), \quad t_h \leq t < t_{h+1} \quad (4\text{-}2)$$

其中 u_d 是离散采样控制器。将式(4-2)代入式(4-1),则系统可转化为

$$\dot{x}(t) = A_{\sigma(t)}x(t) + B_{\sigma(t)}K_{\sigma'(t)}x(t_h) \quad (4\text{-}3)$$

在 $t_h \leq t < t_{h+1}$ 内对时刻 t_h 做变换

$$t_h = t - (t - t_h) = t - \tau(t) \quad (4\text{-}4)$$

其中 $\tau(t) = t - t_h$ 是时变时延。两次相邻采样时刻之间的间隔满足 $t_{h+1} - t_h \leq T$,$\forall h \in Z^+$,其中 $T > 0$ 表示最大采样时间间隔,则有 $\tau(t) < T$。因此,闭环采样数据切换系统能被转化为时延切换系统

$$\dot{x}(t) = A_{\sigma(t)}x(t) + D_{\sigma(t)\sigma'(t)}x(t - \tau(t)) \quad (4\text{-}5)$$

其中 $\tau(t) = t - t_h, t_h \leq t < t_{h+1}, h = 0,1,2,\cdots, D_{\sigma(t)\sigma'(t)} = B_{\sigma(t)}K_{\sigma'(t)}$。

为了更好地理解所研究的系统,图4-2给出了系统切换、控制器切换和系统采样的时间序列。从图中可以看出,系统的切换和采样发生时刻是不一致的,控制器的切换信号为 $\sigma'(t):\{(t'_0 + \Delta_0, \sigma(t'_0)), (t'_1 + \Delta_1, \sigma(t'_1)), \cdots, (t'_k + \Delta_k, \sigma(t'_k)), \cdots\}$。

4.2.2 相关定义与引理

综上可以看出,采样数据切换系统的有限时间稳定性和异步切换控制可以转化为时延切换系统的分析和综合问题,下面给出时延切换系统的相关稳定性结论。

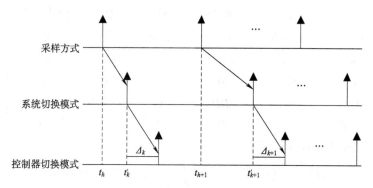

图4-2 具有采样数据反馈的切换系统时间序列

定义 4.1 给定正常数 c_1, c_2, T_f,其中 $c_1 < c_2$,和切换信号 $\sigma(t)$,对于时延切换系统

$$\begin{cases} \dot{x}(t) = A_{\sigma(t)} x(t) + D_{\sigma(t)} x(t-d) \\ x(t) = \phi(t), \quad t \in [-d, 0] \end{cases} \tag{4-6}$$

如果状态轨迹 $x(t)$ 在系统切换信号 $\sigma(t)$ 下满足

$$\sup_{t \in [-d, 0]} \|x(t)\| \leq c_1 \Rightarrow \|x(t)\| < c_2, \forall t \in [0, T_f]$$

则称系统(4-6)关于 $(c_1, c_2, T_f, \sigma(t))$ 是有限时间稳定的。

说明 4.1 相比较于系统(4-6),式(4-5)是一类特殊的时延系统。首先,它的初始条件满足 $x(t) = \phi(t), t \in (-T, 0], 0 \leq \tau(t) < T$,其次,系统(4-5)具有的时变时延满足 $\tau(t) = t - t_h, \dot{\tau}(t) = 1, \forall t_h \leq t < t_{h+1}, h = 0, 1, 2, \cdots$,最后,系统(4-5)是连续时间被控对象系统和离散控制输入所构成的闭环控制系统,对于 $h = 0, 1, 2, \cdots, m, m \in Z^+$,有限时间的终止时刻 T_f 满足 $t_m \leq T_f < t_{m+1}$。

定义 4.2 如果存在异步切换采样数据反馈控制器

$$u(t) = K_{\sigma'(t)} x(t_h)$$

使得系统(4-1)关于 $(c_1, c_2, T_f, \sigma(t), \sigma'(t))$ 是有限时间稳定的,其中 $c_1 < c_2, \sigma(t)$ 是系统切换信号,$\sigma'(t)$ 是控制器切换信号,则系统(4-1)在异步切换下是有限时间采样数据反馈可镇定的。

本章所研究的问题是,寻求具有式(4-2)形式的异步切换采样数据反馈控制器,使得系统(4-1)关于 $(c_1, c_2, T_f, \sigma(t), \sigma'(t))$ 是有限时间稳定的。

以下的引理在控制器设计中将被用到。

引理 4.1 考虑连续时延系统

$$\dot{x}(t) = Ax(t) + Dx(t - \tau(t)) \tag{4-7}$$

其中 $\tau(t) = t - t_h, t_h \leq t < t_{h+1}, h = 0, 1, 2, \cdots$,对于给定的正标量 $\alpha > 0$,如果存在正定对称矩阵 P, S, R 和适当维数的矩阵 W, G,使得矩阵不等式

$$\begin{bmatrix} \Sigma & G^T & W^T D & A^T S & 0 & T(W^T+P) \\ G & -G-G^T & -G & D^T S & 0 & 0 \\ D^T W & -G^T & -2\alpha e^{-\alpha T} S & 0 & D^T R & 0 \\ SA & SD & 0 & -T^{-1}S & 0 & 0 \\ 0 & 0 & RD & 0 & -T^2 R & 0 \\ T(W+P) & 0 & 0 & 0 & 0 & -R \end{bmatrix} < 0$$

成立,则候选的 Lyapunov 函数

$$V(t) = x(t)^T P x(t) + T\int_{t-\tau(t)}^{t} \dot{x}(r)^T e^{\alpha(r-t)} S \dot{x}(r) dr \tag{4-8}$$

沿着系统(4-7)的轨迹,有关系

$$V(t) < e^{\alpha(t-t_h)} V(t_h), \forall t \in [t_h, t_{h+1})$$

成立,其中 $\Sigma = (A+D)^T P + P(A+D) - \alpha P$。

将式(4-2)代入式(4-1),考虑到异步切换, $\forall \sigma(t'_{k-1}) = i \in \underline{N}, \sigma(t'_k) = j \in \underline{N}, i \neq j, k \in Z^+$,闭环系统状态方程为

$$\begin{cases} \dot{x}(t) = A_i x(t) + B_i K_i x(t_{h_1}), & \forall t \in [t'_{k-1}+\Delta_{k-1}, t'_k) \cap [t_{h_1}, t_{h_1+1}) \\ \dot{x}(t) = A_j x(t) + B_j K_i x(t_{h_2}), & \forall t \in [t'_k, t'_k+\Delta_k) \cap [t_{h_2}, t_{h_2+1}) \end{cases} \tag{4-9}$$

其中 $h_1 \leq h_2, \forall h_1, h_2 \in Z^+$。用 $(A_i, B_i K_i), i \in N$,表示第 i 个控制器作用下的第 i 个闭环子系统, $(A_j, B_j K_i), i,j \in N, i \neq j$,表示第 i 个控制器作用下的第 j 个闭环子系统。

说明 4.2 当 $h_1 = h_2$ 时,不匹配切换时间段和匹配切换时间段都位于同一个采样间隔 $[t_{h_1}, t_{h_1+1})$ 内。当 $h_1 < h_2$ 时,不匹配切换时间段和匹配切换时间段分别位于采样间隔 $[t_{h_1}, t_{h_1+1})$ 和 $[t_{h_2}, t_{h_2+1})$ 内。

4.3 具有采样数据的切换系统有限时间稳定性分析

本节对具有采样数据的切换系统等效模型的稳定性进行了分析,提出了系统稳定的充分条件,并给出了稳定性条件的相关说明。

4.3.1 采样系统等效模型的稳定性

考虑时延切换系统

$$\dot{x}(t) = A_{\sigma(t)} x(t) + D_{\sigma(t)} x(t-\tau(t)) \tag{4-10}$$

其中 $\tau(t) = t - t_h, t_h \leq t < t_{h+1}, h = 0,1,2,\cdots$。以下定理给出了系统(4-10)有限时间稳定的充分条件。

定理 4.1 对任意的 $i,j \in \underline{N}, i \neq j$, 如果存在常数 $\xi \geq 1$, 正定矩阵 P_i, S_i, R_i 适当维数的矩阵 W_i, G_i, 以及给定的正标量 $\alpha > 0$, 使得不等式

$$\begin{bmatrix} \Sigma_i & G_i^T & W_i^T D_i & A_i^T S_i & 0 & T(W_i^T + P_i) \\ G_i & -G_i - G_i^T & -G_i & D_i^T S_i & 0 & 0 \\ D_i^T W_i & -G_i^T & -2\alpha e^{-\alpha T} S_i & 0 & D_i^T R_i & 0 \\ S_i A_i & S_i D_i & 0 & -T^{-1} S_i & 0 & 0 \\ 0 & 0 & R_i D_i & 0 & -T^2 R_i & 0 \\ T(W_i + P_i) & 0 & 0 & 0 & 0 & -R_i \end{bmatrix} < 0 \tag{4-11}$$

$$P_i \leq \xi P_j, \quad S_i \leq \xi S_j \tag{4-12}$$

$$\eta_2 c_1^2 e^{\alpha T_f} < \eta_1 c_2^2 \tag{4-13}$$

成立,且系统平均驻留时间满足

$$\tau_a \geq \tau_a^* = \frac{T_f \ln \xi}{\ln(\eta_1 c_2^2) - \ln(\eta_2 c_1^2) - \alpha T_f} \tag{4-14}$$

其中 $\Sigma_i = (A_i + D_i)^T P_i + P_i(A_i + D_i) - \alpha P_i$, $\eta_1 = \min_{\forall i \in \underline{N}} \lambda_{\min}(P_i)$, $\eta_2 = \max_{\forall i \in \underline{N}} \lambda_{\max}(P_i)$, 则系统采样和系统切换发生在不同时刻时, 系统(4-10)关于 $(c_1, c_2, T_f, \sigma(t))$ 是有限时间稳定的。

证明 由引理 4.1, 当 $t = t_h$ 时, 有

$$\tau(t_h) = 0, \quad t_h \leq t < t_{h+1}, h = 0, 1, 2, \cdots$$

由引理 4.1 中的式(4-8), 可得 $V_2(t_h) = 0$。当 $t = t_h^-$ 时, 有 $\tau(t_h^-) = t_h^- - t_{h-1} > 0$, $t_{h-1} \leq t < t_h, h = 1, 2, \cdots, V_2(t_h^-) = T \int_{t_{h-1}}^{t_h^-} \dot{x}(r)^T e^{\alpha(r-t_h^-)} S \dot{x}(r) dr > 0$, 因此 $V(t_h^-) > V(t_h)$。由引理 4.1, 对于 $h = 0, 1, 2, \cdots, m, t_m \leq T_f < t_{m+1}$ 和 $t \in [t_h, t_{h+1})$, 有

$$V(t) < e^{\alpha(t-t_m)} V(t_m) < e^{\alpha(t-t_m)} V(t_m^-) < e^{\alpha(t-t_m)} e^{\alpha(t_m^- - t_{m-1})} V(t_{m-1})$$
$$= e^{\alpha(t-t_{m-1})} V(t_{m-1}) < \cdots < e^{\alpha t} V(0) \tag{4-15}$$

为系统(4-10)构造候选的类 Lyapunov 函数

$$V_{\sigma(t)}(t) = x(t)^T P_{\sigma(t)} x(t) + T \int_{t-\tau(t)}^{t} \dot{x}(r)^T e^{\alpha(r-t)} S_{\sigma(t)} \dot{x}(r) dr \tag{4-16}$$

由引理 4.1, 如果对任意的 $i \in \underline{N}$, 存在正定对称矩阵 P_i, S_i, R_i 和适当维数的矩阵 W_i, G_i 使得式(4-11)成立, 则 $V_{\sigma(t)}(t) < e^{\alpha(t-t_h)} V_{\sigma(t)}(t_h), \forall t \in [t_h, t_{h+1})$。如果系统切换时刻 t_k' 和采样时刻不一致, 则系统的切换时刻和采样时刻的时间序列如图 4-3 所示。$0 < t_1' < t_2' < \cdots < t_k' = T_f$ 是在有限时间段内的切换时刻, 对于任意的 $t \in [0, T_f]$, 由式(4-12)和式(4-15)可得

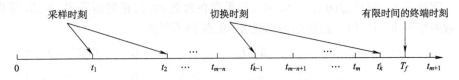

图 4-3 当 $t'_{k-1} \in (t_{m-n}, t_{m-n+1})$ 时切换系统和采样器的时间序列图

$$V_{\sigma(t'_k)}(t) < e^{\alpha(t-t'_k)} V_{\sigma(t'_k)}(t'_k) \leqslant \xi e^{\alpha(t-t'_k)} V_{\sigma(t'_{k-1})}(t'^-_k) < \xi e^{\alpha(t-t'_k)} e^{\alpha(t'_k-t_m)} V_{\sigma(t'_{k-1})}(t_m)$$

$$= \xi e^{\alpha(t-t_m)} V_{\sigma(t'_{k-1})}(t_m) < \xi e^{\alpha(t-t_m)} V_{\sigma(t'_{k-1})}(t^-_m)$$

$$< \xi e^{\alpha(t-t_m)} e^{\alpha(t_m-t_{m-1})} V_{\sigma(t'_{k-1})}(t_{m-1})$$

$$< \cdots\cdots$$

$$< \xi e^{\alpha(t-t_m)} e^{\alpha(t_m-t_{m-n+1})} V_{\sigma(t'_{k-1})}(t_{m-n+1})$$

$$< \xi e^{\alpha(t-t_m)} e^{\alpha(t_m-t_{m-n+1})} e^{\alpha(t_{m-n+1}-t'_{k-1})} V_{\sigma(t'_{k-1})}(t'_{k-1})$$

$$\leqslant \xi^2 e^{\alpha(t-t_m)} e^{\alpha(t_m-t_{m-n+1})} e^{\alpha(t_{m-n+1}-t'_{k-1})} V_{\sigma(t'_{k-2})}(t'^-_{k-1})$$

$$< \xi^2 e^{\alpha(t-t_m)} e^{\alpha(t_m-t_{m-n+1})} e^{\alpha(t_{m-n+1}-t'_{k-1})} e^{\alpha(t'_{k-1}-t'_{k-2})} V_{\sigma(t'_{k-2})}(t'_{k-2})$$

$$= \xi^2 e^{\alpha(t-t'_{k-2})} V_{\sigma(t'_{k-2})}(t'_{k-2})$$

$$< \cdots\cdots$$

$$< \xi^k e^{\alpha t} V_{\sigma(0)}(0)$$

$$= \xi^{N_\sigma(0, T_f)} e^{\alpha t} V_{\sigma(0)}(0) \tag{4-17}$$

基于引理 4.1,由式(4-16)可得

$$V_{\sigma(0)}(0) = x(0)^T P_{\sigma(0)} x(0)$$

因此,有 $V_{\sigma(0)}(0) \leqslant \max_{\forall i \in \underline{N}} \lambda_{\max}(P_i) \|x(0)\|^2, i \in \underline{N}$,由 $\sup_{t \in [-d, 0]} \|x(t)\| \leqslant c_1$ 可得

$$V_{\sigma(0)}(0) \max_{\forall i \in \underline{N}} \lambda_{\max}(P_i) c_1^2 \tag{4-18}$$

另一方面,由式(4-17)可得

$$\min_{\forall i \in \underline{N}} \lambda_{\min}(P_i) \|x(t)\|^2 \leqslant V_1(t) \leqslant V(t) < \xi^{N_\sigma(0, T_f)} e^{\alpha T_f} V_{\sigma(0)}(0) \tag{4-19}$$

由平均驻留时间定义,关系

$$N_\sigma(0, T_f) \leqslant T_f / \tau_a \tag{4-20}$$

成立,基于式(4-18)~式(4-20),有

$$\|x(t)\|^2 < \frac{\max_{\forall i \in \underline{N}} \lambda_{\max}(P_i)}{\min_{\forall i \in \underline{N}} \lambda_{\min}(P_i)} e^{\alpha T_f} \xi^{T_f/\tau_a} c_1^2 \tag{4-21}$$

由式(4-14)可得

$$\frac{\max_{\forall i \in \underline{N}} \lambda_{\max}(P_i)}{\min_{\forall i \in \underline{N}} \lambda_{\min}(P_i)} e^{\alpha T_f} \xi^{T_f/\tau_a} c_1^2 \leqslant c_2^2 \tag{4-22}$$

根据式(4-21)和式(4-22),有

$$\|x(t)\| < c_2 \tag{4-23}$$

定理证毕。

4.3.2 等效模型稳定性的相关说明

说明 4.3 由于采样数据切换系统可转化为时延切换系统,因此时变时延技术可用来研究采样数据切换系统的分析与综合问题。时延切换系统(4-10)等价于采样数据切换系统

$$\dot{x}(t) = A_{\sigma(t)} x(t) + D_{\sigma(t)} x(t_h), \quad t_h \leq t < t_{h+1} \tag{4-24}$$

因此,式(4-24)的有限时间稳定性可由定理 4.1 来保证。

说明 4.4 文献[133]要求采样数据切换系统的采样周期为常数,然而,注意到定理 4.1 中 $t_{h+1} - t_h \leq T$,它并不要求系统是周期采样的,只需要相邻采样点之间的间隔是有界的,即定理 4.1 的结论确保了采样数据切换系统在可变采样下是有限时间稳定的,因此相较于文献[133],定理 4.1 的结论具有更小的保守性。

说明 4.5 如果切换时刻 t'_k 和采样时刻是一致的,系统切换和采样的时序图如图 4-4 所示。在这种情形下,由于切换时刻和采样时刻重叠,且 $\sigma(t'_{k-1}) = \sigma(t'^{-}_k)$,$k = 1, 2, \cdots$,因此

$$V_{\sigma(t'_k)}(t'_k) = x(t'_k)^T P_{\sigma(t'_k)} x(t'_k)$$

$$V_{\sigma(t'_{k-1})}(t'^{-}_k) = x(t'^{-}_k)^T P_{\sigma(t'_{k-1})} x(t'^{-}_k) + T \int_{t_{k-1}}^{t'_k} \dot{x}(r)^T e^{\alpha(r-t'_k)} S_{\sigma(t'_{k-1})} \dot{x}(r) dr$$

则 $P_{\sigma(t'_k)} \leq \xi P_{\sigma(t'_{k-1})}$ 能够确保 $V_{\sigma(t'_k)}(t'_k) \leq \xi V_{\sigma(t'_{k-1})}(t'^{-}_k)$。与定理 4.1 证明过程类似,可知系统采样和系统切换发生在同一时刻时,条件式(4-11)~式(4-14)确保系统(4-10)是有限时间稳定的。值得指出的是,在这种情况下,可以省略条件(4-12)中的 $S_i \leq \xi S_j$,从而使得定理 4.1 的条件可被弱化。进一步,基于以上分析,对于系统切换时刻和采样时刻有时一致有时不一致的情形,定理 4.1 的结论仍然成立。

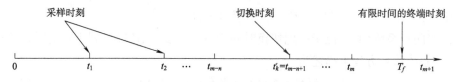

图 4-4 当 $t'_k = t_{m-n+1}$ 时切换系统和采样器的时间序列图

4.4 异步切换下的有限时间采样数据反馈控制设计

本节研究了具有采样数据的切换系统有限时间异步控制设计,提出了闭环反

馈系统稳定的充分条件,并在此基础上给出了基于采样数据的异步反馈控制设计方法。

4.4.1 闭环反馈系统的稳定条件

当闭环系统(4-9)位于不匹配切换时间段$[t'_k, t'_k + \Delta_k]$时,有

$$\dot{x}(t) = A_j x(t) + B_j K_i x(t_{h_2}) \quad (4-25)$$

利用时变时延处理技术,式(4-25)能够被转化为

$$\dot{x}(t) = A_j x(t) + B_j K_i x(t - \tau(t)) \quad (4-26)$$

其中$\tau(t) = t - t_{h_2}, t_{h_2} \leq t < t_{h_2+1}, h_2 = 0,1,2,\cdots$,为系统(4-26)选择类 Lyapunov 函数

$$V_{ij}(t) = x(t)^T P_{ij} x(t) + T \int_{t-\tau(t)}^{t} \dot{x}(r)^T e^{\beta(r-t)} S_{ij} \dot{x}(r) \mathrm{d}r \quad (4-27)$$

其中$P_{ij} > 0, S_{ij} > 0$。由引理 4.1 很容易得到$V_{ij}(t)$的估计值。

引理 4.2 对任意的$i, j \in \underline{N}, i \neq j$,如果存在正定矩阵$P_{ij} > 0, S_{ij} > 0$和适当维数的矩阵$W_{ij}, G_{ij}$,以及正标量$\beta > 0$,使得不等式

$$\begin{bmatrix} \Sigma_{ij} & G_{ij}^T & W_{ij}^T B_j K_i & A_j^T S_{ij} & 0 & T(W_{ij}^T + P_{ij}) \\ G_i & -G_{ij} - G_{ij}^T & -G_{ij} & K_i^T B_j^T S_{ij} & 0 & 0 \\ K_i^T B_j^T W_{ij} & -G_{ij}^T & -2\beta e^{-\beta T} S_{ij} & 0 & K_i^T B_j^T R_{ij} & 0 \\ S_{ij} A_j & S_{ij} B_j K_i & 0 & -T^{-1} S_{ij} & 0 & 0 \\ 0 & 0 & R_{ij} B_j K_i & 0 & -T^2 R_{ij} & 0 \\ T(W_{ij} + P_{ij}) & 0 & 0 & 0 & 0 & -R_{ij} \end{bmatrix} < 0 \quad (4-28)$$

成立,则式(4-27)中的$V_{ij}(t)$沿着系统(4-26)的状态轨迹,有以下关系成立:

$$V_{ij}(t) < e^{\beta(t-t'_k)} V_{ij}(t'_k), \quad t \in [t'_k, t'_k + \Delta_k), k = 0,1,2,\cdots \quad (4-29)$$

其中$\Sigma_{ij} = (A_j + B_j K_i)^T P_{ij} + P_{ij}(A_j + B_j K_i) - \beta P_{ij}$。

当闭环系统(4-9)位于匹配切换时间段$[t'_{k-1} + \Delta_{k-1}, t'_k]$时,利用时变时延处理技术,系统状态方程可描述为

$$\dot{x}(t) = A_i x(t) + B_i K_i x(t - \tau(t)) \quad (4-30)$$

其中$\tau(t) = t - t_{h_1}, t_{h_1} \leq t < t_{h_1+1}, h_1 = 0,1,2,\cdots$,为系统(4-30)选择类 Lyapunov 函数

$$V_i(t) = x(t)^T P_i x(t) + T \int_{t-\tau(t)}^{t} \dot{x}(r)^T e^{\alpha(r-t)} S_i \dot{x}(r) \mathrm{d}r \quad (4-31)$$

其中$P_i > 0, S_i > 0$。由引理 4.1 很容易得到$V_i(t)$的估计值。

引理 4.3 对任意的$i \in \underline{N}$,如果存在正定矩阵$P_i > 0, S_i > 0$和适当维数的矩阵W_i, G_i,以及正标量$\alpha > 0$,使得不等式

$$\begin{bmatrix} \Sigma_i & G_i^T & W_i^T B_i K_i & A_i^T S_i & 0 & T(W_i^T + P_i) \\ G_i & -G_i - G_i^T & -G_i & K_i^T B_i^T S_i & 0 & 0 \\ K_i^T B_i^T W_i & -G_i^T & -2\alpha e^{-\alpha T} S_i & 0 & K_i^T B_i^T R_i & 0 \\ S_i A_i & S_i B_i K_i & 0 & -T^{-1} S_i & 0 & 0 \\ 0 & 0 & R_i B_i K_i & 0 & -T^2 R_i & 0 \\ T(W_i + P_i) & 0 & 0 & 0 & 0 & -R_i \end{bmatrix} < 0$$

(4-32)

成立,则式(4-31)中的 $V_i(t)$ 沿着系统(4-30)的状态轨迹,有关系

$$V_i(t) < e^{\alpha(t-t'_{k-1}-\Delta_{k-1})} V_i(t'_{k-1}+\Delta_{k-1}), t \in [t'_{k-1}+\Delta_{k-1}, t'_k], k=1,2,\cdots \quad (4\text{-}33)$$

成立,其中 $\Sigma_i = (A_i+B_iK_i)^T P_i + P_i(A_i+B_iK_i) - \alpha P_i$。

说明 4.6 引理 4.2 和引理 4.3 分别给出了 Lyapunov 函数(4-27)和函数(4-31)的上确界估计。值得指出的是,由于 $\alpha,\beta>0$,随着 α,β 的增大,$V_{ij}(t)$ 和 $V_i(t)$ 的上界也增大。在后续证明中,条件(4-29)和条件(4-33)将用来设计异步切换采样数据控制器和切换序列确保系统的有限时间稳定性,且并不要求 $\alpha<0$ 或 $\beta<0$,文献[42]表明 $\alpha<0$ 或 $\beta<0$ 实际上是确保子系统是 Lyapunov 渐近稳定的,这个条件比有限时间稳定的条件保守性更强。

基于引理 4.2 和引理 4.3,以下的定理给出了闭环系统(4-9)在异步切换下镇定切换律的设计方法。

定理 4.2 对任意的 $i,j \in \underline{N}, i \neq j$,如果存在正定矩阵 $P_i>0, S_i>0, P_{ij}>0, S_{ij}>0$,以及给定的正标量 $\alpha>0, \beta>0$,使得式(4-28)和式(4-32)成立,且系统平均驻留时间满足

$$\tau_a > \tau_a^* = \frac{T_f \ln \mu\mu_1\mu_2}{\ln\left(\dfrac{c_2^2}{c_1^2} \cdot \dfrac{\min\limits_{i,j \in \underline{N}, i \neq j}\{\lambda_{\min}(P_i), \lambda_{\min}(P_{ij})\}}{\max\limits_{i,j \in \underline{N}, i \neq j} \lambda_{\max}(P_{ij})}\right) - \alpha(T_f - \Delta_{[0,T_f)}) - \beta\Delta_{[0,T_f)}}$$

(4-34)

则系统(4-9)关于 $(c_1,c_2,T_f,\sigma(t),\sigma'(t))$ 是有限时间稳定的,其中 $\mu_1,\mu_2 \geq 1, P_i \leq \mu_1 P_{ij}, S_i \leq \mu_1 S_{ij}, P_{ij} \leq \mu_2 P_i, S_{ij} \leq \mu_2 S_i, \mu = e^{(\alpha+\beta)T}$,$T$ 是采样器的最大采样间隔,T_f 是系统镇定的有限时间值,$\Delta_{[0,T_f)}$ 是在 $[0,T_f)$ 内总的不匹配切换时间段。

证明 这里只讨论 $\Delta_k>0$ 的情形,$\Delta_k<0$ 的情形可以得到相同的结论。对于给定的 $T_f>0, 0=t'_0<t'_1<t'_2<\cdots<t'_{N_\sigma(0,T_f)}<T_f$ 表示 $[0,T_f)$ 内的切换时刻,假定当 $t \in [t'_{k-1},t'_k]$ 时,$\sigma(t)=i$,当 $t \in [t'_k,t'_{k+1}]$ 时,$\sigma(t)=j$,选择类 Lyapunov 函数

$$V(t) = \begin{cases} V_i(t), & \forall t \in [t'_{k-1}+\Delta_{k-1}, t'_k], k=1,2,\cdots,N_\sigma(0,T_f) \\ V_{ij}(t), & \forall t \in [t'_k, t'_k+\Delta_k], k=0,1,2,\cdots,N_\sigma(0,T_f) \end{cases} \quad (4\text{-}35)$$

其中 $V_i(t)$ 和 $V_{ij}(t)$ 分别与式(4-27)和式(4-31)中的定义相同。基于式(4-29)、

式(4-33)和式(4-35),有

$$V(t) \leq \begin{cases} e^{\alpha(t-t'_{k-1}-\Delta_{k-1})} V_i(t'_{k-1}+\Delta_{k-1}), & \forall t \in [t'_{k-1}+\Delta_{k-1}, t'_k), k=1,2,\cdots,N_\sigma(0,T_f) \\ e^{\beta(t-t'_k)} V_{ij}(t'_k), & \forall t \in [t'_k, t'_k+\Delta_k), k=0,1,\cdots,N_\sigma(0,T_f) \end{cases}$$

(4-36)

当 $\alpha < \beta$ 时,由于 $-T < -\tau(t) \leq r-t \leq 0$,则有

$$V_{\sigma(t'_{k-1})}(t'_{k-1}+\Delta_{k-1}) \leq \mu_1 V_{\sigma(t'_{k-2})\sigma(t'_{k-1})}((t'_{k-1}+\Delta_{k-1})^-)$$
$$V_{\sigma(t'_{k-1})\sigma(t'_k)}(t'_k) \leq \mu\mu_2 V_{\sigma(t'_k)}(t'^-_k)$$

(4-37)

其中 $\mu = e^{(\alpha+\beta)T}$。基于函数(4-35),$V(t)$ 的自变量时间 t 最终落在时间段 $[t'_{N_\sigma(0,T_f)}, t'_{N_\sigma(0,T_f)}+\Delta_{N_\sigma(0,T_f)})$ 内,因此

$$t - t'_{N_\sigma(0,T_f)} + \Delta_{N_\sigma(0,T_f)-1} + \Delta_{N_\sigma(0,T_f)-2} + \cdots + \Delta_0 < \Delta_{[0,T_f]}$$
$$t'_{N_\sigma(0,T_f)} - \Delta_{N_\sigma(0,T_f)-1} - \Delta_{N_\sigma(0,T_f)-2} - \cdots - \Delta_0 \leq T_f - \Delta_{[0,T_f]}$$

由式(4-36)和式(4-37)可得

$$V(t) \leq \mu\mu_2 e^{\beta(t-t'_{N_\sigma(0,T_f)})} V(t'^-_{N_\sigma(0,T_f)})$$
$$\leq \mu\mu_2 e^{\alpha(t'_{N_\sigma(0,T_f)} - t'_{N_\sigma(0,T_f)-1} - \Delta_{N_\sigma(0,T_f)-1})} e^{\beta(t-t'_{N_\sigma(0,T_f)})} V(t'_{N_\sigma(0,T_f)-1}+\Delta_{N_\sigma(0,T_f)-1})$$
$$\leq \mu\mu_2 e^{\alpha(t'_{N_\sigma(0,T_f)} - t'_{N_\sigma(0,T_f)-1} - \Delta_{N_\sigma(0,T_f)-1})} \mu_1 e^{\beta(t-t'_{N_\sigma(0,T_f)}+\Delta_{N_\sigma(0,T_f)-1})} V(t'_{N_\sigma(0,T_f)-1})$$
$$\leq \mu_1\mu\mu_2 e^{\alpha(t'_{N_\sigma(0,T_f)} - t'_{N_\sigma(0,T_f)-1} - \Delta_{N_\sigma(0,T_f)-1})} e^{\beta(t-t'_{N_\sigma(0,T_f)}+\Delta_{N_\sigma(0,T_f)-1})}$$
$$\cdot \mu\mu_2 e^{\alpha(t'_{N_\sigma(0,T_f)-1} - t'_{N_\sigma(0,T_f)-2} - \Delta_{N_\sigma(0,T_f)-2})} V(t'_{N_\sigma(0,T_f)-2}+\Delta_{N_\sigma(0,T_f)-2})$$
$$\leq \mu\mu_1\mu_2 e^{\alpha(t'_{N_\sigma(0,T_f)} - t'_{N_\sigma(0,T_f)-2} - \Delta_{N_\sigma(0,T_f)-1} - \Delta_{N_\sigma(0,T_f)-2})} e^{\beta(t-t'_{N_\sigma(0,T_f)}+\Delta_{N_\sigma(0,T_f)-1})}$$
$$\cdot \mu\mu_2\mu_1 e^{\beta\Delta_{N_\sigma(0,T_f)-2}} V(t'_{N_\sigma(0,T_f)-2})$$
$$\leq \mu\mu_2(\mu\mu_1\mu_2)^2 e^{\alpha(t'_{N_\sigma(0,T_f)} - t'_{N_\sigma(0,T_f)-3} - \Delta_{N_\sigma(0,T_f)-1} - \Delta_{N_\sigma(0,T_f)-2} - \Delta_{N_\sigma(0,T_f)-3})}$$
$$\cdot e^{\beta(t-t'_{N_\sigma(0,T_f)}+\Delta_{N_\sigma(0,T_f)-1}+\Delta_{N_\sigma(0,T_f)-2})} V(t'_{N_\sigma(0,T_f)-3}+\Delta_{N_\sigma(0,T_f)-3})$$
$$\leq \cdots\cdots$$
$$\leq (\mu\mu_1\mu_2)^{N_\sigma(0,T_f)} e^{\alpha(t'_{N_\sigma(0,T_f)} - \Delta_{N_\sigma(0,T_f)-1} - \Delta_{N_\sigma(0,T_f)-2} - \cdots - \Delta_0)}$$
$$\cdot e^{\beta(t-t'_{N_\sigma(0,T_f)}+\Delta_{N_\sigma(0,T_f)-1}+\Delta_{N_\sigma(0,T_f)-2}+\cdots+\Delta_0)} V(0)$$
$$< (\mu\mu_1\mu_2)^{N_\sigma(0,T_f)} e^{\alpha(T_f - \Delta_{[0,T_f]})} e^{\beta\Delta_{[0,T_f]}} V(0)$$

当 $\alpha \geq \beta$ 时,有

$$V_{\sigma(t'_{k-1})}(t'_{k-1}+\Delta_{k-1}) \leq \mu\mu_1 V_{\sigma(t'_{k-2})\sigma(t'_{k-1})}((t'_{k-1}+\Delta_{k-1})^-)$$
$$V_{\sigma(t'_{k-1})\sigma(t'_k)}(t'_k) \leq \mu_2 V_{\sigma(t'_k)}(t'^-_k)$$

同理可得

$$V(t) < (\mu\mu_1\mu_2)^{N_\sigma(0,T_f)} e^{\alpha(T_f - \Delta_{[0,T_f]})} e^{\beta\Delta_{[0,T_f]}} V(0)$$

(4-38)

由式(4-35),$\forall i,j \in \underline{N}, i \neq j$,有

$$V(t) \geq \min_{i,j \in \underline{N}, i \neq j} \{\lambda_{\min}(P_i), \lambda_{\min}(P_{ij})\} \|x(t)\|^2$$

(4-39)

另一方面

$$V(0) = x(0)^T P_{ij} x(0) \tag{4-40}$$

$$V(0) \leq \max_{i,j \in \underline{N}, i \neq j} \lambda_{\max}(P_{ij}) \|x(0)\|^2 \tag{4-41}$$

由于

$$\|x(0)\| \leq c_1 \tag{4-42}$$

可得

$$V(0) \leq \max_{i,j \in \underline{N}, i \neq j} \lambda_{\max}(P_{ij}) c_1^2 \tag{4-43}$$

由式(4-38)~式(4-43),不等式

$$\|x(t)\|^2 < (\mu\mu_1\mu_2)^{N_\sigma(0,T_f)} e^{\alpha(T_f - \Delta_{[0,T_f]})} e^{\beta\Delta_{[0,T_f]}} \frac{\max\limits_{i,j \in \underline{N}, i \neq j} \lambda_{\max}(P_{ij})}{\min\limits_{i,j \in \underline{N}, i \neq j} \{\lambda_{\min}(P_i), \lambda_{\min}(P_{ij})\}} c_1^2 \tag{4-44}$$

成立,由平均驻留时间定义,有

$$N_{\sigma(t)}(0, T_f) \leq T_f / \tau_a \tag{4-45}$$

基于式(4-34)和式(4-45)可得

$$(\mu\mu_1\mu_2)^{N_\sigma(0,T_f)} e^{\alpha(T_f - \Delta_{[0,T_f]})} e^{\beta\Delta_{[0,T_f]}} \frac{\max\limits_{i,j \in \underline{N}, i \neq j} \lambda_{\max}(P_{ij})}{\min\limits_{i,j \in \underline{N}, i \neq j} \{\lambda_{\min}(P_i), \lambda_{\min}(P_{ij})\}} c_1^2 < c_2^2 \tag{4-46}$$

由式(4-44)和式(4-46)可得

$$\|x(t)\| < c_2 \tag{4-47}$$

定理证毕。

说明4.7 式(4-34)表明驻留时间与采样间隔、有限时间大小和总的匹配和不匹配切换时间相关。当有限时间大小预先给定时,结论也揭示了平均驻留时间和采样间隔的显式关系。在有限时间段内,随着采样间隔变大,系统的平均驻留时间也变大。很容易理解,如果采样间隔变长,采样数据系统的稳定性会变差,即较低的采样频率导致了系统稳定性的恶化。当采样间隔变长时,相对较大的平均驻留时间能够获取更多的子系统状态信息反馈到系统控制输入端,从而确保系统的稳定性。相反,较短的采样间隔能够获取系统更多的状态信息,此时平均驻留时间不需要很大。因此,采样数据切换系统的稳定性和系统的平均驻留时间以及采样间隔都有关。两者之间的关系由式(4-34)确定。由此可以看出,采样数据切换系统的稳定特性不同于普通的切换系统,采样特性的存在使得系统的稳定性与采样间隔有很大关系,对于一般采样系统而言,采样周期对稳定性会有影响,当系统中存在切换时,切换律和采样间隔共同影响系统的稳定性,定理4.2揭示了这种影响的定量关系,反映了采样数据切换系统稳定性的本质特征。

4.4.2 采样数据反馈控制器设计

定理4.3 对任意的 $i,j \in \underline{N}, i \neq j$,如果存在正定矩阵 $X_i > 0, Z_i > 0, P_{ij} > 0$, $S_{ij} > 0, R_{ij} > 0$,矩阵 Y_i, Q_i, W_{ij}, G_{ij} 和标量 $\alpha, \beta > 0$,使得

$$\begin{bmatrix} \Psi_i & Q_i^T & B_iY_i & X_iA_i^T & 0 & 2TZ_i \\ Q_i & -Q_i-Q_i^T & -Q_i & Y_i^TB_i^T & 0 & 0 \\ Y_i^TB_i^T & -Q_i^T & -2\alpha e^{-\alpha T}X_i & 0 & Y_i^TB_i^T & 0 \\ A_iX_i & B_iY_i & 0 & -T^{-1}X_i & 0 & 0 \\ 0 & 0 & B_iY_i & 0 & -T^2Z_i & 0 \\ 2TZ_i & 0 & 0 & 0 & 0 & -Z_i \end{bmatrix} < 0 \quad (4\text{-}48)$$

$$\begin{bmatrix} Y_{ij} & G_{ij}^T & W_{ij}^TB_jY_iX_i^{-1} & A_j^TS_{ij} & 0 & T(W_{ij}^T+P_{ij}) \\ G_{ij} & -G_{ij}-G_{ij}^T & -G_{ij} & X_i^{-1}Y_i^TB_j^TS_{ij} & 0 & 0 \\ Q_i^{-1}Y_i^TB_j^TW_{ij} & -G_{ij}^T & -2\beta e^{-\beta T}S_{ij} & 0 & X_i^{-1}Y_i^TB_j^TR_{ij} & 0 \\ S_{ij}A_j & S_{ij}B_jY_iX_i^{-1} & 0 & -T^{-1}S_{ij} & 0 & 0 \\ 0 & 0 & R_{ij}B_jY_iX_i^{-1} & 0 & -T^2R_{ij} & 0 \\ T(W_{ij}+P_{ij}) & 0 & 0 & 0 & 0 & -R_{ij} \end{bmatrix} < 0 \quad (4\text{-}49)$$

且系统平均驻留时间满足

$$\tau_a > \tau_a^* = \frac{T_f \ln \mu\mu_1\mu_2}{\ln\left(\dfrac{c_2^2}{c_1^2} \cdot \dfrac{\min\limits_{i,j\in\underline{N},i\neq j}\{\lambda_{\min}(X_i^{-1}),\lambda_{\min}(P_{ij})\}}{\max\limits_{i,j\in\underline{N},i\neq j}\lambda_{\max}(P_{ij})}\right) - \alpha(T_f - \Delta_{[0,T_f]}) - \beta\Delta_{[0,T_f]}} \quad (4\text{-}50)$$

其中 $\Psi_i = (A_iX_i + B_iY_i) + (A_iX_i + B_iY_i)^T - \alpha X_i$,

$Y_{ij} = (A_j + B_jY_iX_i^{-1})^TP_{ij} + P_{ij}(A_j + B_jY_iX_i^{-1}) - \beta P_{ij}$,

$\mu = e^{(\alpha+\beta)T}, \mu_1 = \dfrac{\max\limits_{i,j\in\underline{N},i\neq j}\lambda_{\max}(X_i^{-1})}{\min\limits_{i,j\in\underline{N},i\neq j}\{\lambda_{\min}(P_{ij}),\lambda_{\min}(S_{ij})\}}, \mu_2 = \dfrac{\max\limits_{i,j\in\underline{N},i\neq j}\{\lambda_{\max}(P_{ij}),\lambda_{\max}(S_{ij})\}}{\min\limits_{i,j\in\underline{N},i\neq j}\lambda_{\min}(X_i^{-1})}$,

则在采样数据异步切换控制器 $u(t) = K_{\sigma'(t)}x(t_h), t_h \leq t < t_{h+1}, h = 0,1,2,\cdots, K_i = Y_iX_i^{-1}$ 下,系统(4-1)关于 $(c_1, c_2, T_f, \sigma(t), \sigma'(t))$ 是有限时间稳定的。

证明 令 $S_i = P_i, W_i = P_i$,将其代入式(4-32),则有

$$\begin{bmatrix} \Sigma_i & G_i^T & P_iB_iK_i & A_i^TP_i & 0 & 2TP_i \\ G_i & -G_i-G_i^T & -G_i & K_i^TB_i^TP_i & 0 & 0 \\ K_i^TB_i^TP_i & -G_i^T & -2\alpha e^{-\alpha T}P_i & 0 & D_i^TR_i & 0 \\ P_iA_i & P_iB_iK_i & 0 & -T^{-1}P_i & 0 & 0 \\ 0 & 0 & R_iB_iK_i & 0 & -T^2R_i & 0 \\ 2TP_i & 0 & 0 & 0 & 0 & -R_i \end{bmatrix} < 0 \quad (4\text{-}51)$$

式(4-51)的两端分别左乘和右乘 $\mathrm{diag}\{P_i^{-1},P_i^{-1},P_i^{-1},P_i^{-1},R_i^{-1},R_i^{-1}\}$，记 $P_i^{-1}=X_i$，$Y_i=K_iP_i^{-1}$，$R_i^{-1}=Z_i$，$Q_i=P_i^{-1}G_iP_i^{-1}$，可得式(4-48)成立。类似地，将 $Y_i=K_iX_i$ 代入不等式(4-28)，可得式(4-49)成立。因此由定理4.2，可知定理4.3成立。定理证毕。

4.5 数值算例

本节对具有采样数据的切换系统有限时间稳定性和异步镇定算例进行仿真研究，验证了所提方法的有效性。

4.5.1 采样切换系统有限时间稳定算例

考虑系统(4-10)具有两个子系统，且参数为

$$A_1=\begin{bmatrix}1 & -0.5 \\ 2 & 0\end{bmatrix}, \quad A_2=\begin{bmatrix}0 & -2 \\ 0.5 & 1\end{bmatrix}, \quad D_1=D_2=\begin{bmatrix}1 & 0 \\ 0 & 1\end{bmatrix}$$

假定初始条件 $x(0)=(0.6 \quad -0.8)^T$，$c_1=1$，$c_2=100$，$T=0.1$，$T_f=1$。利用定理4.1，当 $\xi=2$，$\alpha=5$ 时，解相应的矩阵不等式(4-11)和式(4-12)，得可行解 $P_1=\begin{bmatrix}1\,145.6 & -137 \\ -137 & 711.5\end{bmatrix}$，$P_2=\begin{bmatrix}711.5 & 137 \\ 137 & 1\,145.6\end{bmatrix}$。根据式(4-14)，可得 $\tau_a^*=0.190\,3$，则由定理4.1，系统(4-10)关于 $(1,100,1,\sigma(t))$ 是有限时间稳定的。由于系统(4-10)等价于采样数据切换系统(4-24)，因此，系统(4-24)也是有限时间稳定的。图4-5给出了切换信号和采样信号的时间序列。由图4-5可以看出在周期切换信号下，一个驻留时间内发生两次采样，且两次采样均不发生在切换时刻，即在所设计的切换规则下，在一个切换周期内系统至少要保证获取两个运行状态值。图4-6给出了 $\tau_a=0.2$ 的周期切换信号下系统在有限时间 $[0,1]$ 内的状态响应。由图4-7可以看出，在系统切换时刻和采样时刻不一致时，状态值满足关系：$\|x(t)\|^2 < c_2^2 = 10^4$，$\forall t \in [0,1]$，根据采样数据切换系统的有限时间稳定性定义，系统(4-24)关于 $(1,100,1,\sigma(t))$ 是有限时间稳定的。值得指出的是，虽然在有限时间段 $[0,1]$ 内系统状态有与平衡状态偏离程度增大的趋势，但由于在该时间段内，状态值始终没有超过预先设定的状态界，系统仍然是有限时间稳定的。可以看出有限时间稳定使得系统状态即使不收敛，却能够确保规定时间内其演化轨迹在期望的范围之内，

这点与渐近稳定和指数稳定特性有很大的不同。另外,由图 4-5 可以看出,切换信号和采样信号仿真时选取了系统的采样频率大于切换频率,这在实际系统中也是合理的,足够高的采样频率将获得更多的状态信息,从而有利于实施状态反馈,但定理 4.1 理论上并没有限制采样频率和切换频率之间的关系,所以在实际应用中,只需关注系统切换律的设计,采样频率的设计满足式(4-11)即可。其实不难看出当采样间隔的上限 T 越小(采样频率越高)时,式(4-11)更易成立,这也从另一个侧面说明了系统的采样频率越高,系统越易稳定的事实。

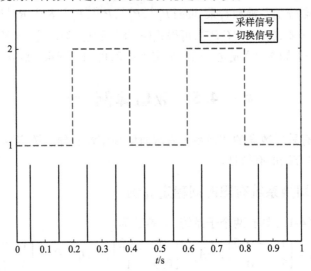

图 4-5　切换信号和采样信号的时间序列

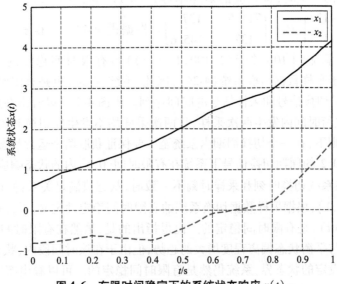

图 4-6　有限时间稳定下的系统状态响应 $x(t)$

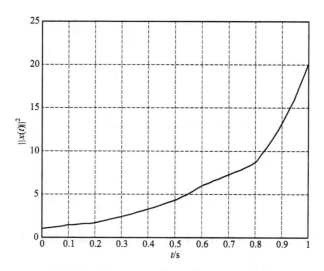

图 4-7 有限时间稳定下的 $\|x(t)\|^2$ 随时间变化的曲线

4.5.2 切换系统采样反馈镇定算例

考虑具有两个子系统的采样数据切换系统(4-9),其系统参数如下:

子系统 $1(S_1):A_1 = \begin{bmatrix} 1 & -0.5 \\ 2 & 0 \end{bmatrix}, B_1 = \begin{bmatrix} 0.1 & 0 \\ 0 & 0.1 \end{bmatrix}$

子系统 $2(S_2):A_2 = \begin{bmatrix} 0 & -2 \\ 0.5 & 1 \end{bmatrix}, B_2 = \begin{bmatrix} 0.1 & 0 \\ 0 & 0.1 \end{bmatrix}$

假定系统切换发生在采样时刻,且在控制器设计中不考虑异步切换,设置参数 $c_1 = 1, c_2 = 100, T = 0.1, T_f = 40, \rho = 10, \alpha = 0.1$,基于说明 4.5 和定理 4.3,控制器增益设计为

$$K_1 = \begin{bmatrix} -2.3411 & 0.2349 \\ -0.1272 & -1.9496 \end{bmatrix}, \quad K_2 = \begin{bmatrix} -1.9496 & 0.1272 \\ -0.2349 & -2.3411 \end{bmatrix}$$

平均驻留时间 $\tau_a > \tau_a^* = 27.1$。在实际系统中,系统切换时刻与采样时刻不一致以及异步切换广泛存在,下面仍然用以上所得结果来镇定实际系统,选择系统初始状态 $x(0) = (0.3 \quad -0.4)^T, \tau_a = 27.2$,不匹配切换时间段 $\Delta_k = 1, k = 0, 1, \cdots$,系统实际切换不发生在时间点 $nT, n = 0, 1, \cdots$ 上。图 4-8 给出了系统切换信号 $\sigma(t)$ 和控制器切换信号 $\sigma'(t)$ 的时序图。闭环系统状态响应的仿真结果如图 4-9 所示。图 4-10 给出了 $\|x(t)\|^2$ 随时间变化的曲线图。显然从图 4-10 可以看出,$\forall t \in [0, 40]$ 系统状态 $x(t)$ 的 2-范数不总是小于 10^2,即不能保证 $\|x(t)\|^2 < c_2^2 = 10^4$ 在有限时间段内总成立,因此系统不是关于 $(1, 100, 40, \sigma(t), \sigma'(t))$ 有限时间稳定的。

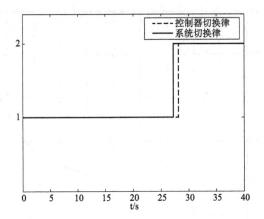

图 4-8　同步控制下设计的系统切换律 $\sigma(t)$ 和实际控制器切换律 $\sigma'(t)$ 的时序图

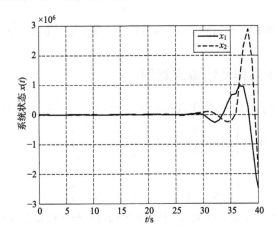

图 4-9　同步控制下系统状态响应 $x(t)$

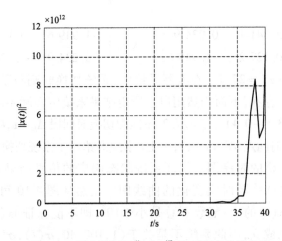

图 4-10　同步控制下 $\|x(t)\|^2$ 随时间变化的曲线

以上的仿真结果表明,对于采样数据切换系统在设计控制器时,如果忽略了系统采样、系统切换以及控制器切换之间的不同步时序,将导致所设计的控制器在实际系统的镇定中失效。为此,去除理想假设,即系统采样、切换与控制器切换时刻均不一致,考虑系统(4-1)的异步切换控制问题。为便于比较,系统参数仍然不变,$\mu_1, \mu_2, \alpha, \beta, c_1, c_2$ 和 T_f 设置为 $c_1 = 1, c_2 = 100, T = 0.1, T_f = 40, \mu_1 = \mu_2 = 10, \alpha = \beta = 0.1$。基于定理4.3,可得控制器增益为

$$K_1 = \begin{bmatrix} -2.2504 & 0.1993 \\ -0.1074 & -1.7810 \end{bmatrix}, \quad K_2 = \begin{bmatrix} -1.7810 & 0.1074 \\ -0.1993 & -2.2504 \end{bmatrix}$$

由式(4-50)可得,系统平均驻留时间为 $\tau_a > \tau_a^* = 3.34$,仍然设置系统的初始条件为 $x(0) = (0.3 \quad -0.4)^T$,不匹配切换时间段 $\Delta_k = 1, k = 0, 1, \cdots$,实际系统的切换不发生在时间点 $nT, n = 0, 1, \cdots$。设置 $\tau_a = 4$,分别用 $S_1^{sub}, S_2^{sub}, S_{12}^{sub}, S_{21}^{sub}$ 代表闭环系统 $(A_1, B_1 K_1), (A_2, B_2 K_2), (A_1, B_1 K_2)$ 和 $(A_2, B_2 K_1)$,开环系统切换序列为 $S_1 S_2 S_1 S_2 \cdots$,由控制器切换信号 $\sigma'(t)$ 的定义,闭环子系统以序列 $S_1^{sub} S_{12}^{sub} S_2^{sub} S_{21}^{sub} S_1^{sub} S_{12}^{sub} \cdots$ 的方式被激活。图4-11给出了系统切换信号 $\sigma(t)$ 和控制器切换信号 $\sigma'(t)$ 的时序图。闭环系统状态响应的仿真结果如图4-12所示。图4-13给出了 $\|x(t)\|^2$ 随时间变化的曲线图,可以看出 $\|x(t)\|^2 < c_2^2 = 10^4, \forall t \in [0, 40]$。仿真结果表明所设计的控制器和切换律是有效的。由图4-11可以看出,切换系统在每个子系统中的停留时间 $\tau_a = 4$ 内,采样总共发生了 $\tau_a / T = 4/0.1 = 40$(次),其中不匹配切换时间段内,采样共发生了 $\Delta_k / T = 1/0.1 = 10$(次),对于存在异步切换的系统中,通过采样不但需要获取匹配切换时间段内的闭环系统状态信息,对于不匹配切换时间段内闭环系统的状态信息也需要获取,基于状态反馈的控制策略在充分获取以上采样信息的情况下,能够更有效地镇定原系统。

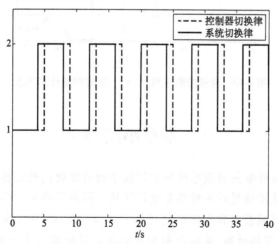

图4-11 异步控制下设计的系统切换律 $\sigma(t)$ 和实际控制器切换律 $\sigma'(t)$ 的时序图

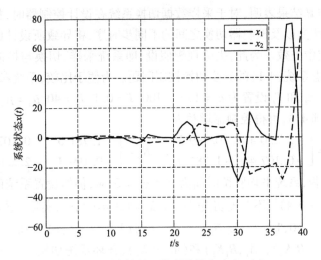

图 4-12　异步控制下的系统状态响应 $x(t)$

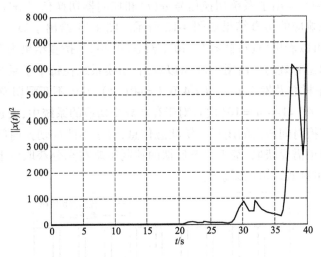

图 4-13　异步控制下的 $\|x(t)\|^2$ 随时间变化的曲线

●●●● 本章小结 ●●●●

本章研究了采样数据切换系统异步切换下的有限时间稳定性和镇定问题。对于采样数据切换系统通过时变时延等效处理技术提出了异步切换下基于采样数据反馈的系统有限时间稳定和有限时间可镇定的等价定义,并且在研究系统镇定问题时,考虑了系统切换时刻、采样时刻和控制器切换时刻均不一致的情形,破除了以往分析离散采样切换系统时需要提供采样发生在切换时刻的假设,与前期研究

第4章 基于采样数据反馈的切换系统有限时间异步控制

中给出的结果相比较,其适用条件和适用对象更加宽泛。针对系统采样与切换时间不一致和异步切换的子系统,给出了与采样间隔上界相关的稳定性条件,在此基础上进一步提出了一种具有采样数据反馈形式的控制器设计方法。最后通过两个数值例子表明了所得结论的有效性。值得指出的是,虽然数值仿真以周期采样为例来验证方法的有效性,但本章所研究的采样数据切换系统异步镇定问题并不要求采样周期是固定的,即本章的方法也同样适用于可变采样周期的情形,控制方法上更具有一般性。

第 5 章

切换系统有限时间量化反馈异步控制及在Boost变换器中的应用

在前一章中,基于采样数据反馈的切换系统有限时间异步镇定问题得到了解决。由分析可知,系统稳定性与采样时间间隔有关。众所周知,在实际的计算机参与的国防工程控制系统中,除了采样特性外,量化也是计算机控制系统的特有属性。计算机量化误差同采样周期一样会对系统稳定性产生影响。因此,在第 4 章基础上,本章进一步考虑具有量化特性的采样数据切换系统的有限时间异步镇定问题。

5.1 引　言

采样、量化和切换特性给系统的分析和设计带来了新的挑战,不光是三者在时序上的交错带来了问题的复杂性,同时量化的引入也增加了稳定性分析和控制器设计的难度。为了更好地理解采样量化切换系统的组成,画出其控制结构框图如图 5-1 所示,其中 T_s 是采样周期,$(A_{\sigma(t)}, B_{\sigma(t)})$ 是具有切换律 $\sigma(t)$ 的连续线性被控对象,S_{T_s},Q,$K_{\sigma(kT_s)}$ 和 H_{T_s} 分别代表采样器、量化器、切换控制器和保持器。

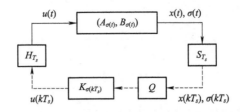

图 5-1　具有采样和量化特性的切换系统控制结构图

具有量化特性的采样数据切换系统包含了离散时间数字信号和切换信号。对于不具有切换特性的采样数据系统,文献[136]研究了具有随机采样数据间隔的系

第5章 切换系统有限时间量化反馈异步控制及在Boost变换器中的应用

统镇定控制器设计问题,文献[137]给出了具有参数不确定的鲁棒滤波器设计方法。对于采样数据切换系统,一些文献给出了有效的分析和镇定方法。文献[138]提出了一种线性连续切换系统基于采样数据控制的稳定性条件。文献[139]对于已知的切换序列给出了系统的有效镇定方法。文献[140]用脉冲系统来描述系统采样与切换的过程,基于驻留时间方法与线性矩阵不等式技术,研究了随机采样数据切换系统在可变驻留时间下的稳定性条件,并设计了系统的状态反馈控制器。然而,这些文献都只关注于系统的采样过程,没有考虑到量化特性对系统产生的影响。由于量化过程的实施,具有镇定控制器的反馈系统可能会出现极限环和混沌现象。在采样数据切换系统中,切换和量化的混合将对系统稳定性产生很大影响。目前,针对线性时不变系统,发展了许多关于量化控制的方法,有不少重要的结果相继被报道[141-143]。在这些文献中,主要有两种量化反馈控制方法。一种是无记忆反馈量化器,通常称为静态量化策略;另一种是与系统内部状态相关的反馈量化器,通常称为动态时变量化器。动态量化器更易使系统达到渐近稳定,而静态量化策略却没有这样良好的性能。近年来,基于量化控制的切换系统已经受到越来越多的关注。Liberzon[144]提出了一种有效的解码和量化控制策略,设计了时间依赖型切换系统的采样数据量化反馈控制器,结果被进一步推广到状态依赖型切换系统的镇定设计中[145]。利用扇形界量化方法,文献[146]研究了具有时变外部扰动的离散时延切换系统的有限时间 H_∞ 量化控制问题。文献[147]利用静态量化策略研究了一类半Markov跳变系统的量化控制设计问题,所得结果在认知无线电系统中具有潜在的应用价值。为了使得问题的分析更加简便,以上文献的结论均假设系统采样、系统切换和控制器切换同步发生,正如第4章所述,这种假设在实际系统中很难满足。因此,在考虑量化控制问题时,这种苛刻的假设条件显然也是不切实际的。针对系统采样、系统切换和控制器切换时间不同步的量化反馈控制问题的研究更具有实际意义。

目前,采样数据切换系统的有限时间量化反馈异步控制问题尚未得到解决。采样、量化以及异步切换自身的特性以及三者之间时序的交错为系统的分析和控制器设计带来了新的难题。本章研究的主要内容有三个方面:①具有量化特性的采样数据切换系统的有限时间稳定性;②系统的有效镇定方法;③系统在采样、量化状态反馈和异步切换下的动力学特性。为了解决由量化引起的饱和现象,即信号超出量化器的有效量化范围,在有限时间区域上将量化误差限制在特定范围,本章借鉴了Liberzon在文献[142]中提出的量化器参数随时间变化的动态量化策略。针对所研究的主要内容,本章提出了切换系统在采样数据量化反馈下的有限时间稳定性条件。当系统采样、系统切换和控制器切换时刻不一致时,在有限时间稳定意义下研究了量化控制问题。所得结果表明了对于非切换系统,动态量化反馈控制策略在每一个离散采样时刻需要改变其量化器参数值,而对于切换系统来说,为了确保系统有限时间稳定,量化器参数值需要在每个切换时刻不断被调整。当考虑异步切换时,量化器参数值需要在控制器的切换时刻和系统的切换时刻实时调整。

5.2 问题描述与预备知识

本节对切换系统基于量化反馈的异步控制模型进行了描述,采用动态量化技术得到系统闭环形式,引入切换系统有限时间量化反馈异步控制的相关概念,并给出了实现量化反馈控制所需的引理。

5.2.1 切换系统量化反馈控制模型

考虑切换系统

$$\dot{x}(t) = A_{\sigma(t)}x(t) + B_{\sigma(t)}u(t) \tag{5-1}$$

其中 $x(t) \in R^n$ 是系统状态;$u(t) \in R^p$ 是控制输入;$\sigma(t):[0,\infty) \to \underline{N} = \{1,2,\cdots,N\}$ 是系统切换信号,它是依赖时间 t 的分段常值函数;N 是有限的正整数,代表子系统数量;$S = \{(t_0', \sigma(t_0')), (t_1', \sigma(t_1')), \cdots, (t_k', \sigma(t_k')), \cdots | k \in Z^+\}$ 是系统的切换序列,其中 $t_0' = 0$ 是系统初始切换时刻,t_k' 是第 k 个切换时刻;$A_i \in R^{n \times n}, B_i \in R^{n \times p}$,$\forall i \in \underline{N}$ 是具有适当维数的实数矩阵。

控制器的切换信号为 $\sigma'(t)$,其定义与前几章类似。假定量化器是一个分段常值函数的映射 $q:R^n \to Q$,其中 Q 是 R^n 上的有限子集。在几何上可解释为 R^n 被分割为一系列的量化区域 $\{x \in R^n : q(x) = x_i\}, (x_i \in Q)$。对于量化器 q,存在实数 M 和 δ,$M > \delta > 0$,使得条件

$$|x| \leq M \Rightarrow |q(x) - x| \leq \delta \tag{5-2}$$

$$|x| > M \Rightarrow |q(x)| > M - \delta \tag{5-3}$$

成立。条件(5-2)给出了在量化器没有出现饱和现象时,量化误差的界;条件(5-3)提供了一种检测量化器饱和的方法。M 和 δ 分别表示量化器的量化范围和量化误差界。

与系统状态有关的参数可调的量化器形式可表示为

$$q_\mu(x) = \mu q\left(\frac{x}{\mu}\right), \quad \mu > 0 \tag{5-4}$$

其中 μ 是可调参数,可将它看作一个缩放变量,可以随系统演化时间和状态不断变化,在每一个时刻 t,状态的量化值 $q_{\mu(t)}(x(t))$ 是被测状态反馈到控制器输入端的数据信息。通过改变 μ 的值获得系统状态 x 的精确值。关于此类动态量化器更多的探讨可参见文献[142,148,149]。

说明5.1 在文献[142]中,为了确保量化误差渐近收敛到零,给出了在原点附近量化值 $q(x) = 0$ 的假设。具体表述为:存在正数 $\delta_0 > 0$,使得对所有的 $|x| \leq \delta_0$,都有 $q(x) = 0$。本章考虑有限时间量化反馈控制问题,这与量化误差的

渐近收敛性没有关联,所以并不需要在原点附近限制量化误差的范围,这一点与渐近量化器有所区别。

对于量化控制,系统状态 x 的量化测量值 $q_\mu(x)$ 是可取的。此时状态反馈控制律 $u(t) = K_{\sigma'(t)} x(t)$ 中的状态 x 实际上是由 $q_\mu(x)$ 来实施的,量化反馈控制律为

$$u(t) = K_{\sigma'(t)} q_{\mu(t)}(x(t)) \tag{5-5}$$

将式(5-5)代入式(5-1),闭环系统变为

$$\dot{x}(t) = A_{\sigma(t)} x(t) + B_{\sigma(t)} K_{\sigma'(t)} q_{\mu(t)}(x(t)) \tag{5-6}$$

基于式(5-4),可得

$$\dot{x}(t) = (A_{\sigma(t)} + B_{\sigma(t)} K_{\sigma'(t)}) x(t) + B_{\sigma(t)} K_{\sigma'(t)} \mu(t) \left[q\left(\frac{x(t)}{\mu(t)}\right) - \frac{x(t)}{\mu(t)} \right] \tag{5-7}$$

其中 $q\left(\frac{x(t)}{\mu(t)}\right) - \frac{x(t)}{\mu(t)}$ 表示量化误差。

控制器切换信号与第4章表述一致,即

$$\sigma'(t): \{(t'_0 + \Delta_0, \sigma(t'_0)), (t'_1 + \Delta_1, \sigma(t'_1)), \cdots, (t'_k + \Delta_k, \sigma(t'_k)), \cdots\}$$

具有采样数据反馈的切换系统在系统采样、系统切换和控制器切换时刻均不一致的条件下时间序列见第4章中的图4-2。

5.2.2 相关概念与引理

下面将介绍切换系统有限时间量化反馈异步控制的相关概念。

定义 5.1 给定正常数 $c_1, c_2, T_f, c_1 < c_2$,和切换信号 $\sigma(t)$,对于切换系统

$$\dot{x}(t) = f_{\sigma(t)}(x(t), u(t)) \tag{5-8}$$

其中 $f_i(\cdot,\cdot): R^n \times R^p \to R^n, \forall i \in \underline{N}$ 是非线性连续函数,如果存在状态反馈控制器

$$u(t) = k_{\sigma'(t)}(q_{\mu(t)}(x(t))) \tag{5-9}$$

其中 $k_j(\cdot): R^n \to R^p, \forall j \in \underline{N}, j \neq i$ 是非线性连续函数,$\sigma'(t)$ 是控制器切换信号,$\mu(t)$ 是量化参数,使得闭环系统状态满足 $\|x(0)\| \leq c_1 \Rightarrow \|x(t)\| < c_2, \forall t \in [0, T_f]$,则称系统(5-8)关于 $(c_1, c_2, T_f, \sigma(t), \sigma'(t), \mu(t))$ 是有限时间量化反馈异步切换可镇定的。

说明 5.2 注意到式(5-1)是系统(5-8)的线性形式,相应的有限时间量化反馈控制器变为 $u(t) = K_{\sigma'(t)}(q_{\mu(t)}(x(t)))$,其中 $K_{\sigma'(t)}$ 是状态反馈增益矩阵。可以看出,有限时间状态反馈切换控制器依赖于量化状态 $q_{\mu(t)}(x(t))$,使得闭环系统不仅包含连续状态,也包含离散的量化状态。

综上所述,问题的实质是对于给定的切换系统(5-1),找到具有式(5-5)形式的控制器,使得闭环系统关于 $(c_1, c_2, T_f, \sigma(t), \sigma'(t), \mu(t))$ 是有限时间稳定的。

为了得到控制器的具体形式,首先考虑式(5-7)的非切换形式

$$\dot{x}(t) = (A+BK)x(t) + BK\mu(t)\left[q\left(\frac{x(t)}{\mu(t)}\right) - \frac{x(t)}{\mu(t)}\right] \tag{5-10}$$

不同于文献[145]要求闭环系统达到全局渐近稳定,系统(5-10)的有限时间稳定性可以通过调节缩放参数 μ 来实现。对于固定的 μ,系统(5-10)的行为轨迹可由以下结论来刻画。

引理 5.1 环 $C_1 := \{x : x^T x \leq c_1\}$ 和 $C_2 := \{x : x^T x \leq c_2\}$ 是系统(5-10)的给定状态域,如果存在正常数 $\xi > 0$,正定矩阵 $P > 0$ 和矩阵 K,使得

$$(A+BK)^T P + P(A+BK) \leq \xi P \tag{5-11}$$

且参数 μ, M, c_1, c_2 满足

$$c_1 \leq c_2 \leq \mu M \tag{5-12}$$

$$\lambda_{\max}(P)c_1^2 < \lambda_{\min}(P)c_2^2 \tag{5-13}$$

则当

$$T_f \leq \frac{\lambda_{\min}(P)c_2^2 - \lambda_{\max}(P)c_1^2}{\mu^2 M[\xi\lambda_{\max}(P)M + \Theta\delta]} \tag{5-14}$$

对于初始状态 $x_0 \in C_1$,系统(5-10)的所有轨迹满足 $x(t) \in C_2, \forall t \in [0, T_f]$,其中 $\Theta = 2\|PBK\|$。

证明 对于系统(5-10),构造候选 Lyapunov 函数

$$V(t) = x(t)^T P x(t)$$

$x(t)^T P x(t)$ 沿着系统(5-10)的轨迹关于时间的导数满足

$$\frac{dV}{dt} = x^T[(A+BK)^T P + P(A+BK)]x + 2x^T PBK\mu\left[q\left(\frac{x}{\mu}\right) - \frac{x}{\mu}\right] \tag{5-15}$$

由式(5-2),可得

$$\left|q\left(\frac{x}{\mu}\right) - \frac{x}{\mu}\right| \leq \delta \tag{5-16}$$

如果 $(A+BK)^T P + P(A+BK) \leq \xi P$,则有

$$\frac{dV}{dt} \leq \xi\lambda_{\max}(P)\|x\|^2 + 2\|x\|\|PBK\|\delta\mu \tag{5-17}$$

记 $\Theta = 2\|PBK\|$,并注意到 $\left|\frac{x}{\mu}\right| \leq M$,有

$$\frac{dV}{dt} \leq \|x\|[\xi\lambda_{\max}(P)\|x\| + \Theta\delta\mu] \leq \mu M[\xi\lambda_{\max}(P)\mu M + \Theta\delta\mu] = \mu^2 M[\xi\lambda_{\max}(P)M + \Theta\delta] \tag{5-18}$$

对式(5-18)两边积分,可得

$$\int_0^t dV \leq \int_0^t \mu^2 M(\xi\lambda_{\max}(P)M + \Theta\delta) dt \tag{5-19}$$

当 $t \in [0, T_f]$,$\|x_0\| \leq c_1 \leq \mu M$ 时,有

$$x^T P x \leq x_0^T P x_0 + \mu^2 M[\xi\lambda_{\max}(P)M + \Theta\delta]t \leq x_0^T P x_0 + \mu^2 M[\xi\lambda_{\max}(P)M + \Theta\delta]T_f$$

第5章 切换系统有限时间量化反馈异步控制及在Boost变换器中的应用

$$\leq \lambda_{\max}(P)\|x_0\|^2 + \mu^2 M[\xi\lambda_{\max}(P)M + \Theta\delta]T_f$$
$$\leq \lambda_{\max}(P)c_1^2 + \mu^2 M[\xi\lambda_{\max}(P)M + \Theta\delta]T_f \tag{5-20}$$

令 $\lambda_{\max}(P)c_1^2 + \mu^2 M[\xi\lambda_{\max}(P)M + \Theta\delta]T_f \leq \lambda_{\min}(P)c_2^2$，则有

$$\|x\| \leq c_2 \tag{5-21}$$

由此可得

$$T_f \leq \frac{\lambda_{\min}(P)c_2^2 - \lambda_{\max}(P)c_1^2}{\mu^2 M[\xi\lambda_{\max}(P)M + \Theta\delta]} \tag{5-22}$$

因此 $\|x_0\| \leq c_1 \Rightarrow \|x(t)\| \leq c_2, \forall t \in [0, T_f]$。定理证毕。

说明 5.3 $c_1 \leq c_2 \leq \mu M$ 表明 $\forall t \in [0, T_f]$，系统状态不是饱和的，即没有超过量化范围；当 $\mu M \leq c_1 \leq c_2$ 或 $c_1 \leq \mu M \leq c_2$，表明系统状态有可能超出了量化范围，出现了饱和。首先需要调整缩放变量 μ，使得状态 x 处于量化范围边界之内，μ 的调整方法将由引理 5.2 给出。

说明 5.4 正如某些文献中指出状态 x 的量化测量值 $q_\mu(x)$ 可能在量化区域边界上发生振颤，从而影响到系统的渐近稳定性。然而，这种现象并不影响系统的有限时间稳定性，因为有限时间稳定性只关注于状态轨迹在有限时间内的行为特性，而不是当 $t \to +\infty$ 时的渐近收敛性。切换系统状态空间解的基于 Lyapunov 函数的分析方法将展示在下一节的分析过程中。

●●●● 5.3 有限时间量化反馈切换控制设计 ●●●●

本节讨论了切换系统有限时间量化反馈控制设计，从非切换的情形推广到切换情形，当不考虑控制器与系统之间的异步切换特性时，给出了系统的镇定方法。

5.3.1 非切换条件下的有限时间量化反馈

引理 5.1 展示了切换系统中的每个独立子系统模式下的状态轨迹演化行为特性，并考虑到了固定的缩放参数 μ。在本小节中，将探讨一种 μ 值在离散时间点上更新的量化反馈控制策略。

首先考虑非切换的情形。当 $c_1 \leq c_2 \leq \mu M$ 时，显然系统的有限时间稳定性能够通过引理 5.1 来获得，并且无须调整参数 μ。考虑 $\mu M \leq c_1 \leq c_2$ 和 $c_1 \leq \mu M \leq c_2$ 的情形，此时系统状态有可能超出量化范围的容许界。因此，一个自然的想法是，调整参数 μ 使得状态 x 被限制在相应的范围内。受文献[142]的启发，μ 值的调整发生在离散时间点上。此处，利用一种开环缩小策略更新 μ 值，从而扩大量化区域的范围，使得状态都被包含进这个范围之内。文献[142]为动态量化器做了一个形象的比喻，动态量化器如同一个具有可变焦距的相机，量化可调参数 μ_k 相当于相机焦距的倒数，系统状态为固定的像素。μ_k 的放大或缩小相当于相机镜头的变焦，即相机镜头的推近或拉远。缩小策略对应于焦距变小的过程。

引理5.2 环 $C_1 := \{x : x^T x \leq c_1\}$ 和 $C_2 := \{x : x^T x \leq c_2\}$ 是系统(5-10)的给定状态域，如果存在正常数 $\xi > 0$，正定矩阵 $P > 0$ 和矩阵 K，使得

$$(A+BK)^T P + P(A+BK) \leq \xi P \tag{5-23}$$

且参数 $\mu(0), M, c_1, c_2$ 满足

$$\mu(0) M \leq c_1 \leq c_2 \text{ 或 } c_1 \leq \mu(0) M \leq c_2 \tag{5-24}$$

$$\lambda_{\max}(P)[ac_1 + (1-a)c_2]^2 < \lambda_{\min}(P) c_2^2, a \in (0,1) \tag{5-25}$$

采样周期设计为

$$\tau \leq \frac{\ln[ac_1 + (1-a)c_2] - \ln c_1}{\|A\|} \tag{5-26}$$

时变参数 $\mu(t)$ 具有形式

$$\mu(t) = \begin{cases} \mu(0), & t \in [0, \tau) \\ \mu_k := \dfrac{c_2}{M} e^{(k-1)\tau}, & t \in [k\tau, (k+1)\tau), k = 1, 2, \cdots \end{cases} \tag{5-27}$$

其中 k 是在 $[\tau, t)$ 内系统采样次数的总和，且控制律具有形式

$$u(t) = \begin{cases} 0, & t \in [0, \tau) \\ K q_{\mu(t)}(x(t)), & t \in [\tau, T_f] \end{cases} \tag{5-28}$$

则当

$$T_f \leq \tau + \frac{\lambda_{\min}(P) c_2^2 - \lambda_{\max}(P)[ac_1 + (1-a)c_2]^2}{c_2^2 \left[\xi \lambda_{\max}(P) + \dfrac{\delta}{M}\Theta\right]} \tag{5-29}$$

对于初始状态 $x_0 \in C_1$，系统(5-10)的所有轨迹满足 $x(t) \in C_2, \forall t \in [0, T_f]$，其中 $\Theta = 2\|PBK\|$。

证明 由式(5-24)可知，系统状态可能出现饱和现象，因此更新 $\mu(t)$ 值的基本策略是使得系统状态被包含在量化测量范围之内。

当 $0 \leq t < \tau$ 时，由式(5-28)可知，控制量 $u(t)$ 等于零，此类情形相当于开环控制，即控制器在系统中不发生作用。此时，系统的动态解为

$$x(t) = e^{At} x_0$$

因为 $x_0 \in C_1$，由式(5-26)可得

$$\|x(t)\| \leq \|e^{At}\| \|x_0\| \leq e^{\|A\|t} c_1 < e^{\|A\|\tau} c_1 \leq ac_1 + (1-a)c_2$$

则 $\forall t \in [0, \tau)$，有 $\|x(t)\| < ac_1 + (1-a)c_2$，且对于 $t \in [0, \tau)$ 缩放参数 $\mu(t)$ 等于 $\mu(0)$。

当 $t \geq \tau$ 时，由式(5-28)可知，闭环控制律形式为 $u(t) = K q_{\mu(t)}(x(t))$，以如下的方式调整 $\mu(t)$：$\mu(t) = \dfrac{c_2}{M} e^{(k-1)\tau}, t \in [k\tau, (k+1)\tau), k = 1, 2, \cdots$。由此可得，$c_2 \leq \mu(t) M, t \in [\tau, T_f]$。在时间间隔 $[\tau, T_f]$ 内，由于 $\|x(\tau)\| < ac_1 + (1-a)c_2$，基于引理5.1可得

第5章 切换系统有限时间量化反馈异步控制及在Boost变换器中的应用

$$T_f \leqslant \tau + \frac{\lambda_{\min}(P)c_2^2 - \lambda_{\max}(P)[ac_1+(1-a)c_2]^2}{\mu(t)^2 M[\xi\lambda_{\max}(P)M+\delta\Theta]}$$

$$\leqslant \tau + \frac{\lambda_{\min}(P)c_2^2 - \lambda_{\max}(P)[ac_1+(1-a)c_2]^2}{c_2^2\left[\xi\lambda_{\max}(P)+\dfrac{\delta}{M}\Theta\right]}$$

因此 $\forall t \in [\tau, T_f], \|x(\tau)\| \leqslant ac_1 + (1-a)c_2 \Rightarrow \|x(t)\| \leqslant c_2$。综合 $0 \leqslant t < \tau$ 和 $t \geqslant \tau$ 两类情形可得 $\forall t \in [0, T_f], \|x_0\| \leqslant c_1 \Rightarrow \|x(t)\| \leqslant c_2$。定理证毕。

说明 5.5 不同于文献[142]中在离散时间点上协调采用放大和缩小 $\mu(t)$ 值策略确保系统渐近稳定,有限时间稳定只需适当增大 $\mu(t)$ 值使得系统状态在每个采样时刻都能脱离量化饱和区域,量化序列如图5-2所示。在 $[0,\tau)$ 内,实施开环缩小策略;在 $[\tau,2\tau),[2\tau,3\tau),\cdots$ 内,$\mu(t)$ 以分段常值形式增大使得系统状态位于非量化饱和区,则基于引理5.1,量化反馈系统在初始状态位于量化饱和区域内是有限时间稳定的。在Lyapunov稳定的意义下,主要关注在动态系统平衡点 $x=0$ 处的渐近收敛特性,因此需要实施缩小策略来增大 $\mu(t)$ 值获得更高的量化精度,从而减小量化误差达到系统的渐近收敛性。而对于有限时间稳定性,一旦缩小过程实施完毕,量化区域被足够扩大包含所有的系统状态,下一步则是利用控制律 $u(t) = Kq_{\mu(t)}(x(t))$ 反馈到系统输入端镇定系统。

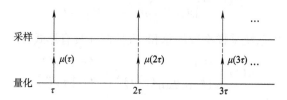

图5-2 非切换采样系统量化时间序列

说明 5.6 随着 ξ 值的增大,系统不能够被满足不等式(5-23)的控制器 $u=Kx$ 渐近镇定,因此满足不等式(5-23)的控制器将导致系统状态轨迹有一个比较大的上界 c_2,ξ 值越大,状态发散得越快。式(5-29)给出了有限时间 T_f 的上界,对于给定的 c_2,$\|x\| \leqslant c_2$ 在 $[0,T_f]$ 上始终成立。另一方面,由式(5-29)可以看出,随着 c_2 的增大,T_f 的上界也增大。随着系统状态轨迹的演化,$\|x\|$ 将变大,通过设计合适的 c_2 和 T_f,系统是有限时间可控的,设计具有式(5-28)形式的状态反馈镇定控制器可实现系统有限时间稳定。

5.3.2 切换系统的有限时间量化反馈

引理5.2考虑系统非切换的情形,下面将进一步讨论切换情形下的量化反馈控制策略。考虑量化反馈切换系统

$$\dot{x}(t) = (A_{\sigma(t)} + B_{\sigma(t)}K_{\sigma(t)})x(t) + B_{\sigma(t)}K_{\sigma(t)}\mu(t)\left[q\left(\frac{x(t)}{\mu(t)}\right) - \frac{x(t)}{\mu(t)}\right] \quad (5\text{-}30)$$

以下定理给出系统(5-30)的有限时间稳定条件。

定理5.1 环 $C_1 := \{x : x^T x \leq c_1\}$ 和 $C_2 := \{x : x^T x \leq c_2\}$ 是系统(5-30)的给定状态域,如果存在正常数 $\nu > 0, \rho > 1$,正定矩阵 $P_i > 0$ 和矩阵 $K_i, i \in \underline{N}$,使得

$$(A_i + B_i K_i)^T P_i + P_i (A_i + B_i K_i) \leq \nu P_i \tag{5-31}$$

$$P_i < \rho P_j \tag{5-32}$$

且参数 $\mu(0), M, c_1, c_2$ 满足

$$\mu(0) M \leq c_1 \leq c_2 \text{ 或 } c_1 \leq \mu(0) M \leq c_2 \tag{5-33}$$

采样周期设计为

$$\tau \leq \frac{\ln[ac_1 + (1-a)c_2] - \ln c_1}{\max_{i \in \underline{N}} \|A_i\|}, \quad a \in (0,1) \tag{5-34}$$

且有

$$\kappa_2 [ac_1 + (1-a)c_2]^2 + c_2^2 \left(\nu \kappa_2 + \frac{\delta}{M}\Theta\right)(T_f - \tau) < \kappa_1 c_2^2 \tag{5-35}$$

其中 $\Theta = 2\max_{i \in \underline{N}} \|P_i B_i K_i\|$,$\kappa_1 = \min_{i \in \underline{N}} \lambda_{\min}(P_i)$,$\kappa_2 = \max_{i \in \underline{N}} \lambda_{\max}(P_i)$,时变参数 $\mu(t)$ 具有形式

$$\mu(t) = \begin{cases} \mu(0), & t \in [0, \tau) \\ \mu_k := \dfrac{c_2}{M}\rho^{k/2}, & t \in [\tau, T_f] \end{cases} \tag{5-36}$$

其中 k 是在 $[\tau, t)$ 内系统采样次数的总和,且控制律具有形式

$$u(t) = \begin{cases} 0, & t \in [0, \tau) \\ K_{\sigma(t)} q_{\mu(t)}(x(t)), & t \in [\tau, T_f] \end{cases} \tag{5-37}$$

系统平均驻留时间满足

$$\tau_a \geq \frac{(T_f - \tau) \ln \rho}{\ln(\kappa_1 c_2^2) - \ln\left\{\kappa_2 [ac_1 + (1-a)c_2]^2 + c_2^2 \left(\nu \kappa_2 + \dfrac{\delta}{M}\Theta\right)(T_f - \tau)\right\}} \tag{5-38}$$

对于初始状态 $x_0 \in C_1$,系统(5-30)的所有轨迹满足 $x(t) \in C_2, \forall t \in [0, T_f]$。

证明 式(5-33)表明系统状态可能达到量化饱和值,因此需要调整 $\mu(t)$ 改变量化测量范围。当 $0 \leq t < \tau$ 时,系统在一个采样周期内发生 n 次切换,其时间序列如图5-3所示。

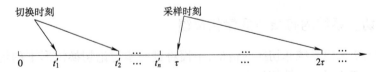

图5-3 切换时刻位于一个采样周期 $(0, \tau)$ 内的系统切换和采样时间序列

此时开环系统动态解为

$$x(t) = e^{A_{\sigma(t'_k)}(t-t'_k)} x(t'_k), \quad k=0,1,\cdots,n \quad (5-39)$$

由式(5-39)可得

$$\begin{cases} x(t) = e^{A_{\sigma(0)}t} x_0, & 0 \leq t < t'_1 \\ x(t) = e^{A_{\sigma(t'_1)}(t-t'_1)} x(t'_1), & t'_1 \leq t < t'_2 \\ \vdots \\ x(t) = e^{A_{\sigma(t'_n)}(t-t'_n)} x(t'_n), & t'_n \leq t < \tau \end{cases} \quad (5-40)$$

基于式(5-40),当 $t'_1 \leq t < t'_2$ 时,有

$$\|x(t)\| = \|e^{A_{\sigma(t'_1)}(t-t'_1)} x(t'_1)\| = \|e^{A_{\sigma(t'_1)}(t-t'_1)} e^{A_{\sigma(0)}t'_1} x_0\| \leq \|e^{A_{\sigma(t'_1)}(t-t'_1)} e^{A_{\sigma(0)}t'_1}\| \|x_0\|$$
$$\leq e^{\|A_{\sigma(t'_1)}\|(t-t'_1)} e^{\|A_{\sigma(0)}\|t'_1} \|x_0\| \leq e^{\max\{\|A_{\sigma(t'_1)}\|, \|A_{\sigma(0)}\|\}t} \|x_0\| \quad (5-41)$$

同理

$$\|x(t)\| \leq e^{\max\{\|A_{\sigma(0)}\|, \|A_{\sigma(t'_1)}\|, \cdots, \|A_{\sigma(t'_n)}\|\}t} \|x_0\|, \quad t'_n \leq t < \tau \quad (5-42)$$

依此类推,当 $0 \leq t < \tau$ 时

$$\|x(t)\| \leq e^{\max_{i \in \underline{N}} \|A_i\| t} \|x_0\| \quad (5-43)$$

综合式(5-34)和式(5-43),当 $x_0 \in C_1$ 时

$$\|x(t)\| \leq e^{\max_{i \in \underline{N}} \|A_i\| \tau} \|x_0\| \leq ac_1 + (1-a)c_2 \quad (5-44)$$

因此 $\forall t \in [0,\tau)$,都有 $\|x(t)\| < ac_1 + (1-a)c_2$。对于 $t \in [0,\tau)$,缩放参数 $\mu(t)$ 等于 $\mu(0)$。

当 $\tau \leq t < 2\tau$ 时,由式(5-37)可知控制律为 $u(t) = K_{\sigma(t)} q_{\mu(t)}(x(t))$,系统采样和切换的时间序列如图5-4所示,以如下的方式增大 $\mu(t)$

$$\mu(t) = \frac{c_2}{M} \rho^{k/2}, t \in [t'_k, t'_{k+1}) \setminus \{[t'_0, \tau) \cup [2\tau, t'_{k+1})\}, k = 0,1,2,\cdots$$

由该缩放策略有 $c_2 \leq \mu(t) M, t \in [\tau, T_f]$。

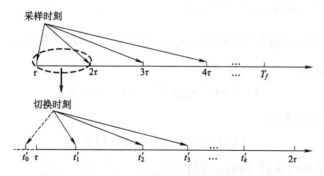

图5-4 当 $t \in [\tau, T_f]$ 时系统切换和采样时间序列

由图5-4可知,$\tau < t'_1 < t'_2 < \cdots < t'_k \leq 2\tau$ 是在采样间隔 $[\tau, 2\tau]$ 上的切换时刻,t'_0 是位于时刻 τ 之前的切换时刻,构造候选的类 Lyapunov 函数

$$V_{\sigma(t)}(t) = x(t)^T P_{\sigma(t)} x(t)$$

在时间段 $t \in [t'_k, 2\tau]$ 内,令 $\xi' = \nu\kappa_2$, $\Theta_k = \|P_k B_k K_k\|$,并记 $\zeta_k = \xi'M + \Theta_k \delta$,由式(5-20)和式(5-32),可得

$$\begin{aligned}
V_{\sigma(t'_k)}(t) &\leq V_{\sigma(t'_k)}(t'_k) + \mu_k^2 M \zeta_k (t - t'_k) \leq \rho V_{\sigma(t'_{k-1})}(t'^-_k) + \mu_k^2 M \zeta_k (t - t'_k) \\
&\leq \rho[V_{\sigma(t'_{k-1})}(t'_{k-1}) + \mu_{k-1}^2 M \zeta_{k-1}(t'_k - t'_{k-1})] + \mu_k^2 M \zeta_k (t - t'_k) \\
&\leq \rho[\rho V_{\sigma(t'_{k-2})}(t'^-_{k-1}) + \mu_{k-1}^2 M \zeta_{k-1}(t'_k - t'_{k-1})] + \mu_k^2 M \zeta_k (t - t'_k) \\
&\leq \rho^2 V_{\sigma(t'_{k-2})}(t'_{k-2}) + \rho^2 \mu_{k-2}^2 M \zeta_{k-2}(t'_{k-1} - t'_{k-2}) + \\
&\quad \rho \mu_{k-1}^2 M \zeta_{k-1}(t'_k - t'_{k-1}) + \mu_k^2 M \zeta_k (t - t'_k) \\
&\cdots \cdots \\
&\leq \rho^k V_{\sigma(t'_0)}(\tau) + \rho^k \mu_0^2 M \zeta_0 (t'_1 - \tau) + \rho^{k-1} \mu_1^2 M \zeta_1 (t'_2 - t'_1) + \\
&\quad \rho^{k-2} \mu_2^2 M \zeta_2 (t'_3 - t'_2) + \cdots + \rho \mu_{k-1}^2 M \zeta_{k-1}(t'_k - t'_{k-1}) + \mu_k^2 M \zeta_k (t - t'_k)
\end{aligned}$$
(5-45)

由式(5-36),有 $\mu_0 = \mu(\tau) = \dfrac{c_2}{M}$, $\mu_1 = \mu(t'_1) = \dfrac{c_2}{M}\rho^{1/2}$, $\mu_2 = \mu(t'_2) = \dfrac{c_2}{M}\rho$, $\cdots$, $\mu_k = \mu(t'_k) = \dfrac{c_2}{M}\rho^{k/2}$。

令 $\Theta = \max\{\Theta_0, \Theta_1, \Theta_2, \cdots, \Theta_k\}$,则由式(5-45)可得

$$V_{\sigma(t'_k)}(t) \leq \rho^k V_{\sigma(t'_0)}(\tau) + \dfrac{c_2^2}{M}\rho^k (\xi'M + \Theta\delta)(t - \tau) \tag{5-46}$$

注意到式(5-46)在 $[\tau, 2\tau]$ 上成立,且在该采样时间段上系统发生了 k 次切换。依此类推,在 $[\tau, T_f]$ 上总的切换次数为 $(T_f - \tau)/\tau_a$,其中 τ_a 是平均驻留时间。令 t'_{k_f} 为时间段 $[\tau, T_f]$ 上的最后一次切换时刻,即 $t'_0 \leq t'_1 \leq t'_2 \leq \cdots \leq t'_k \leq \cdots \leq t'_{k_f} \leq T_f$。定义 $V(t) = V_{\sigma(t)}(t) = x(t)^T P_{\sigma(t)} x(t)$, $t \in [t'_k, t'_{k+1}]$, $k = 0, 1, \cdots, k_f - 1$,则式(5-46)可以推广到 $[\tau, T_f]$ 上,可得 $\forall t \in [\tau, T_f]$,有

$$V(t) \leq \rho^{(T_f - \tau)/\tau_a} V(\tau) + \dfrac{c_2^2}{M}\rho^{(T_f - \tau)/\tau_a}(\xi'M + \Theta\delta)(T_f - \tau) \tag{5-47}$$

由 $V(t)$ 的定义,有

$$V(t) \geq \min_{i \in \underline{N}} \lambda_{\min}(P_i) \|x(t)\|^2, i \in \underline{N} \tag{5-48}$$

另一方面,对于 $i \in \underline{N}$,有

$$V(\tau) \leq \max_{i \in \underline{N}} \lambda_{\max}(P_i) \|x(\tau)\|^2 \tag{5-49}$$

注意到 $\|x(\tau)\| < ac_1 + (1-a)c_2$,可得

$$V(\tau) \leq \max_{i \in \underline{N}} \lambda_{\max}(P_i) [ac_1 + (1-a)c_2]^2 \tag{5-50}$$

综合式(5-47)~式(5-50),可得

$$\min_{i \in \underline{N}} \lambda_{\min}(P_i) \|x(t)\|^2 \leq \rho^{(T_f - \tau)/\tau_a} \max_{i \in \underline{N}} \lambda_{\max}(P_i) [ac_1 + (1-a)c_2]^2 +$$

$$\frac{c_2^2}{M}\rho^{(T_f-\tau)/\tau_a}(\xi' M+\Theta\delta)(T_f-\tau) \tag{5-51}$$

由式(5-38),可得

$$\rho^{(T_f-\tau)/\tau_a}\max_{i\in\underline{N}}\lambda_{\max}(P_i)[ac_1+(1-a)c_2]^2+\frac{c_2^2}{M}\rho^{(T_f-\tau)/\tau_a}(\xi' M+\Theta\delta)(T_f-\tau)\leqslant\min_{i\in\underline{N}}\lambda_{\min}(P_i)c_2^2 \tag{5-52}$$

基于式(5-51)和式(5-52),有$\|x(t)\|\leqslant c_2,\forall t\in[\tau,T_f]$。综合$0\leqslant t<\tau$和$\tau\leqslant t\leqslant T_f$两种情况,可得$\forall t\in[0,T_f],\|x_0\|\leqslant c_1\Rightarrow\|x(t)\|\leqslant c_2$。定理证毕。

说明 5.7 在第一个采样周期$[0,\tau)$内,由定理证明过程可以看出,采样周期约束(5-34)使得系统状态的2-范数小于$ac_1+(1-a)c_2$。在该时间段内,没有对系统切换作任何要求。然而,从第二个采样时间点τ到有限时间稳定的最终时刻T_f,切换系统的平均驻留时间存在下界约束条件。

说明 5.8 在$[\tau,T_f]$内,利用缩小策略$\mu(t)=\mu_k=\dfrac{c_2}{M}\rho^{k/2}$扩大量化区域,使得系统状态都包括在该区域内。从式(5-36)可知,离散量化参数值μ_k在初始采样时刻和每个切换时刻发生改变,如图5-5所示。

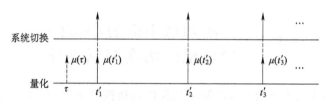

图5-5 切换系统量化时间序列

由定理5.1的证明过程可知采样周期τ不是随意选取的,需要保证在第一个采样周期内系统状态的2-范数不超过$ac_1+(1-a)c_2$,则在$[\tau,T_f]$内,系统在平均驻留时间τ_a下满足$\|x(t)\|\leqslant c_2$。由以上分析可知,在系统镇定设计时,首先设计采样周期,而后基于所设计的采样周期确定平均驻留时间的范围。

说明 5.9 由式(5-31)可知子系统不能够通过状态反馈达到渐近稳定,然而通过设计状态反馈控制器和切换律,系统是有限时间可镇定的。如果系统的切换序列是已知的,即τ_a是确定的常数,由式(5-38)可知随着c_2的变大,T_f的上界也变大。在平均驻留时间已知的条件下,通过确定c_2的值来确定T_f,则在$[0,T_f]$内系统通过控制律(5-37)能够实现有限时间稳定。

说明 5.10 量化反馈控制策略通过在每个切换时刻更新量化参数$\mu(t)$的值来实现。由式(5-37)可知,控制律首先实施开环控制,而后通过缩小策略进行闭环控制。控制律反馈增益可由式(5-31)和式(5-32)获得,在该切换控制律下可确保系统的有限时间稳定性且可以解决系统状态超过量化范围而出现饱和的问题。值得指出的是,当系统状态没有超过量化范围时,即 $c_1 \leqslant c_2 \leqslant \mu(0)M$,并不需要实时调整量化器参数而只需将其固定在 $\mu = \mu(0)$ 即可实现系统的镇定,下面给出当量化参数固定时,不依赖于采样周期的系统镇定设计方法。

推论 5.1 环 $C_1 := \{x: x^T x \leqslant c_1\}$ 和 $C_2 := \{x: x^T x \leqslant c_2\}$ 是系统(5-30)的给定状态域,如果存在正常数 $\nu > 0, \rho > 1$,正定矩阵 $P_i > 0$ 和矩阵 $K_i, i \in \underline{N}$,使得

$$(A_i + B_i K_i)^T P_i + P_i(A_i + B_i K_i) \leqslant \nu P_i$$
$$P_i < \rho P_j$$

且参数 $\mu(0), M, c_1, c_2$ 满足

$$c_1 \leqslant c_2 \leqslant \mu(0)M$$
$$\kappa_2 c_1^2 + \mu(0)^2 M(\nu \kappa_2 M + \delta\Theta)T_f < \kappa_1 c_2^2$$

控制器具有形式

$$u(t) = K_{\sigma(t)} q_{\mu(0)}(x(t))$$

且平均驻留时间满足

$$\tau_a \geqslant \frac{T_f \ln \rho}{\ln(\kappa_1 c_2^2) - \ln[\kappa_2 c_1^2 + \mu(0)^2 M(\nu \kappa_2 M + \delta\Theta)T_f]}$$

则对于初始状态 $x_0 \in C_1$,式(5-30)的所有轨迹满足 $x(t) \in C_2, \forall t \in [0, T_f]$。

5.4 异步切换下的有限时间量化反馈切换控制设计

本节对异步切换下的有限时间量化反馈切换控制律进行了研究,提出了系统量化反馈控制律存在的充分条件,并给出了异步切换镇定的设计方法。

5.4.1 量化反馈异步切换控制器的设计方法

基于定理 5.1,本节将针对系统(5-1)设计有限时间量化反馈异步控制器。图 5-6 给出了具有量化特性的系统采样、系统切换和控制器切换的时间序列。

说明 5.11 图 5-6 给出了当 $2\tau \in [t_k' + \Delta_k, t_{k+1}')$ 时,具有量化特性的系统采样、切换和控制器异步切换的时序图。根据采样时间和切换时间所处的不同时间位置,可将其分为以下两类情况:

$$\begin{cases} (a) \ 2\tau \in [t_k' + \Delta_k, t_{k+1}') \\ (b) \ 2\tau \in [t_k', t_k' + \Delta_k) \end{cases} \tag{5-53}$$

$[t_k' + \Delta_k, t_{k+1}')$ 和 $[t_k', t_k' + \Delta_k)$ 分别表示第 k 次切换时的匹配切换时间段和不匹配切换时间段。

对于切换闭环系统(5-7),以下定理给出了量化反馈异步切换控制律存在的充分条件。

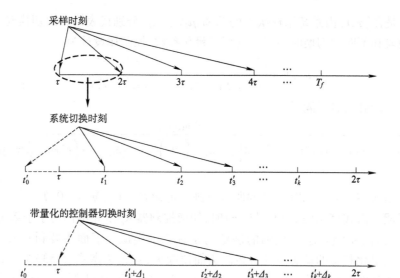

图 5-6 系统采样、系统切换和控制器切换的时间序列

定理 5.2 环 $C_1 := \{x : x^T x \leq c_1\}$ 和 $C_2 := \{x : x^T x \leq c_2\}$ 是系统(5-7)的给定状态域，如果存在正常数 $\nu^+, \nu^- > 0, \rho_1, \rho_2 > 1$，正定矩阵 $P_i, P_{ij} > 0$ 和矩阵 $K_i, i, j \in \underline{N}$, $i \neq j$，使得

$$(A_i + B_i K_i)^T P_i + P_i (A_i + B_i K_i) \leq \nu^- P_i \quad (5\text{-}54)$$

$$(A_j + B_j K_i)^T P_{ij} + P_{ij} (A_j + B_j K_i) \leq \nu^+ P_{ij} \quad (5\text{-}55)$$

$$P_j < \rho_1 P_{ij}, P_{ij} < \rho_2 P_i \quad (5\text{-}56)$$

且参数 $\mu(0), M, c_1, c_2$ 满足

$$\mu(0) M \leq c_1 \leq c_2 \text{ 或 } c_1 \leq \mu(0) M \leq c_2 \quad (5\text{-}57)$$

采样周期设计为

$$\tau \leq \frac{\ln[a c_1 + (1-a) c_2] - \ln c_1}{\max_{i \in \underline{N}} \|A_i\|}, a \in (0,1) \quad (5\text{-}58)$$

且有

$$\overline{\omega}_2 [a c_1 + (1-a) c_2]^2 + c_2^2 \left[\left(\nu^- \overline{\omega}_2 + \frac{\delta}{M} \Theta^- \right) (T_f - \tau - \Delta_{[\tau, T_f]}) + \left(\nu^+ \overline{\omega}_2 + \frac{\delta}{M} \Theta^+ \right) \Delta_{[\tau, T_f]} \right] < \overline{\omega}_1 c_2^2 \quad (5\text{-}59)$$

其中 $\Theta^+ = 2 \max_{i,j \in \underline{N}, i \neq j} \{\|P_{ij} B_j K_i\|\}, \Theta^- = 2 \max_{i \in \underline{N}} \{\|P_i B_i K_i\|\}, \overline{\omega}_1 = \min_{i,j \in \underline{N}, i \neq j} \{\lambda_{\min}(P_i), \lambda_{\min}(P_{ij})\}, \overline{\omega}_2 = \max_{i} \lambda_{\max}(P_i), \Delta_{[\tau, T_f]}$ 表示在时间段 $[\tau, T_f]$ 上的不匹配切换时间段，时变参数 $\mu(t)$ 具有形式

$$\mu(t) = \begin{cases} \mu(0), & t \in [0, \tau) \\ \mu_{k^-} := \frac{c_2}{M} (\rho_1 \rho_2)^{k/2} \text{ 和 } \mu_{k^-}/\mu_{k^+} := \rho_1^{1/2}, & t \in [\tau, T_f] \end{cases} \quad (5\text{-}60)$$

其中 k 是在 $[\tau,t)$ 内系统采样次数的总和，μ_{k-} 和 μ_{k+} 分别代表第 k 次切换时匹配切换时间段和不匹配切换时间段内的可调量化参数，控制律设计为

$$u(t)=\begin{cases}0, & t\in[0,\tau)\\ K_{\sigma'(t)}q_{\mu(t)}(x(t)), & t\in[\tau,T_f]\end{cases} \quad (5\text{-}61)$$

且系统平均驻留时间满足

$$\tau_a \geqslant \frac{(T_f-\tau)\ln(\rho_1\rho_2)}{\ln\{\bar{\omega}_1c_2^2\}-\ln\{\bar{\omega}_2[ac_1+(1-a)c_2]^2+c_2^2\big[\big(\nu^-\bar{\omega}_2+\frac{\delta}{M}\Theta^-\big)(T_f-\tau-\Delta_{[\tau,T_f]})+\big(\nu^+\bar{\omega}_2+\frac{\delta}{M}\Theta^+\big)\Delta_{[\tau,T_f]}\big]\}}$$

(5-62)

对于初始状态 $x_0\in C_1$，式(5-7)的所有轨迹满足 $x(t)\in C_2$，$\forall t\in[0,T_f]$。

证明 由式(5-61)，当 $t\in[0,\tau)$ 时，切换控制器 $K_{\sigma'(t)}$ 并不作用于子系统，此时相当于开环，系统状态 x 范围的确定与定理 5.1 类似。下面主要讨论在时间段 $[\tau,T_f]$ 内量化状态的动态特性分析。为简便起见，首先考虑式(5-53)的情况(a)，其时序图如图 5-6 所示。令 $\tau\leqslant t_1'<t_2'<\cdots<t_k'<2\tau$ 表示时间段 $[\tau,2\tau]$ 上的切换时刻。由异步切换时序图可知，当在时刻 t_k' 第 i 个子系统切换到第 j 个子系统时，有 $\sigma(t)=i,t\in[t_{k-1}',t_k')$，$\sigma(t)=j,t\in[t_k',t_{k+1}')$，则控制器切换可表示为 $\sigma'(t)=i$，$t\in[t_{k-1}'+\Delta_{k-1},t_k'+\Delta_k)$，$\sigma'(t)=j,t\in[t_k'+\Delta_k,t_{k+1}'+\Delta_{k+1})$。选择分段类 Lyapunov 函数

$$V(t)=\begin{cases}x^T P_j x, & \forall t\in[t_k'+\Delta_k,t_{k+1}')\setminus[t_0',\tau),k=0,1,\cdots,N_\sigma(\tau,2\tau)\\ x^T P_{ij}x, & \forall t\in[t_k',t_k'+\Delta_k),k=1,2,\cdots,N_\sigma(\tau,2\tau)\end{cases}$$

(5-63)

令 $\xi^+=\nu^+\bar{\omega}_2,\xi^-=\nu^-\bar{\omega}_2$，由式(5-20)可得

$$V(t)\leqslant\begin{cases}V_j(t_k'+\Delta_k)+\mu_{k-}^2 M(\xi^- M+\Theta_{k-}\delta)(t-t_k'-\Delta_k),\\ \quad\forall t\in[t_k'+\Delta_k,t_{k+1}')\setminus[t_0',\tau),k=0,1,\cdots,N_\sigma(\tau,2\tau)\\ V_{ij}(t_k')+\mu_{k+}^2 M(\xi^+ M+\Theta_{k+}\delta)\Delta_k,\\ \quad\forall t\in[t_k',t_k'+\Delta_k),k=1,2,\cdots,N_\sigma(\tau,2\tau)\end{cases} \quad (5\text{-}64)$$

其中 $\Theta_{k-}=\|P_j B_j K_j\|$，$\Theta_{k+}=\|P_{ij}B_j K_i\|$。不难得到

$$V_{\sigma(t_k'+\Delta_k)}(t_k'+\Delta_k)\leqslant\rho_1 V_{\sigma(t_{k-1}')\sigma(t_k')}((t_k'+\Delta_k)^-), V_{\sigma(t_{k-1}')\sigma(t_k')}(t_k')\leqslant\rho_2 V_{\sigma(t_{k-1}'+\Delta_{k-1})}(t_k'^-)$$

(5-65)

由式(5-63)，$V(t)$ 的自变量时间 t 最终落在 $[t_{N_\sigma(\tau,2\tau)}'+\Delta_{N_\sigma(\tau,2\tau)},2\tau)$ 内，记 $\zeta_{k-}=\xi^- M+\Theta_{k-}\delta,\zeta_{k+}=\xi^+ M+\Theta_{k+}\delta$，则由式(5-56)和式(5-64)有

$$V(t)\leqslant V(t_k'+\Delta_k)+\mu_{k-}^2 M\zeta_{k-}(t-t_k'-\Delta_k)$$
$$\leqslant\rho_1[\rho_2 V(t_k'^-)+\mu_{k+}^2 M\zeta_{k+}\Delta_k]+\mu_{k-}^2 M\zeta_{k-}(t-t_k'-\Delta_k)$$
$$\leqslant\rho_1\rho_2[V(t_{k-1}'+\Delta_{k-1})+\mu_{(k-1)-}^2 M\zeta_{(k-1)-}(t_k'-t_{k-1}'-\Delta_{k-1})]+$$
$$\rho_1\mu_{k+}^2 M\zeta_{k+}\Delta_k+\mu_{k-}^2 M\zeta_{k-}(t-t_k'-\Delta_k)$$

$$\leqslant (\rho_1\rho_2)^2 V(t'_{k-1}) + \rho_1\rho_2 \cdot \rho_1\mu_{(k-1)+}^2 M\zeta_{(k-1)+} \Delta_{k-1} +$$
$$\rho_1\rho_2\mu_{(k-1)-}^2 M\zeta_{(k-1)-}(t'_k - t'_{k-1} - \Delta_{k-1}) + \rho_1\mu_{k+}^2 M\zeta_{k+} \Delta_k + \mu_{k-}^2 M\zeta_{k-}(t - t'_k - \Delta_k)$$
……
$$\leqslant (\rho_1\rho_2)^k V(\tau) + (\rho_1\rho_2)^k \mu_{0-}^2 M\zeta_{0-}(t'_1 - \tau) + (\rho_1\rho_2)^{k-1} \cdot \rho_1\mu_{1+}^2 M\zeta_{1+} \Delta_1 +$$
$$(\rho_1\rho_2)^{k-1}\mu_{1-}^2 M\zeta_{1-}(t'_2 - t'_1 - \Delta_1) + \cdots + \rho_1\mu_{k+}^2 M\zeta_{k+} \Delta_k + \mu_{k-}^2 M\zeta_{k-}(t - t'_k - \Delta_k)$$

$$(5\text{-}66)$$

令 $\mu_{k+} = \dfrac{c_2}{M} \dfrac{(\rho_1\rho_2)^{k/2}}{\rho_1^{1/2}}, \mu_{k-} = \dfrac{c_2}{M}(\rho_1\rho_2)^{k/2}$，则有

$$\mu_{0-} = \mu(\tau) = \frac{c_2}{M}, \mu_{1+} = \mu(t'_1) = \frac{c_2}{M}\frac{(\rho_1\rho_2)^{1/2}}{\rho_1^{1/2}}, \mu_{1-} = \mu(t'_1 + \Delta_1) = \frac{c_2}{M}(\rho_1\rho_2)^{1/2}, \cdots,$$

$$\mu_{k+} = \mu(t'_k) = \frac{c_2}{M}\frac{(\rho_1\rho_2)^{k/2}}{\rho_1^{1/2}}, \mu_{k-} = \mu(t'_k + \Delta_k) = \frac{c_2}{M}(\rho_1\rho_2)^{k/2}\text{。}$$

记 $\Theta^- = \max\{\Theta_{0-}, \Theta_{1-}, \cdots, \Theta_{k-}\}$，$\Theta^+ = \max\{\Theta_{1+}, \Theta_{2+}, \cdots, \Theta_{k+}\}$，则由式(5-66)可得

$$V(t) \leqslant (\rho_1\rho_2)^k V(\tau) + \frac{c_2^2}{M}(\rho_1\rho_2)^k \left[(\xi^- M + \Theta^-\delta)(t - \tau - \Delta_{[\tau,2\tau]}) + (\xi^+ M + \Theta^+\delta)\Delta_{[\tau,2\tau]}\right]$$

$$(5\text{-}67)$$

考虑式(5-53)的情况(b)，选取

$$\mu_{k+} = \frac{c_2}{M}\frac{(\rho_1\rho_2)^{k/2}}{\rho_1^{1/2}}, \quad \mu_{k-} = \frac{c_2}{M}(\rho_1\rho_2)^{k/2} \tag{5-68}$$

沿着情况(a)的证明思路可得

$$V(t) \leqslant \frac{1}{\rho_1}(\rho_1\rho_2)^k V(\tau) + \frac{1}{\rho_1} \cdot \frac{c_2^2}{M}(\rho_1\rho_2)^k \left[(\xi^- M + \Theta^-\delta)(t - \tau - \Delta_{[\tau,2\tau]}) + (\xi^+ M + \Theta^+\delta)\Delta_{[\tau,2\tau]}\right]$$

$$(5\text{-}69)$$

其中 $\Theta^- = \max\{\Theta_{0-}, \Theta_{1-}, \cdots, \Theta_{(k-1)-}\}$，$\Theta^+ = \max\{\Theta_{1+}, \Theta_{2+}, \cdots, \Theta_{k+}\}$。综合式(5-67)和式(5-69)，有

$$V(t) \leqslant (\rho_1\rho_2)^k V(\tau) + \frac{c_2^2}{M}(\rho_1\rho_2)^k \left[(\xi^- M + \Theta^-\delta)(t - \tau - \Delta_{[\tau,2\tau]}) + (\xi^+ M + \Theta^+\delta)\Delta_{[\tau,2\tau]}\right]$$

$$(5\text{-}70)$$

式(5-70)对于式(5-53)的情况(a)和(b)均成立，此时可调量化参数可设计为式(5-68)的形式。由平均驻留时间的定义，在时间段$[\tau,2\tau]$内系统总的切换次数为$k = N_\sigma(\tau,2\tau) = \tau/\tau_a$。当时间域扩大到$[\tau,T_f]$，系统总的切换次数为$k = N_\sigma(\tau,T_f) = (T_f-\tau)/\tau_a$，则在时间段$[\tau,T_f]$内有

$$V(t) \leqslant (\rho_1\rho_2)^{(T_f-\tau)/\tau_a} V(\tau) + \frac{c_2^2}{M}(\rho_1\rho_2)^{(T_f-\tau)/\tau_a}$$
$$\left[(\xi^- M + \Theta^-\delta)(T_f - \tau - \Delta_{[\tau,T_f]}) + (\xi^+ M + \Theta^+\delta)\Delta_{[\tau,T_f]}\right] \tag{5-71}$$

基于式(5-63),$\forall i,j \in \underline{N}, i \neq j$ 有

$$V(t) \geqslant \min_{i,j \in \underline{N}, i \neq j} \{\lambda_{\min}(P_i), \lambda_{\min}(P_{ij})\} \|x(t)\|^2 \tag{5-72}$$

另一方面

$$V(\tau) \leqslant \max_{i \in \underline{N}} \lambda_{\max}(P_i) \|x(\tau)\|^2 \tag{5-73}$$

由于

$$\|x(\tau)\| \leqslant ac_1 + (1-a)c_2 \tag{5-74}$$

则有

$$V(\tau) \leqslant \max_{i \in \underline{N}} \lambda_{\max}(P_i)[ac_1 + (1-a)c_2]^2 \tag{5-75}$$

由式(5-71)和式(5-75),关系
$\|x(t)\|^2 < (\rho_1 \rho_2)^{(T_f - \tau)/\tau_a}$

$$\frac{\max_{i \in \underline{N}} \lambda_{\max}(P_i)[ac_1 + (1-a)c_2]^2 + c_2^2 \left[\left(\xi^- + \dfrac{\delta}{M}\Theta^-\right)(T_f - \tau - \Delta_{[\tau, T_f]}) + \left(\xi^+ + \dfrac{\delta}{M}\Theta^+\right)\Delta_{[\tau, T_f]}\right]}{\min_{i,j \in \underline{N}, i \neq j} \{\lambda_{\min}(P_i), \lambda_{\min}(P_{ij})\}}$$

(5-76)

成立,由式(5-62)和式(5-76)可得,$\|x(t)\| < c_2$,$\forall t \in [\tau, T_f]$。由于 $\|x(t)\| < ac_1 + (1-a)c_2 < c_2$,$a \in (0,1)$,$\forall t \in [0, T_f]$,则有 $\|x_0\| \leqslant c_1 \Rightarrow \|x(t)\| \leqslant c_2$,$\forall t \in [0, T_f]$。定理证毕。

5.4.2 镇定方法的相关说明及推论

说明 5.12 定理 5.2 给出了闭环系统(5-7)的镇定切换律的设计方法,总的不匹配切换时间段 $\Delta_{[\tau, T_f]}$ 需要预先给定,从而获得平均驻留时间。然而,在实际工程中控制器切换和系统切换之间的不匹配切换时间很难估计,在设计控制器之前不能得到 $\Delta_{[\tau, T_f]}$ 的精确值。因此,平均驻留时间约束条件(5-62)难于准确获取而无法应用于实际系统的镇定设计中。为了使问题是可计算的,令 $\bar{\xi} = \max\{\xi^-, \xi^+\}$,$\Theta = 2 \max_{i,j \in \underline{N}, i \neq j}\{\|P_i B_i K_i\|, \|P_{ij} B_j K_j\|\}$,则平均驻留时间约束条件变为

$$\tau_a \geqslant \frac{(T_f - \tau)\ln(\rho_1 \rho_2)}{\ln\{\min_{i,j \in \underline{N}, i \neq j}\{\lambda_{\min}(P_i), \lambda_{\min}(P_{ij})\} c_2^2\} - \ln\{\max_{i \in \underline{N}} \lambda_{\max}(P_i)[ac_1 + (1-a)c_2]^2 + c_2^2(\bar{\xi} + \dfrac{\delta}{M}\Theta)(T_f - \tau)\}}$$

(5-77)

该条件中不再含有 $\Delta_{[\tau, T_f]}$,约束条件可被精确获得,然而这是以牺牲条件保守性作为代价的。

说明 5.13 式(5-60)表明了在异步切换下,对应于不匹配切换时间段和匹配切换时间段,量化参数 $\mu(t)$ 被分割为 μ_{k^+} 和 μ_{k^-},如图 5-7 所示。随着系统切换次数的增加,μ_{k^+} 也成比例地增大,μ_{k^-} 亦是如此。对于任意切换次数 k,μ_{k^+} 和 μ_{k^-} 具有

关系 $\mu_{k-} = \sqrt{\rho_1}\mu_{k+}$,表明在匹配切换时间段具有分段常值形式的量化参数 $\mu(t)$ 的放大程度总是大于不匹配切换时间段。另一方面,由式(5-60)有 $\mu_{(k+1)+} = \sqrt{\rho_2}\mu_{k-}$,表明随着切换次数的增加,$\mu(t)$ 的值在相邻的匹配和不匹配切换时间段成比例增加。综上所述,分布在匹配和不匹配切换时间段中的 μ_{k-} 和 μ_{k+} 的值以固定比率 $\sqrt{\rho_1}$ 和 $\sqrt{\rho_2}$ 交替增加。显然,$\mu(t)$ 的调整策略依赖于式(5-56)中的参数 ρ_1 和 ρ_2,它们实际上反映了匹配和不匹配切换时间段内闭环系统能量函数之间的约束关系。

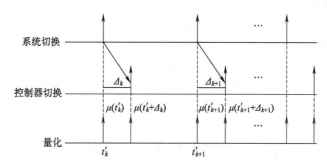

图 5-7 异步切换控制下的量化时间序列

说明 5.14 当 $t \in [\tau, T_f]$ 时,$\mu(t)$ 的值在系统和控制器的离散切换时刻实时更新,即

$$\mu(t) = \begin{cases} \mu_{0-}, & t \in [\tau, t'_1) \\ \mu_{1+}, t \in [t'_1, t'_1 + \Delta_1) \text{ 和 } \mu_{1-}, & t \in [t'_1 + \Delta_1, t'_2) \\ \cdots \cdots \\ \mu_{k+}, t \in [t'_k, t'_k + \Delta_k) \text{ 和 } \mu_{k-}, & t \in [t'_k + \Delta_k, t'_{k+1}) \\ \cdots \cdots \end{cases} \quad (5\text{-}78)$$

假定在 $[\tau, T_f]$ 内发生了 m 次采样,则有 $m\tau \leq T_f$。对于式(5-53)的情况(a)和(b),如果 $m\tau \in [t'_{N_\sigma(\tau,T_f)} + \Delta_{N_\sigma(\tau,T_f)}, t'_{N_\sigma(\tau,T_f)+1})$ 或 $m\tau \in [t'_{N_\sigma(\tau,T_f)}, t'_{N_\sigma(\tau,T_f)} + \Delta_{N_\sigma(\tau,T_f)})$,则相应地系统和控制器总的切换次数为 $2N_\sigma(\tau, T_f) + 1$ 或 $2N_\sigma(\tau, T_f)$。对于 $m\tau \in [t'_{N_\sigma(\tau,T_f)} + \Delta_{N_\sigma(\tau,T_f)}, t'_{N_\sigma(\tau,T_f)+1})$,由式(5-60)关于量化参数的调整策略知可调量化参数集为 $\{\mu_{0-}, \mu_{1+}, \mu_{1-}, \cdots, \mu_{N_\sigma(\tau,T_f)+}, \mu_{N_\sigma(\tau,T_f)-}\}$;而对于 $m\tau \in [t'_{N_\sigma(\tau,T_f)}, t'_{N_\sigma(\tau,T_f)} + \Delta_{N_\sigma(\tau,T_f)})$,可调量化参数集为 $\{\mu_{0-}, \mu_{1+}, \mu_{1-}, \cdots, \mu_{(N_\sigma(\tau,T_f)-1)-}, \mu_{N_\sigma(\tau,T_f)+}\}$,这种情形比前一种情形少了一次切换。

当 $c_1 \leq c_2 \leq \mu(0)M$ 时,系统状态没有超过量化饱和区,则定理 5.2 可以化归到固定量化参数 $\mu = \mu(0)$ 的情形。

推论 5.2 环 $C_1 := \{x : x^T x \leq c_1\}$ 和 $C_2 := \{x : x^T x \leq c_2\}$ 是系统(5-7)的给定状态域,如果存在正常数 $\nu^+, \nu^- > 0, \rho_1, \rho_2 > 1$,正定矩阵 $P_i, P_{ij} > 0$ 和矩阵 $K_i, i, j \in \underline{N}$,$i \neq j$,使得

$$(A_i + B_i K_i)^T P_i + P_i(A_i + B_i K_i) \leqslant \nu^- P_i$$
$$(A_j + B_j K_i)^T P_{ij} + P_{ij}(A_j + B_j K_i) \leqslant \nu^+ P_{ij}$$
$$P_j < \rho_1 P_{ij}, P_{ij} < \rho_2 P_i$$

且参数 $\mu(0), M, c_1, c_2$ 满足

$$c_1 \leqslant c_2 \leqslant \mu(0) M$$

$$\bar{\omega}_2 c_1^2 + \mu(0)^2 M [(\nu^- \bar{\omega}_2 M + \delta\Theta^-)(T_f - \Delta_{[\tau, T_f]}) + (\nu^+ \bar{\omega}_2 M + \delta\Theta^+)\Delta_{[\tau, T_f]}] < \bar{\omega}_1 c_2^2$$

控制器具有形式

$$u(t) = K_{\sigma'(t)} q_{\mu(0)}(x(t))$$

且平均驻留时间满足

$$\tau_a \geqslant \frac{T_f \ln(\rho_1 \rho_2)}{\ln(\bar{\omega}_1 c_2^2) - \ln\{\bar{\omega}_2 c_1^2 + \mu(0)^2 M[(\nu^- \bar{\omega}_2 M + \delta\Theta^-)(T_f - \Delta_{[\tau, T_f]}) + (\nu^+ \bar{\omega}_2 M + \delta\Theta^+)\Delta_{[\tau, T_f]}]\}}$$

则对于初始状态 $x_0 \in C_1$，式(5-7)的所有轨迹满足 $x(t) \in C_2, \forall t \in [0, T_f]$。

5.5 Boost 开关变换器混杂系统模型与控制设计

本节将所提方法应用于实际的 Boost 开关变换器的控制设计，对模型混杂特性进行了分析，通过对比考虑控制器与系统之间异步切换和不考虑异步切换两种情形下的镇定效果，表明了量化反馈异步切换控制方法的有效性。

5.5.1 Boost 开关变换器混杂系统模型分析

电能是国防工程作战保障最重要的能量形态，是工程内部电气设备正常工作的基础能源。不同的电气设备对电压等级的需求不同，直流供电系统中电压等级的变换主要依靠直流 DC-DC 变换器。Boost 电路作为直流变换器的主要拓扑结构应用越来越广泛。Boost 电路具有体积小、效率高等优点。此外，为了提高电能质量，电气设备输入侧普遍采用功率因数矫正技术，而 Boost 电路是常用的功率因数矫正装置的主拓扑电路。Boost 电路拓扑在国防工程供电系统及电气设备应用中越来越广泛，但目前对该电路的稳定性研究主要基于连续系统控制理论，在实际应用中会出现较大纹波，因此，从理论的实用性角度来看基于计算机控制的稳定性是亟待进一步研究的问题。基于 Boost 电路拓扑结构的 DC-DC 升压变换器实物如图 5-8 所示，其核心原理为 Boost 升压电路。Boost 开关变换器电路结构如图 5-9 所示。

当晶体管处于导通状态时电路的拓扑如图 5-10 所示。此时电感两端产生输入电流，电源通过电感向电容两端充电。位于电容和电感之间的钳位二极管在这里的作用是防止电容对地放电。在直流电输入作用下，电源对电容的充电过程使得流经电感的电流会成比例地线性增加，通常这个比例由电感值来决定。流经电感的电流不断增加使得电感处于持续储能状态。

第5章 切换系统有限时间量化反馈异步控制及在Boost变换器中的应用

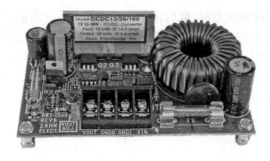

图 5-8 DC-DC 升压变换器(Boost 变换器)实物图①

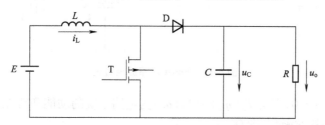

图 5-9 Boost 变换器电路原理图

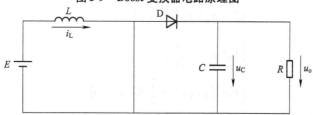

图 5-10 Boost 电路充电过程

用 x_1 表示流经电感的输入电流,x_2 表示电容两端的输出电压,q_L 代表电路中的循环电荷,q_C 代表电容中储存的电荷,则由电学原理可得 $x_1 = \dot{q}_L, x_2 = q_C/C$。定义开关函数

$$u(t) = \begin{cases} 1, & \text{T 导通} \\ 0, & \text{T 截止} \end{cases} \tag{5-79}$$

当 $u=1$ 时,对应 Boost 电路充电过程,定义 $T_1(\dot{q}_L)$ 和 $V_1(q_C)$ 为电路系统的动能和势能,$F_1(\dot{q}_L, \dot{q}_C)$ 为电路系统的耗散函数,则有

$$\begin{cases} T_1(\dot{q}_L) = \dfrac{1}{2}L(\dot{q}_L)^2 \\ V_1(q_C) = \dfrac{1}{2C}q_C^2 - Eq_L \\ F_1(\dot{q}_L, \dot{q}_C) = \dfrac{1}{2}R(\dot{q}_C)^2 \end{cases} \tag{5-80}$$

---

① 此图附彩插版图。

当晶体管处于截止状态时,此时由于电感中储存了一定能量,电感会通过钳位二极管向电容两端充电,电感自身处于放电过程,由于流经电感两端的电流不会发生突变,所以电流值不会瞬间变为零,而是逐渐由充电过程结束时的电流值缓慢地降到零。电感自身的放电过程使得电容两端电压不断升高,最终导致输出电压值超过输入电压,至此升压过程完毕。晶体管截止时的等效电路如图 5-11 所示。

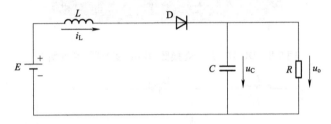

图 5-11 Boost 电路放电过程

此时对应 $u=0$,定义 $T_0(\dot{q}_L)$ 和 $V_0(q_C)$ 为电路系统的动能和势能,$F_0(\dot{q}_L, \dot{q}_C)$ 为电路系统的耗散函数,则有

$$\begin{cases} T_0(\dot{q}_L) = \frac{1}{2}L(\dot{q}_L)^2 \\ V_0(q_C) = \frac{1}{2C}q_C^2 \\ F_0(\dot{q}_L, \dot{q}_C) = \frac{1}{2}R(\dot{q}_L - \dot{q}_C)^2 \end{cases} \quad (5\text{-}81)$$

综合式(5-80)与式(5-81)可得

$$\begin{cases} T_u(\dot{q}_L) = \frac{1}{2}L(\dot{q}_L)^2 \\ V_u(q_C) = \frac{1}{2C}q_C^2 - uEq_L \\ F_u(\dot{q}_L, \dot{q}_C) = \frac{1}{2}R[(1-u)\dot{q}_L - \dot{q}_C]^2 \end{cases} \quad (5\text{-}82)$$

其中 u 在 $\{0,1\}$ 上取值。定义拉格朗日函数为

$$L_u = T_u - V_u = \frac{1}{2}L(\dot{q}_L)^2 - \frac{1}{2C}q_C^2 + uEq_L \quad (5\text{-}83)$$

代入拉格朗日方程

$$\frac{\mathrm{d}}{\mathrm{d}t}\left(\frac{\partial L_u(q,\dot{q})}{\partial \dot{q}}\right) - \frac{\partial L_u(q,\dot{q})}{\partial q} + \frac{\partial F_u(q,\dot{q})}{\partial \dot{q}} = 0 \quad (5\text{-}84)$$

可得

$$\begin{cases} L\ddot{q}_L = -(1-u)R[(1-u)\dot{q}_L - \dot{q}_C] + E \\ \dfrac{q_C}{C} = R[(1-u)\dot{q}_L - \dot{q}_C] \end{cases} \quad (5\text{-}85)$$

整理得

$$\begin{cases} \ddot{q}_L = -(1-u)\dfrac{q_C}{LC} + \dfrac{E}{L} \\ \dot{q}_C = (1-u)\dot{q}_L - \dfrac{q_C}{RC} \end{cases} \quad (5\text{-}86)$$

因为 $x_1 = \dot{q}_L, x_2 = q_C/C$,所以

$$\begin{cases} \dot{x}_1 = -(1-u)\dfrac{x_2}{L} + \dfrac{E}{L} \\ \dot{x}_2 = (1-u)\dfrac{x_1}{C} - \dfrac{x_2}{RC} \end{cases} \quad (5\text{-}87)$$

当 $u = 1$ 时

$$\begin{bmatrix} \dot{x}_1 \\ \dot{x}_2 \end{bmatrix} = \begin{bmatrix} 0 & 0 \\ 0 & -\dfrac{1}{RC} \end{bmatrix} \begin{bmatrix} x_1 \\ x_2 \end{bmatrix} + \begin{bmatrix} \dfrac{1}{L} \\ 0 \end{bmatrix} E \quad (5\text{-}88)$$

当 $u = 0$ 时

$$\begin{bmatrix} \dot{x}_1 \\ \dot{x}_2 \end{bmatrix} = \begin{bmatrix} 0 & -\dfrac{1}{L} \\ \dfrac{1}{C} & -\dfrac{1}{RC} \end{bmatrix} \begin{bmatrix} x_1 \\ x_2 \end{bmatrix} + \begin{bmatrix} \dfrac{1}{L} \\ 0 \end{bmatrix} E \quad (5\text{-}89)$$

当晶体管导通时,电感处于充电过程,此时电感电流的增量为 $\Delta I_{on} = \dfrac{Et_{on}}{L}$,其中 t_{on} 表示晶体管导通时间;当晶体管截止时,电感处于放电过程,此时电感电流的减量为 $\Delta I_{off} = \dfrac{(v_0 - E)t_{off}}{L}$,其中 t_{off} 表示晶体管截止时间。在电感电流连续时,晶体管导通时电感电流的增量与晶体管截止时电感电流的减量相等,即 $\Delta I_{on} = \Delta I_{off}$,由此可得 $u_0 = \dfrac{E(t_{on} + t_{off})}{t_{off}} = E\dfrac{1}{1-D}$,其中 $D = \dfrac{t_{on}}{T}$,T 表示控制晶体管导通和截止的脉冲周期。由上式可知,当改变占空比 D 时,就能获得所需的上升的电压值,由于占空比 D 总是小于 1,所以输出电压 u_0 总是大于输入电压 E,从而实现了升压过程。

对于 Boost 电路的控制框图如图 5-12 所示。计算机控制器以一定的采样周期采集 Boost 变换器的电量参数,并将采集到的数据进行量化处理,控制算法基于量化后的处理数据计算控制量,通过数字驱动电路实施对 Boost 变换器的控制。由于控制器检测信号的延迟,控制器检测到电感电流和电容电压再计算控制量需要经过一定的时间,然后再发出指令信号控制晶体管的导通和截止。因此,控制算法中电路模型的切换和晶体管的开关动作之间存在一定的时间延迟,由此导致了异步切换现象的发生。电路中各器件参数见表 5-1。

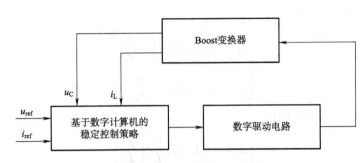

图 5-12 Boost 电路控制框图

表 5-1 各参数物理意义及数值

符号	物理意义	数值
L	电感	12 μH
C	电容	180 μF
R	电阻	6 Ω
E	输入电压	12 V

将式(5-88)和式(5-89)写成标准切换系统(5-1)的形式,则系统参数为

$$A_1 = \begin{bmatrix} 0 & 0 \\ 0 & -\dfrac{1}{RC} \end{bmatrix} = \begin{bmatrix} 0 & 0 \\ 0 & -925.9 \end{bmatrix}, A_2 = \begin{bmatrix} 0 & -\dfrac{1}{L} \\ \dfrac{1}{C} & -\dfrac{1}{RC} \end{bmatrix} = \begin{bmatrix} 0 & -83\,333.3 \\ 5\,555.6 & -925.9 \end{bmatrix},$$

$$B_1 = B_2 = \begin{bmatrix} \dfrac{1}{L} \\ 0 \end{bmatrix} = \begin{bmatrix} 83\,333.3 \\ 0 \end{bmatrix}$$

其中 $\sigma(t) = \begin{cases} 1, & u=1 \\ 0, & u=0 \end{cases}$,为了便于比较,分别利用不考虑异步切换的镇定方法和考虑异步切换的情形来设计 Boost 变换器控制律。

5.5.2 不考虑异步切换的量化镇定实例仿真

在定理 5.1 中,设置参数 $c_1 = 1, c_2 = 10, T_f = 1$ ms, $\delta = 0.1, M = 50, \mu(0) = 0.2$, $\rho = 1.01, \nu = 0.5, a = 0.99$,由式(5-38)可选取系统驻留时间 $\tau_a = 0.08$ ms,根据平均驻留时间的取值为系统选择切换周期为 0.08 ms 的周期切换律。图 5-13 给出了系统的切换信号,此时系统的占空比为 0.5,脉冲信号频率为 39 kHz,由此可计算出系统的切换平衡点为 $u_{\text{ref}} = 24$ V, $i_{\text{ref}} = u_{\text{ref}}^2/RE = 8$ A。电路模型的切换和实际反馈控制律的切换是不同步的,设不同步时间段 $\Delta_k = 0.05$ ms, $k = 0, 1, \cdots$。图 5-14 和图 5-15 分别给出了电流和电压从一个平衡态 7 A 和 25 V 进入到设定平衡态 8 A 和 24 V 变化的曲线图。图 5-16 给出了量化参数 μ 的变化趋势。从仿真图中可以看出,在 0.9 ms 内随着时间的推移,电压和电流的值最终维持在平衡状态值附近。然而,从电流和电压接近平衡态时的曲线可以看出,在平衡态附近,电流及电压均出现了高频振动的现象,原因是所采用的量化反馈控制策略是假定计算机中实施控制算法所依赖的电路模型切换与实际的晶体管开关导通/截止动作是同步发生的,由于实际系统中存在 0.05 ms 的控制器检测信号延迟,导致计算机依赖当前电参量 u_C 与 i_L 所得到的控制策略实际控制的是 0.05 ms 后的电路模型,这种不匹配使得电流与电压值在平衡点处发生了频率较高的振动。另一方面,从图 5-16 可知,量化参数随着时间和切换信号切换值的改变而不断增大,从而使得量化精度不断提高,表明在电路参数值越接近平衡态时,需要依据更精确的电参数量化值对系统实施反馈控制,因此动态量化策略能够根据系统状态参数的变化作实时调整,基于动态量化策略的有限时间控制不仅使得系统暂态过渡过程不会出现超调,而且比传统的静态量化方法更能使系统在较快的时间内接近期望的平衡态。

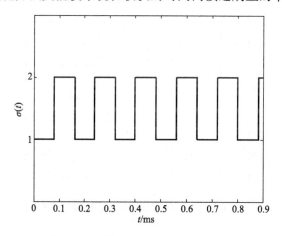

图 5-13　同步切换量化控制下系统切换信号时序图

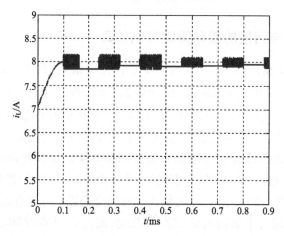

图 5-14　同步切换量化控制下电流变化曲线图

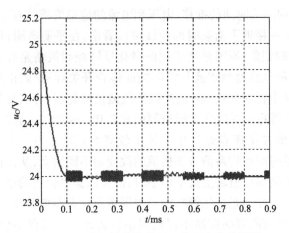

图 5-15 同步切换量化控制下电压变化曲线图

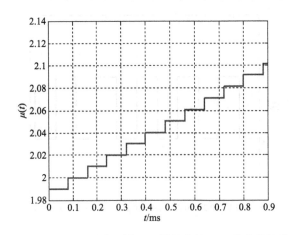

图 5-16 同步切换量化控制下量化参数 $\mu(t)$ 的变化趋势

5.5.3 含有异步切换的量化镇定实例仿真

依据定理 5.2 设计 Boost 电路的异步量化控制策略,其中参数设置为 $c_1=1$, $c_2=10$, $T_f=1$ ms, $\delta=0.1$, $M=50$, $\mu(0)=0.2$, $a=0.99$, $\rho_1=\rho_2=1.005$, $\nu^-=0.01$, $\nu^+=1.02$。通过对式(5-62)的计算,系统的平均驻留时间可取为 $\tau_a=0.18$ ms,根据平均驻留时间的取值为系统选择切换周期为 0.18 ms 的周期切换律,脉冲信号频率为 17 kHz。图 5-17 给出了电路系统的切换与实际反馈控制律切换信号的时序图,两者之间存在 0.05 ms 的时间延迟。图 5-18 和图 5-19 分别给出了电流和电压变化曲线图。图 5-20 给出了量化参数 μ 的变化趋势。可以看出,量化值在电路系统与反馈控制的每个切换时刻处发生改变,通过在异步时间段内实时调整量化值,使得基于该量化值实施的反馈控制能够有效抑制电参量的振动。对比同步切换量化镇定策略和异步切换量化镇定策略可以看出,异步量化镇定的切换驻留时间长于同步切换下的驻留时间,这是因为由于存在计算机检测信号的延迟,计算机控制策略中电路模型的切换与实际的晶体管切换时间不一致,所以电路的切换频次不宜过高,系统需要在每个子系统中停留足够长的时间来稳定电参量。虽然,两种方法在过渡阶段电容输出电压均经过一次切换就达到了平衡态,但考虑在 0.9 ms 运行时间内异步切换所实施的控制策略的总切换次数为 5,明显少于同步切换所实施的控制策略的总切换次数 11,未出现高频振动的现象,控制性能更优。

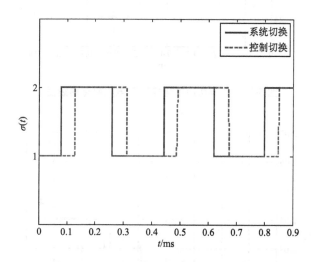

图 5-17　异步切换量化控制下系统切换与控制律切换信号时序图

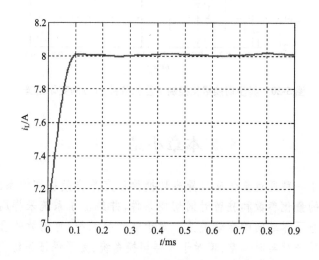

图 5-18　异步切换量化控制下电流变化曲线图

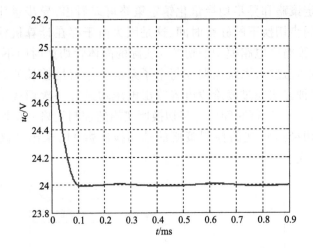

图 5-19 异步切换量化控制下电压变化曲线图

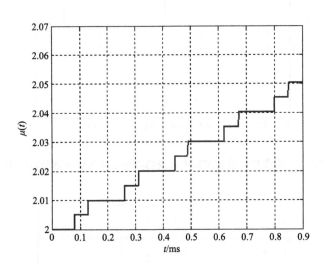

图 5-20 异步切换量化控制下量化参数 $\mu(t)$ 的变化趋势

●●●● 本章小结 ●●●●

本章提出了一种通过量化反馈异步切换律镇定采样数据切换系统的方法,该方法依赖可调的量化参数和驻留时间切换条件,并给出了系统采样周期与系统运行状态的上界与下界之间的定量关系。对于非切换系统,可缩放的量化参数在每个采样时刻需要进行实时调整,但对于采样切换系统,为了保证系统有限时间稳定性,量化参数需要在每个切换时刻进行相应调整。在异步切换情形下,除了在系统切换时刻对量化参数进行适当调整外,在子控制器的切换时刻量化参数也需要进

第5章　切换系统有限时间量化反馈异步控制及在Boost变换器中的应用

行相应改变。为了确保系统稳定性,除了反馈控制律的设计,系统与控制器的不匹配切换时间段、采样周期、量化参数和切换信号驻留时间之间的关系也通过本章的推导予以确立。所提出的方法应用于Boost变换器输出电压的控制中,通过分析变换器电路结构的混杂模型,比较了应用同步切换和异步切换两种方法的控制效果,表明本章所提出的量化异步控制方法在电路的被控电参量输出上具有良好的控制性能。

第 6 章

时变切换系统有限时间异步控制

在实际工程系统中,时变和切换特性往往同时存在,这类系统可用线性时变(LTV)切换系统模型描述。LTV 切换系统的子系统参数是时变的,针对该类系统的研究近年来受到普遍关注,主要动机在于具有时变参数的切换模型能够用来建立一类受控对象特性随时间和环境变化的实际物理系统,其具备更加广泛的描述能力。LTV 切换系统模型已经在很多领域得到了应用,例如滤波网络[150]、无人飞行器[151]和无线传感器网络[152]等。相较于线性时不变(LTI)切换系统,子系统参数的变化使得 LTV 切换系统的分析和综合问题更加困难,时变参数和切换控制信号在系统动态特性演化过程中的交织为稳定性分析和控制器设计带来了新的挑战。本章针对线性时变切换系统提出了有限时间镇定和有限时间有界控制方法。基于微分矩阵不等式给出了系统有限时间稳定的充要条件。将有限时间稳定性结果扩展至有限时间有界的情形,并研究微分矩阵不等式的数值求解方法,设计了时变切换控制器。

6.1 引　言

对于一般的时变系统和切换系统,在各自领域分别发展了较为成熟的稳定性分析和镇定设计方法。对于 LTI 系统的稳定性,通常采用 Lyapunov 函数方法将该问题转化为求解 LMI 或代数 Riccati 方程,得到其稳定性的充分条件。进一步可发展 Lyapunov 函数方法解决 LTV 系统的稳定性问题,此时稳定条件可通过求解时间依赖型 LMI 或代数 Riccati 方程而获得。文献[153]研究了连续时变系统的有限时间稳定性和控制问题,将控制器的设计转化为一组微分矩阵不等式和时间依赖型 LMIs 的求解问题。文献[154]将 LTV 系统的有限时间最优控制问题转化为求取时变矩阵 Riccati 微分方程的递推近似解,通过时间依赖型 Riccati 微分方程的求解可获得系统的最优控制律。文献[155]基于母函数和哈密尔顿系统的标准形式,在每一个计算步长中应用母函数可求得 Riccati 微分方程在离散时间点上的解,从而解决了 LTV 系统的滚动优化控制问题。文献[156]通过求解由四个状态转移矩阵块构成的周期 Riccati 微分方程,获得了周期时变系统镇定问题的解。作为时变系统镇定问题的进一步拓展,文献[157]研究了更具一般性的非线性系统自适应神经网络有限时间输出跟踪控制问题,文献[158]进一步优化了控制器参数,通过最小化成本函数获得了系统的有限时间最优控制性能。

以上是对于时变系统稳定性分析和镇定问题目前所取得的研究进展和相关成果。近年来关于时变切换系统的稳定性分析和镇定问题也受到普遍关注。文献[159]引入模型转换技术,在时延和扰动下利用平均驻留时间方法给出了 LTV 切换系统指数稳定性判据,文献[160]进一步利用比较原理将该判据推广到时变非线性的情形。此外,文献[161]基于平均驻留时间切换方法分析了离散时变切换非线性系统的稳定性问题,文献[162]基于这种方法解决了离散时变随机切换系统的有限时间 H_∞ 滤波问题。文献[163]利用不定 Lyapunov 函数方法给出了 LTV 脉冲切换系统有限时间稳定的充要条件,该方法也被用来解决时变切换系统的镇定问题[164],并进一步用来分析 LTV 切换正系统的稳定性[165]。文献[166]推广了经典 Krasovskii-LaSalle 定理,获得了时变非线性切换系统一致渐近稳定的充要条件。文献[167]研究了时变切换系统的输入-状态稳定性,文献[168]进一步将其推广到时延情形。

纵观目前的研究我们发现,当使用经典 Lyapunov 函数方法分析 LTV 切换系统的稳定性和镇定问题时,会导致需要求解矩阵 Riccati 微分方程或者不定 LMIs,对于该类情形求解过程往往相当复杂甚至无法获得最终的解。为此,如何获得关于稳定性方程和不等式的解析解或数值解尤为重要。此外,对于设计相应的控制器确保 LTV 切换系统有限时间稳定、渐近稳定、指数稳定或输入-状态稳定方面,现有的文献很多都已经进行了充分研究,然而,这些结果均未考虑异步切换控制,结论具有一定的保守性。虽然 LTV 切换系统镇定问题受到广泛关注,但是基于异步切换的有限时间控制研究鲜有相关报道,目前该类控制方法的研究主要针对时不变的情形[169-173]。值得指出的是,目前已经有相关文献开始关注针对 LTV 切换系统的有限时间异步控制问题的研究,通过求解一组参数依赖型 LMIs 可获得控制器的设计参数[174],然而报道中所提及的设计方法要求时变参数变化范围具有确定的上下界,当实际系统的参数变化无法测量时,这种方法是无效的。为此,有必要进一步研究在时变参数变化不受限情形下的有限时间控制器设计方法,探究在异步切换条件下如何镇定 LTV 切换系统,并且讨论此时的切换信号具有何种设计形式。

到目前为止,处理切换系统镇定问题的有效方法仍然是驻留时间法[175],利用平均驻留时间方法可以有效解决异步切换的控制和观测问题[176],这种方法也可用来解决 LTV 切换系统异步切换下的有限时间稳定和有限时间有界的问题。本章利用时变 Lyapunov 函数给出了系统稳定的充要条件,结合平均驻留时间方法和多 Lyapunov 函数,提出了系统有限时间有界的充分条件。基于此构造了时变切换控制器,并且设计了切换控制律确保系统在时变参数变化不受限下的有限时间稳定和有限时间有界,控制器增益的求取以一组非线性微分矩阵不等式的形式给出,并利用数值近似方法获取了控制器的设计参数。

6.2 问题描述与预备知识

本节给出了时变切换系统模型及其有限时间稳定、有限时间有界的相关概念,并建立了系统的闭环反馈形式。

6.2.1 时变切换系统及相关概念

考虑以下的时变切换系统:

$$\dot{x}(t) = A_{\sigma(t)}(t)x(t), \quad x(0) = x_0 \tag{6-1}$$

其中 $t \in [t_k, t_{k+1})$, $t_0 = 0$, $k \in Z^+$, $x(t) \in R^n$ 是系统状态; x_0 是系统初始状态; $\sigma(t):[t_k, t_{k+1}) \to \underline{N} = \{1, 2, \cdots, N\}$ 是时间依赖型切换信号; N 为子系统个数; $A_i(t) = (a_{pq}^{(i)}(t)) \in R^{n \times n}$, $i \in \underline{N}$, $p, q \in \{1, 2, \cdots, n\}$ 是时变系统矩阵。

定义 6.1(时变情形下的有限时间稳定) 给定正标量 $c_1, c_2, T, c_1 < c_2$, 切换信号 $\sigma(t)$ 和时变矩阵 $\Gamma(t)$, $t \in [0, T]$, 若有

$$x_0^T \Gamma(0) x_0 \leq c_1 \Rightarrow x(t)^T \Gamma(t) x(t) < c_2, \quad \forall t \in [0, T] \tag{6-2}$$

则系统(6-1)关于 $(c_1, c_2, T, \Gamma(t), \sigma(t))$ 是有限时间稳定的。

说明 6.1 相比于线性时不变切换系统[177],LTV 切换系统的有限时间稳定性定义更具一般性。当 $\Gamma(t)$ 是常数矩阵时,LTV 切换系统的有限时间稳定性定义可退化为线性时不变切换系统的情形。

当存在平方可积的外部扰动时,系统(6-1)具有形式

$$\dot{x}(t) = A_{\sigma(t)}(t)x(t) + G_{\sigma(t)}(t)w(t), \quad x(0) = x_0 \tag{6-3}$$

其中 $G_i(t) = (g_{pq}^{(i)}(t)) \in R^{n \times h}$ 是连续的时变矩阵, $w(t) \in R^h$ 是平方可积的扰动信号。

定义 6.2(时变情形下的有限时间有界) 给定正标量 $c_1, c_2, T, c_1 < c_2$, 切换信号 $\sigma(t)$, 时变矩阵 $\Gamma(t)$, $t \in [0, T]$ 和定义在 $L^2[0, T]$ 上的信号集 W, 其中 $L^2[0, T]$ 表示一类时间域 $[0, T]$ 上平方可积的向量值函数集,若有

$$x_0^T \Gamma(0) x_0 \leq c_1 \Rightarrow x(t)^T \Gamma(t) x(t) < c_2, \quad \forall t \in [0, T] \tag{6-4}$$

则对于所有的外部干扰 $w(t) \in W$, 系统(6-3)关于 $(c_1, c_2, W, T, \Gamma(t), \sigma(t))$ 是有限时间有界的。

说明 6.2 基于以上的定义可以看出对于 LTV 切换系统,有限时间稳定和有限时间有界的不同之处在于:有限时间稳定反应 LTV 切换系统的结构特性,这种特性依赖于时变系统矩阵,而有限时间有界与施加在系统中的外部扰动的类型和幅值相关。

6.2.2 时变切换系统闭环反馈形式

针对闭环系统,利用有限时间稳定和有限时间有界的定义可以设计相应的控制器。假定所有的矩阵和向量具有适当的维数,考虑受控型 LTV 切换系统

$$\dot{x}(t) = A_{\sigma(t)}(t)x(t) + B_{\sigma(t)}(t)u(t) + G_{\sigma(t)}(t)w(t), \quad x(0) = x_0 \quad (6-5)$$

其中 $B_i(t) = (b_{pq}^{(i)}(t)) \in R^{n \times m}$ 是时变控制矩阵,$u(t) \in R^m$ 是控制输入,则通过状态反馈实现系统有限时间控制的问题可表述如下:

寻求状态反馈控制器

$$u(t) = K_{\sigma(t)}(t)x(t) \quad (6-6)$$

使得由式(6-5)和式(6-6)构成的闭环系统

$$\dot{x}(t) = (A_{\sigma(t)}(t) + B_{\sigma(t)}(t)K_{\sigma(t)}(t))x(t) + G_{\sigma(t)}(t)w(t), \quad x(0) = x_0 \quad (6-7)$$

关于 $(c_1, c_2, W, T, \Gamma(t), \sigma(t))$ 是有限时间有界的。

令 $w(t) = 0$,有限时间有界控制问题退化为有限时间镇定问题。对于有限时间异步切换控制问题,$\sigma'(t)$ 是控制器的异步切换信号,闭环系统可描述为

$$\dot{x}(t) = (A_{\sigma(t)}(t) + B_{\sigma(t)}(t)K_{\sigma'(t)}(t))x(t) + G_{\sigma(t)}(t)w(t), x(0) = x_0 \quad (6-8)$$

在 t_k 时刻子系统 i_k 被激活,系统切换序列为 $S = \{(t_0, i_0), (t_1, i_1), \cdots, (t_k, i_k), \cdots\}$,$i_k \in \underline{N}, \sigma(t) = i_k, t \in [t_k, t_{k+1}), k \in Z^+$。控制器的异步切换序列为

$$S' = \{(t_0 + \Delta_0, i_0), (t_1 + \Delta_1, i_1), \cdots, (t_k + \Delta_k, i_k), \cdots\} \quad (6-9)$$

其中 $\Delta_k < \inf_{k \in Z^+}(t_{k+1} - t_k)$,控制器切换信号为

$$\sigma'(t) = i_k, t \in [t_k + \Delta_k, t_{k+1}) \quad (6-10)$$

通过状态反馈实施有限时间异步切换控制可表述为寻求时变切换控制器

$$u(t) = K_{\sigma'(t)}(t)x(t) \quad (6-11)$$

使得系统(6-8)关于 $(c_1, c_2, W, T, \Gamma(t), \sigma(t))$ 是有限时间有界的。异步切换控制流程图如图 6-1 所示。

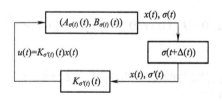

图 6-1 异步切换控制流程图

6.3 LTV 切换系统有限时间稳定条件

本节对 LTV 切换系统的稳定性进行了分析,提出了系统稳定的充要条件,并给出了稳定性条件的相关说明。

6.3.1 系统有限时间稳定的充要条件

以下定理给出了系统(6-1)有限时间稳定的充要条件。

定理 6.1 以下的表述是等价的：

i) 系统(6-1)关于 $(c_1, c_2, T, \Gamma(t), \sigma(t))$ 是有限时间稳定的；

ii) 若存在某个切换序列 $\sigma(t): \{(0, i_0), (t_1, i_1), \cdots, (t_r, i_r), \cdots, (t_k, i_k)\}$，$i_r \in \underline{N}$，其中 $\{t_r\}_{r \leqslant k, r \in Z^+}$ 是切换时间，k 是 $[0, T]$ 内的切换次数，使得对于 $t \in [0, T]$，具有终端条件的微分 Lyapunov 不等式

$$\dot{P}_i(\tau) + A_i(\tau)^T P_i(\tau) + P_i(\tau) A_i(\tau) \leqslant 0, \tau \in (0, t] \quad (6\text{-}12\text{a})$$

$$P_i(t) \geqslant \Gamma(t), i \in \underline{N} \quad (6\text{-}12\text{b})$$

存在分段连续可微的对称正定解 $P_i(\cdot)$，其中 $P_{i_r}(t_r) \leqslant \mu_{i_r i_{r-1}}(t_r) P_{i_{r-1}}(t_r), i_r \in \underline{N}$ 且 $\prod_{r=1}^{k} \mu_{i_r i_{r-1}}(t_r) \leqslant 1$，则 $P_i(\cdot)$ 的初始条件满足

$$P_i(0) < \frac{c_2}{c_1 \prod_{r=1}^{k} \mu_{i_r i_{r-1}}(t_r)} \Gamma(0) \quad (6\text{-}13)$$

证明 A. ii) $\Rightarrow$ i)

选取 $V_i(t, x) = x^T P_i(t) x$，则由式(6-12a)可得 $\dot{V}_i(t, x)$ 沿着系统(6-1)的轨迹是负定的。令 $x(0)^T \Gamma(0) x(0) \leqslant c_1$，$i_k$ 表示 t_k 时刻被激活的子系统的序列号，则由式(6-12b)和式(6-13)可得

$$
\begin{aligned}
x(t)^T \Gamma(t) x(t) &\leqslant x(t)^T P_{i_k}(t) x(t) \leqslant x(t_k)^T P_{i_k}(t_k) x(t_k) \\
&\leqslant \mu_{i_k i_{k-1}}(t_k) x(t_k)^T P_{i_{k-1}}(t_k) x(t_k) \\
&\leqslant \mu_{i_k i_{k-1}}(t_k) x(t_{k-1})^T P_{i_{k-1}}(t_{k-1}) x(t_{k-1}) \\
&\cdots \cdots \\
&\leqslant x(0)^T P_{i_0}(0) x(0) \cdot \prod_{r=1}^{k} \mu_{i_r i_{r-1}}(t_r) < \frac{c_2}{c_1} x(0)^T \Gamma(0) x(0) \leqslant c_2
\end{aligned}
$$

B. i) $\Rightarrow$ ii)

假定系统(6-1)是有限时间稳定的，基于连续性，对于充分小的 ε，令 $z(t) = \varepsilon x(t)$，则对于 $t \in [0, T]$ 有

$$x(0)^T \Gamma(0) x(0) \leqslant c_1 \Rightarrow x(t)^T \Gamma(t) x(t) + \|z\|_{[0,t]}^2 < c_2 \quad (6\text{-}14)$$

其中 $\|z\|_{[0,t]}^2 = \varepsilon^2 \int_0^t x(\tau)^T x(\tau) d\tau$。

设 $P_i(\cdot)$ 是以下 Riccati 方程的唯一解[178]

$$\dot{P}_i(\tau) + A_i(\tau)^T P_i(\tau) + P_i(\tau) A_i(\tau) = -\varepsilon_i^2 I, \tau \in (0, t] \quad (6\text{-}15\text{a})$$

$$P_i(t) = \Gamma(t) \quad (6\text{-}15\text{b})$$

其中式(6-15b)是边界条件,$\varepsilon_i \in (0,\varepsilon]$,显然式(6-15a)和式(6-15b)的解$P_i(\cdot)$也是式(6-12a)和式(6-12b)的解。假定存在切换序列

$$\sigma(t):\{(0,i_0),(t_1,i_1),\cdots,(t_r,i_r),\cdots,(t_k,i_k)|P_{i_r}(t_r) \leq \mu_{i,i_{r-1}}(t_r)P_{i_{r-1}}(t_r),\prod_{r=1}^{k}\mu_{i,i_{r-1}}(t_r) \leq 1, i_r \in \underline{N}\}$$

使得对某些 $\bar{x}$ 有

$$\bar{x}^{T}P_i(0)\bar{x} \geq \frac{c_2}{c_1 \prod_{r=1}^{k}\mu_{i,i_{r-1}}(t_r)}\bar{x}^{T}\Gamma(0)\bar{x} \qquad (6\text{-}16)$$

令 $x(0) = \eta \bar{x}$,其中 η 使得不等式

$$x(0)^{T}\Gamma(0)x(0) = c_1 \prod_{r=1}^{k}\mu_{i,i_{r-1}}(t_r) \qquad (6\text{-}17)$$

成立,则由式(6-16)可得 $x(0)^{T}P_i(0)x(0) \geq c_2$。

基于式(6-15a),有

$$\frac{\mathrm{d}}{\mathrm{d}\tau}x(\tau)^{T}P_i(\tau)x(\tau) = -\varepsilon_i^2 x(\tau)^{T}x(\tau), s \in (t_{k-1},t_k] \cup (t_k,t] \qquad (6\text{-}18)$$

对式(6-18)两端分别从 t_{k-1} 到 t_k 和 t_k 到 t 积分,可得

$$x(t)^{T}P_{i_k}(t)x(t) - x(t_k)^{T}P_{i_k}(t_k)x(t_k) = -\varepsilon_{i_k}^2 \int_{t_k}^{t} x(\tau)^{T}x(\tau)\mathrm{d}\tau$$

$$x(t_k)^{T}P_{i_{k-1}}(t_k)x(t_k) - x(t_{k-1})^{T}P_{i_{k-1}}(t_{k-1})x(t_{k-1}) = -\varepsilon_{i_{k-1}}^2 \int_{t_{k-1}}^{t_k} x(\tau)^{T}x(\tau)\mathrm{d}\tau$$

……

$$x(t_1)^{T}P_{i_0}(t_1)x(t_1) - x(t_0)^{T}P_{i_0}(t_0)x(t_0) = -\varepsilon_{i_0}^2 \int_{t_0}^{t_1} x(\tau)^{T}x(\tau)\mathrm{d}\tau$$

则有

$$x(t)^{T}P_{i_k}(t)x(t) \geq \frac{1}{\prod_{r=1}^{k}\mu_{i,i_{r-1}}(t_r)}x(t_0)^{T}P_{i_0}(t_0)x(t_0) - \frac{\varepsilon_{i_0}^2}{\prod_{r=1}^{k}\mu_{i,i_{r-1}}(t_r)}\int_{t_0}^{t_1} x(\tau)^{T}x(\tau)\mathrm{d}\tau -$$

$$\frac{\varepsilon_{i_1}^2}{\prod_{r=2}^{k}\mu_{i,i_{r-1}}(t_r)}\int_{t_1}^{t_2} x(\tau)^{T}x(\tau)\mathrm{d}\tau - \cdots - \frac{\varepsilon_{i_{k-1}}^2}{\mu_{i_k i_{k-1}}(t_k)}\int_{t_{k-1}}^{t_k} x(\tau)^{T}x(\tau)\mathrm{d}\tau -$$

$$\varepsilon_{i_k}^2 \int_{t_k}^{t} x(\tau)^{T}x(\tau)\mathrm{d}\tau$$

令 $t_0 = 0$,记 $\varepsilon_i \in (0,\varepsilon], \forall i \in \underline{N}$,可得

$$x(t)^{T}\Gamma(t)x(t) = x(t)^{T}P_{i_k}(t)x(t)$$

$$\geq \frac{1}{\prod_{r=1}^{k}\mu_{i,i_{r-1}}(t_r)}x(0)^{T}P_{i_0}(0)x(0) - \frac{\varepsilon^2}{\prod_{r=1}^{k}\mu_{i,i_{r-1}}(t_r)}\int_{t_0}^{t_1} x(\tau)^{T}x(\tau)\mathrm{d}\tau -$$

$$\frac{\varepsilon^2}{\prod_{r=2}^{k}\mu_{i_r i_{r-1}}(t_r)}\int_{t_1}^{t_2}x(\tau)^{\mathrm{T}}x(\tau)\mathrm{d}\tau - \cdots -$$

$$\frac{\varepsilon^2}{\mu_{i_k i_{k-1}}(t_k)}\int_{t_{k-1}}^{t_k}x(\tau)^{\mathrm{T}}x(\tau)\mathrm{d}\tau - \varepsilon^2\int_{t_k}^{t}x(\tau)^{\mathrm{T}}x(\tau)\mathrm{d}\tau$$

$$\geqslant c_2 - \frac{\varepsilon^2\int_0^t x(\tau)^{\mathrm{T}}x(\tau)\mathrm{d}\tau}{\min\{\prod_{r=1}^{k}\mu_{i_r i_{r-1}}(t_r),\prod_{r=2}^{k}\mu_{i_r i_{r-1}}(t_r),\cdots,\mu_{i_k i_{k-1}}(t_k),1\}}$$

由 $P_{i_r}(t_r)\leqslant\mu_{i_r i_{r-1}}(t_r)P_{i_{r-1}}(t_r),\forall r\leqslant k,r\in Z^+,i_r\in\underline{N}$,可知 $\mu_{i_r i_{r-1}}(t_r)$ 是有限值,且 $\delta:=\min\{\prod_{r=1}^{k}\mu_{i_r i_{r-1}}(t_r),\prod_{r=2}^{k}\mu_{i_r i_{r-1}}(t_r),\cdots,\mu_{i_k i_{k-1}}(t_k),1\}$ 也是有限值。因此,对于任意小的正数 $\varepsilon,\bar{\varepsilon}:=\frac{\varepsilon}{\sqrt{\delta}}$ 也是一充分小的值,则可得

$$x(t)^{\mathrm{T}}\varGamma(t)x(t)\geqslant c_2-\bar{\varepsilon}^2\int_0^t x(\tau)^{\mathrm{T}}x(\tau)\mathrm{d}\tau = c_2-\|\bar{z}\|^2_{[0,t]}$$

其中 $\bar{z}(t)=\bar{\varepsilon}x(t)$,上式与式(6-14)矛盾,于是假设条件(6-16)不成立,$P_i(\cdot)$ 的初始条件满足式(6-13)。定理证毕。

6.3.2 稳定性条件的推论

说明 6.3 当不考虑切换时,定理的条件退化为一般的系统,文献[153]的结果可视为该定理的一个特例。从定理的条件可以看出,Riccati 方程(6-12a)的终端条件(6-12b)和初始条件(6-13)在充分性和必要性证明中具有关键作用。条件(6-13)表明了切换次数和解的初始条件之间的关系。定理中的条件 ii)具有理论分析价值,然而在操作层面不便于系统的综合设计,此外条件 ii)包含无穷多组线性微分矩阵不等式,且切换次数 k 在切换过程结束前是无法预先获知的,$\mu_r(\cdot)$ 依赖于 $P_i(\cdot)$ 在切换时刻 $t_1,t_2,\cdots,t_k$ 的值,这在实际中是无法应用的。为了使得定理在系统综合设计中便于利用,以下的推论更具有设计价值。

推论 6.1 若微分 Lyapunov 不等式

$$\dot{P}_i(t)+A_i(t)^{\mathrm{T}}P_i(t)+P_i(t)A_i(t)<0 \tag{6-19a}$$

$$\varGamma(t)\leqslant P_i(t)\leqslant\mu\varGamma(t),\forall t\in[0,T] \tag{6-19b}$$

具有分段连续可微的对称正定解 $P_i(\cdot)$,且平均驻留时间满足

$$\tau>\frac{T\ln\mu}{\ln(\lambda_{\min}(\varGamma(0))c_2)-\ln(\max_{i\in\underline{N}}\{\lambda(P_i(0))\}c_1)} \tag{6-20}$$

则系统(6-1)关于 $(c_1,c_2,T,\varGamma(t),\sigma(t))$ 是有限时间稳定的。

证明 显然满足式(6-19a)和式(6-19b)的矩阵函数 $P_i(\cdot)$ 也是方程(6-12a)和条件(6-12b)的解。由不等式(6-19b),可得 $P_i(t)\leqslant\mu P_j(t),\forall i,j\in\underline{N},t\in$

$[0,T]$。另一方面,由不等式(6-20)可知

$$\mu^{\frac{T}{\tau}} < \frac{\lambda_{\min}(\Gamma(0))c_2}{\max\limits_{i \in \underline{N}}\{\lambda(P_i(0))\}c_1} \tag{6-21}$$

对于在$[0,T]$上的切换次数k,有$k = N_\sigma(0,t) \leq \dfrac{T}{\tau}$,则由不等式(6-21)可得

$$\mu^k \lambda_{\max}(P_i(0))c_1 < \lambda_{\min}(\Gamma(0))c_2 \tag{6-22}$$

因此

$$P_i(0) < \frac{c_2}{c_1 \mu^k}\Gamma(0) \tag{6-23}$$

基于定理6.1的充分性证明过程A,可知系统(6-1)关于$(c_1,c_2,T,\Gamma(t),\sigma(t))$是有限时间稳定的。定理证毕。

说明6.4 定理条件(6-19b)表明对于N个解$P_1(t),P_2(t),\cdots,P_N(t)$,时变矩阵$P_i(t)$被限制在$\Gamma(t)$和$\mu\Gamma(t)$之间。由定理6.1的证明可知,$\mu$的取值依赖于$P_1(t),P_2(t),\cdots,P_N(t)$在切换时刻的相互关系,即有不等式

$$P_i(t_k) \leq \mu_{ij}(t_k)P_j(t_k) \tag{6-24}$$

其中$\mu = \mu_{ij}(t):[t_k,t_{k+1}) \to [1,\infty)$为分段时变标量。此处考虑到条件的可应用性,可利用$P_i(t) \leq \mu P_j(t)$代替不等式(6-24),相比于只关注$P_i(\cdot)$在切换时刻的相互关系,这种做法增大了保守性,却使得稳定性分析问题的求解更加方便。值得指出的是$P_i(t) \leq \mu P_j(t)$中i,j的任意性蕴含了$\mu \geq 1$,然而在定理6.1中对某个切换时刻t_r和给定的切换律$\sigma(t)$,$P_{i_r}(t_r) \leq \mu_{i_r,i_{r-1}}(t_r)P_{i_{r-1}}(t_r)$并不要求$\mu_{i_r,i_{r-1}}(t_r) \geq 1$。

●●●● 6.4 LTV切换系统有限时间有界条件 ●●●●

以下定理给出了在外部扰动下系统(6-3)的有限时间有界的充分条件。

定理6.2 考虑外部扰动信号具有形式

$$W := \left\{w(\cdot) \,\middle|\, w(\cdot) \in L^2[0,T], \int_0^T w(\tau)^T w(\tau)\mathrm{d}\tau \leq d\right\}$$

其中d是正标量,若存在分段连续可微的正定矩阵函数$P_i(\cdot)$,使得

$$\dot{P}_i(t) + A_i(t)^T P_i(t) + P_i(t)A_i(t) + \frac{c_1+d}{c_2}P_i(t)G_i(t)G_i(t)^T P_i(t) \leq 0 \tag{6-25a}$$

$$\Gamma(t) \leq P_i(t) \leq \mu\Gamma(t), \quad \forall t \in [0,T] \tag{6-25b}$$

其中$i \in \underline{N}, \mu \geq 1$,且平均驻留时间满足

$$\tau > \frac{T\ln\mu}{\ln(\lambda_{\min}(\Gamma(0))\|x_0\|^2 + d) - \ln\left(\dfrac{c_1+d}{c_2}\max\limits_{i \in \underline{N}}\{\lambda(P_i(0))\}\|x_0\|^2 + d\right)} \tag{6-26}$$

则系统(6-3)关于$(c_1,c_2,W,T,\Gamma(t),\sigma(t))$是有限时间有界的。

证明 令 $\alpha:=\dfrac{c_1+d}{c_2}$,基于式(6-25a)和式(6-3),易得

$$\dfrac{\mathrm{d}}{\mathrm{d}t}x^\mathrm{T}P_i x < -\alpha x^\mathrm{T}P_i G_i G_i^\mathrm{T}P_i x + w^\mathrm{T}G_i^\mathrm{T}P_i x + x^\mathrm{T}P_i G_i w$$

$$= \dfrac{1}{\alpha}w^\mathrm{T}w - \left(\dfrac{1}{\sqrt{\alpha}}w - \sqrt{\alpha}G_i^\mathrm{T}P_i x\right)^\mathrm{T}\left(\dfrac{1}{\sqrt{\alpha}}w - \sqrt{\alpha}G_i^\mathrm{T}P_i x\right) \quad (6\text{-}27)$$

在 $[t_{k-1},t_k)$ 内子系统 i_{k-1} 被激活,对式(6-27)的两边从 t_{k-1} 到 t_k 积分可得

$$x(t_k)^\mathrm{T}P_{i_{k-1}}(t_k)x(t_k) - x(t_{k-1})^\mathrm{T}P_{i_{k-1}}(t_{k-1})x(t_{k-1})$$

$$< \dfrac{1}{\alpha}\int_{t_{k-1}}^{t_k}w^\mathrm{T}w\mathrm{d}t - \int_{t_{k-1}}^{t_k}\left(\dfrac{1}{\sqrt{\alpha}}w - \sqrt{\alpha}G_i^\mathrm{T}P_i x\right)^\mathrm{T}\left(\dfrac{1}{\sqrt{\alpha}}w - \sqrt{\alpha}G_i^\mathrm{T}P_i x\right)\mathrm{d}t$$

$$\leqslant \dfrac{1}{\alpha}\int_{t_{k-1}}^{t_k}w^\mathrm{T}w\mathrm{d}t$$

基于式(6-25b)有

$$x(t)^\mathrm{T}P_{i_k}(t)x(t) < x(t_k)^\mathrm{T}P_{i_k}(t_k)x(t_k) + \dfrac{1}{\alpha}\int_{t_k}^{t}w^\mathrm{T}w\mathrm{d}t$$

$$\leqslant \mu x(t_k)^\mathrm{T}P_{i_{k-1}}(t_k)x(t_k) + \dfrac{1}{\alpha}\int_{t_k}^{t}w^\mathrm{T}w\mathrm{d}t$$

$$< \mu\left[x(t_{k-1})^\mathrm{T}P_{i_{k-1}}(t_{k-1})x(t_{k-1}) + \dfrac{1}{\alpha}\int_{t_{k-1}}^{t_k}w^\mathrm{T}w\mathrm{d}t\right] + \dfrac{1}{\alpha}\int_{t_k}^{t}w^\mathrm{T}w\mathrm{d}t$$

$$= \mu x(t_{k-1})^\mathrm{T}P_{i_{k-1}}(t_{k-1})x(t_{k-1}) + \dfrac{\mu}{\alpha}\int_{t_{k-1}}^{t_k}w^\mathrm{T}w\mathrm{d}t + \dfrac{1}{\alpha}\int_{t_k}^{t}w^\mathrm{T}w\mathrm{d}t$$

……

$$< \mu^k x(0)^\mathrm{T}P_{i_0}(0)x(0) + \dfrac{1}{\alpha}\left(\mu^k\int_{0}^{t_1}w^\mathrm{T}w\mathrm{d}t + \mu^{k-1}\int_{t_1}^{t_2}w^\mathrm{T}w\mathrm{d}t + \cdots + \dfrac{1}{\alpha}\int_{t_k}^{t}w^\mathrm{T}w\mathrm{d}t\right)$$

$$< \mu^k\left[x(0)^\mathrm{T}P_{i_0}(0)x(0) + \dfrac{1}{\alpha}\int_{0}^{T}w^\mathrm{T}w\mathrm{d}t\right] = \mu^k\left[x(0)^\mathrm{T}P_{i_0}(0)x(0) + \dfrac{d}{\alpha}\right]$$

(6-28)

由式(6-26)可得

$$\mu^k(\alpha x_0^\mathrm{T}P_i(0)x_0 + d) < x_0^\mathrm{T}\Gamma(0)x_0 + d \quad (6\text{-}29)$$

即

$$x_0^\mathrm{T}P_i(0)x_0 < \dfrac{1}{\alpha\mu^k}[x_0^\mathrm{T}\Gamma(0)x_0 + d] - \dfrac{d}{\alpha} \quad (6\text{-}30)$$

对于 $x_0^\mathrm{T}\Gamma(0)x_0 \leqslant c_1$,联合式(6-25b)、式(6-28)和式(6-30)可得

$$x(t)^\mathrm{T}\Gamma(t)x(t) \leqslant x(t)^\mathrm{T}P_{i_k}(t)x(t) < \mu^k\left(x(0)^\mathrm{T}P_{i_0}(0)x(0) + \dfrac{d}{\alpha}\right)$$

$$< \dfrac{1}{\alpha}(x_0^\mathrm{T}\Gamma(0)x_0 + d) \leqslant c_2, \forall t\in[0,T] \quad (6\text{-}31)$$

因此系统(6-3)关于 $(c_1,c_2,W,T,\Gamma(t),\sigma(t))$ 是有限时间有界的。定理证毕。

说明 6.5 从以上定理可以看出对于 LTV 切换系统有限时间有界的充分条件,驻留时间约束条件和系统初始状态相关。当不考虑外部信号时,式(6-25a)和式(6-26)退化为式(6-19a)和式(6-20)。

6.5 有限时间异步控制器设计

本节对 LTV 切换系统的有限时间异步控制器进行了设计,分别给出了系统有限时间有界和有限时间稳定的控制方法。

6.5.1 有限时间有界控制

考虑控制器和系统之间的异步切换,给出状态反馈控制器的设计定理。

定理 6.3 如果存在分段连续可微的正定矩阵函数 $Q_i(\cdot)$, $\bar{Q}_i(\cdot)$ 和矩阵函数 $L_i(\cdot)$,$\forall t \in [0,T]$,使得

$$-\dot{Q}_i(t) + A_i(t)Q_i(t) + Q_i(t)A_i(t)^T + L_i(t)^T B_i(t)^T + B_i(t)L_i(t) + \frac{c_1+d}{c_2}G_i(t)G_i(t)^T \leq 0 \tag{6-32a}$$

$$-\dot{\bar{Q}}_i(t) + A_i(t)\bar{Q}_i(t) + \bar{Q}_i(t)A_i(t)^T + \bar{Q}_i(t)Q_j^{-1}(t)L_j(t)^T B_i(t)^T + B_i(t)L_j(t)Q_j^{-1}(t)\bar{Q}_i(t) + \frac{c_1+d}{c_2}G_i(t)G_i(t)^T \leq 0 \tag{6-32b}$$

$$Q_i(t) \leq \Gamma^{-1}(t) \tag{6-32c}$$

$$\mu_2^{-1} Q_i(t) \leq \bar{Q}_i(t) \leq \mu_1 Q_i(t) \tag{6-32d}$$

其中 $i,j \in \underline{N}, i \neq j, \mu_1 \geq 1, \mu_2 \geq 1$,且平均驻留时间满足

$$\tau > \frac{T\ln(\mu_1\mu_2)}{\ln(\lambda_{\min}(\Gamma(0))\|x_0\|^2 + d) - \ln\left(\frac{c_1+d}{c_2}\min_{i \in \underline{N}}\{\lambda^{-1}(Q_i(0))\}\|x_0\|^2 + d\right)} \tag{6-33}$$

则控制器 $K_i(t) = L_i(t)Q_i^{-1}(t)$ 能够确保闭环系统(6-8)关于 $(c_1, c_2, W, T, \Gamma(t), \sigma(t))$ 是有限时间有界的。

证明 图 6-2 展示了系统(6-8)在有限时间 $[0,T]$ 内的异步切换模式。定义

$$V_i(t,x) = \begin{cases} x^T P_{i_0}(t)x, & t \in [0,t_1) \\ x^T \bar{P}_{i_k}(t)x, & t \in \bigcup_{k \in Z^+}[t_k, t_k+\Delta_k) \\ x^T P_{i_k}(t)x, & t \in \bigcup_{k \in Z^+}[t_k+\Delta_k, t_{k+1}) \end{cases} \tag{6-34}$$

其中 $i \in \{i_0, i_1, i_2, \cdots, i_k\}$。令 $P_i(t) = Q_i^{-1}(t)$,利用 $P_i(t)$ 分别左乘和右乘式(6-32a),可得

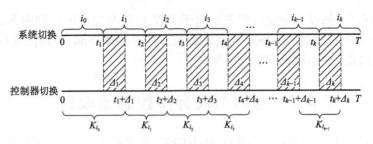

图 6-2 异步切换控制模式

$$-P_i(t)\dot{Q}_i(t)P_i(t) + P_i(t)(A_i(t) + B_i(t)K_i(t)) + (A_i(t) + B_i(t)K_i(t))^{\mathrm{T}}P_i(t) + \frac{c_1+d}{c_2}P_i(t)G_i(t)G_i(t)^{\mathrm{T}}P_i(t) < 0$$

令 $\tilde{A}_i(t) = A_i(t) + B_i(t)K_i(t)$,注意到 $\dot{P}_i(t) = -P_i(t)\dot{Q}_i(t)P_i(t)$,可得

$$\dot{P}_i(t) + \tilde{A}_i(t)^{\mathrm{T}}P_i(t) + P_i(t)\tilde{A}_i(t) + \frac{c_1+d}{c_2}P_i(t)G_i(t)G_i(t)^{\mathrm{T}}P_i(t) < 0 \quad (6\text{-}35)$$

由式(6-8)和图 6-2,可知式(6-35)在 $t \in [t_k + \Delta_k, t_{k+1}]$ 上成立。对式(6-34)在 $[t_k + \Delta_k, t]$ 内先求导再积分,可得

$$x(t)^{\mathrm{T}}P_{i_k}(t)x(t) - x(t_k+\Delta_k)^{\mathrm{T}}P_{i_k}(t_k+\Delta_k)x(t_k+\Delta_k) < \frac{1}{\alpha}\int_{t_k+\Delta_k}^{t}w^{\mathrm{T}}wdt \quad (6\text{-}36)$$

同理,令 $\bar{P}_i(t) = \bar{Q}_i^{-1}(t)$,利用 $\bar{P}_i(t)$ 分别左乘和右乘式(6-32b),可得

$$\dot{\bar{P}}_i(t) + \bar{P}_i(t)(A_i(t) + B_i(t)K_j(t)) + (A_i(t) + B_i(t)K_j(t))^{\mathrm{T}}\bar{P}_i(t) + \frac{c_1+d}{c_2}$$

$$\bar{P}_i(t)G_i(t)G_i(t)^{\mathrm{T}}\bar{P}_i(t) < 0 \quad (6\text{-}37)$$

注意到式(6-37)在不匹配时间段 $[t_k, t_k+\Delta_k)$ 内成立,在该时间段内对式(6-34)求导,再从 t_k 到 $t_k+\Delta_k$ 对其积分,可得

$$x(t_k+\Delta_k)^{\mathrm{T}}\bar{P}_{i_k}(t_k+\Delta_k)x(t_k+\Delta_k) - x(t_k)^{\mathrm{T}}\bar{P}_{i_k}(t_k)x(t_k) < \frac{1}{\alpha}\int_{t_k}^{t_k+\Delta_k}w^{\mathrm{T}}wdt \quad (6\text{-}38)$$

基于式(6-32c)和式(6-32d)可得

$$P_i(t) \geq \Gamma(t), P_i(t) \leq \mu_1\bar{P}_i(t), \bar{P}_i(t) \leq \mu_2 P_j(t) \quad (6\text{-}39)$$

联合式(6-36)和式(6-38)可得

$$x(t)^{\mathrm{T}}P_{i_k}(t)x(t) < x(t_k+\Delta_k)^{\mathrm{T}}P_{i_k}(t_k+\Delta_k)x(t_k+\Delta_k) + \frac{1}{\alpha}\int_{t_k+\Delta_k}^{t}w^{\mathrm{T}}wdt$$

$$\leq \mu_1 x(t_k+\Delta_k)^{\mathrm{T}}\bar{P}_{i_k}(t_k+\Delta_k)x(t_k+\Delta_k) + \frac{1}{\alpha}\int_{t_k+\Delta_k}^{t}w^{\mathrm{T}}wdt$$

$$< \mu_1\left[x(t_k)^{\mathrm{T}}\bar{P}_{i_k}(t_k)x(t_k) + \frac{1}{\alpha}\int_{t_k}^{t_k+\Delta_k}w^{\mathrm{T}}wdt\right] + \frac{1}{\alpha}\int_{t_k+\Delta_k}^{t}w^{\mathrm{T}}wdt$$

$$\leqslant \mu_1\mu_2 x(t_k)^{\mathrm{T}} P_{i_{k-1}}(t_k) x(t_k) + \frac{\mu_1}{\alpha} \int_{t_k}^{t_k+\Delta_k} w^{\mathrm{T}} w \mathrm{d}t + \frac{1}{\alpha} \int_{t_k+\Delta_k}^{t} w^{\mathrm{T}} w \mathrm{d}t$$

$$< \mu_1\mu_2 \Big[x(t_{k-1}+\Delta_{k-1})^{\mathrm{T}} P_{i_{k-1}}(t_{k-1}+\Delta_{k-1}) x(t_{k-1}+\Delta_{k-1}) + \frac{1}{\alpha} \int_{t_{k-1}+\Delta_{k-1}}^{t_k} w^{\mathrm{T}} w \mathrm{d}t \Big] +$$

$$\frac{\mu_1}{\alpha} \int_{t_k}^{t_k+\Delta_k} w^{\mathrm{T}} w \mathrm{d}t + \frac{1}{\alpha} \int_{t_k+\Delta_k}^{t} w^{\mathrm{T}} w \mathrm{d}t$$

……

$$< (\mu_1\mu_2)^k \Big(x(0)^{\mathrm{T}} P_{i_0}(0) x(0) + \frac{1}{\alpha} \int_0^T w^{\mathrm{T}} w \mathrm{d}t \Big)$$

$$= (\mu_1\mu_2)^k \Big[x(0)^{\mathrm{T}} P_{i_0}(0) x(0) + \frac{d}{\alpha} \Big] \tag{6-40}$$

同理可验证,对于 $t_k < T \leqslant t_k + \Delta_k, \mu_1 \geqslant 1, \mu_2 \geqslant 1$,式(6-40)也成立。另一方面,基于式(6-33)并注意到 $\lambda_{\min}^{-1}(Q_i(0)) = \lambda_{\max}(P_i(0))$,可得

$$(\mu_1\mu_2)^k (\alpha x_0^{\mathrm{T}} P_i(0) x_0 + d) < x_0^{\mathrm{T}} \Gamma(0) x_0 + d \tag{6-41}$$

综上,不难得到 $x_0^{\mathrm{T}} \Gamma(0) x_0 \leqslant c_1 \Rightarrow x(t)^{\mathrm{T}} \Gamma(t) x(t) < c_2, \forall t \in [0, T]$,因此系统(6-8)关于 $(c_1, c_2, W, T, \Gamma(t), \sigma(t))$ 是有限时间有界的。定理证毕。

说明 6.6 假设定理 6.3 的条件均满足,则控制器的设计步骤如下:

i)寻求 $Q_i(\cdot)$ 和 $L_i(\cdot)$ 满足式(6-32a)和式(6-32c);

ii)将 $Q_i(\cdot)$ 和 $L_i(\cdot)$ 代入式(6-32b)和式(6-32d)求得 $\bar{Q}_i(\cdot)$。

然而,式(6-32a)和式(6-32b)是非线性微分矩阵不等式,很难求出其解析解。为了获得控制器参数,可寻求数值算法获得解 $Q_i(\cdot)$ 和 $L_i(\cdot)$。注意到

$$\dot{Q}_i(t) \approx \frac{Q_i(t+\Delta t) - Q_i(t)}{\Delta t} \tag{6-42}$$

将式(6-42)代入式(6-32a)可得

$$-Q_i(t+\Delta t) + Q_i(t) +$$

$$\Big(A_i(t) Q_i(t) + Q_i(t) A_i(t)^{\mathrm{T}} + L_i(t)^{\mathrm{T}} B_i(t)^{\mathrm{T}} + B_i(t) L_i(t) + \frac{c_1+d}{c_2} G_i(t) G_i(t)^{\mathrm{T}} \Big) \Delta t < 0$$

$$\tag{6-43}$$

另外,由式(6-32c)和式(6-33)可得

$$\frac{c_1+d}{c_2} \Gamma^{-1}(0) < Q_i(0) \leqslant \Gamma^{-1}(0) \tag{6-44a}$$

$$Q_i(\Delta t) \leqslant \Gamma^{-1}(\Delta t) \tag{6-44b}$$

对于式(6-43),令 $t=0$,可得

$$-Q_i(\Delta t) + Q_i(0) +$$

$$\Big(A_i(0) Q_i(0) + Q_i(0) A_i(0)^{\mathrm{T}} + L_i(0)^{\mathrm{T}} B_i(0)^{\mathrm{T}} + B_i(0) L_i(0) + \frac{c_1+d}{c_2} G_i(0) G_i(0)^{\mathrm{T}} \Big) \Delta t < 0$$

$$\tag{6-45}$$

式(6-44a)、式(6-44b)和式(6-45)构成了线性矩阵不等式组,容易获得解 $Q_i(\Delta t)$, $Q_i(0)$ 和 $L_i(0)$。再令 $t = \Delta t$,可得

$$-Q_i(2\Delta t) + Q_i(\Delta t) +$$
$$\left(A_i(\Delta t)Q_i(\Delta t) + Q_i(\Delta t)A_i(\Delta t)^T + L_i(\Delta t)^T B_i(\Delta t)^T + B_i(\Delta t)L_i(\Delta t) + \frac{c_1+d}{c_2}G_i(\Delta t)G_i(\Delta t)^T\right)\Delta t < 0$$
(6-46)

联合式(6-32c)可得

$$Q_i(2\Delta t) \leq \Gamma^{-1}(2\Delta t) \qquad (6-47)$$

将 $Q_i(\Delta t)$ 代入式(6-46),联立式(6-46)和式(6-47),可求得 $Q_i(2\Delta t)$ 和 $L_i(\Delta t)$。同理可求得 $Q_i(3\Delta t), Q_i(4\Delta t), \cdots, Q_i(l\Delta t)$ 和 $L_i(2\Delta t), L_i(3\Delta t), \cdots, L_i((l-1)\Delta t), l \in Z^+, \Delta t = \frac{T}{l}$。$Q_i(\cdot), \forall t \in [0, T]$ 是连续可微的,因此 $Q_i(\cdot)$ 的左右导数存在且相等,且有 $\dot{Q}_i(T) \approx \frac{Q_i(T) - Q_i(T - \Delta t)}{\Delta t}$,将其代入式(6-32a)可得

$$-Q_i(T) + Q_i(T - \Delta t) +$$
$$\left(A_i(T)Q_i(T) + Q_i(T)A_i(T)^T + L_i(T)^T B_i(T)^T + B_i(T)L_i(T) + \frac{c_1+d}{c_2}G_i(T)G_i(T)^T\right)\Delta t < 0$$
(6-48)

联合式(6-32c)可得

$$Q_i(T - \Delta t) \leq \Gamma^{-1}(T - \Delta t) \qquad (6-49)$$

将 $Q_i(T)$ 代入式(6-48),联立式(6-48)和式(6-49)可求得 $L_i(T)$。在时间间隔 $\Delta t = \frac{T}{l}$ 内可获得 $Q_i(\cdot), L_i(\cdot), t \in [0, T]$ 的数值解。通过预先设置 μ_1, μ_2,将 $Q_i(0), Q_i(\Delta t), \cdots, Q_i(T), L_i(0), L_i(\Delta t), \cdots, L_i(T)$ 的值代入式(6-32b)和式(6-32d)可求得 $\bar{Q}_i(\cdot)$ 在离散时间点上的数值解。若 μ_1, μ_2 是未知变量,则可先求解式(6-32b),然后解式(6-32d)寻求 μ_1 和 μ_2 的值。

说明 6.7 综上所述,状态反馈控制器的设计步骤如下:

步骤 i)基于式(6-32c)和式(6-44a)确定初始条件和边界条件;

步骤 ii)记 $Q_i(s) \triangleq Q_i(s\Delta t), A_i(s) \triangleq A_i(s\Delta t), L_i(s) \triangleq L_i(s\Delta t), B_i(s) \triangleq B_i(s\Delta t), G_i(s) \triangleq G_i(s\Delta t)$,联立式(6-32c)、式(6-44a)和以下的线性矩阵不等式:

$$\begin{bmatrix} \Pi_i & G_i(s-1) \\ G_i(s-1)^T & -\frac{c_2}{(c_1+d)\Delta t}I \end{bmatrix} < 0 \qquad (6-50)$$

其中

$$\Pi_i = -Q_i(s) + Q_i(s-1) + (A_i(s-1)Q_i(s-1) + Q_i(s-1)A_i(s-1)^T + L_i(s-1)^T B_i(s-1)^T + B_i(s-1)L_i(s-1))\Delta t$$

在离散时间点 $t = s\Delta t, \Delta t = \dfrac{T}{l}, s = 1, 2, \cdots, l, t \in [0, T]$,可求取 $Q_i(s)$ 和 $L_i(s-1)$,$L_i(l) = L_i(T)$ 可通过联立式(6-48)和式(6-49)求解;

步骤 iii)类似于步骤 ii)的求解方法,通过预先设定 μ_1, μ_2,求取 $\bar{Q}_i(\cdot)$ 满足式(6-32b)和式(6-32d),或者首先求解式(6-32b),然后解式(6-32d)寻求 μ_1, μ_2 的值;

步骤 iv)计算控制器增益 $K_i(t) = L_i(t) Q_i^{-1}(t)$ 和式(6-33)中的平均驻留时间 τ。

由(6-50)可知,控制参数 $L_i(\cdot)$ 和 $Q_i(\cdot)$ 的解与计算步长 Δt 相关。当计算步长减小,线性矩阵不等式组的解集范围变大,$K_i(\cdot)$ 的可行解个数增多。通过减小计算步长 Δt,可提高非线性微分矩阵不等式的数值解精度,同时可提高系统的镇定效果。

说明 6.8 若 μ_1, μ_2 是待求的未知标量,则由式(6-32d)可设置 $\mu_1 = \max\limits_{i \in \underline{N}} \lambda(\bar{Q}_i(t) Q_i^{-1}(t)|_{t \in [0,T]})$ 和 $\mu_2 = \max\limits_{i,j \in \underline{N}, i \neq j} \lambda(Q_j(t) \bar{Q}_i^{-1}(t)|_{t \in [0,T]})$,因此对于 $Q_i(\cdot)$ 和 $\bar{Q}_i(\cdot)$ 的数值解,可进一步求得:$\mu_1(r) = \max\limits_{i \in \underline{N}} \lambda(\bar{Q}_i(t) Q_i^{-1}(t)|_{t = r\Delta t, t \in [0,T]})$ 和 $\mu_2(r) = \max\limits_{i,j \in \underline{N}, i \neq j} \lambda(Q_j(t) \bar{Q}_i^{-1}(t)|_{t = r\Delta t, t \in [0,T]})$。式(6-32d)蕴含 $\mu_1 \mu_2 \geq 1$,这也可由 $\mu_1 \geq 1$,$\mu_2 \geq 1$ 得到。而从定理 6.3 的证明过程可知式(6-40)在以下两种情况下成立:

$$\begin{cases} T > t_k + \Delta_k, & \mu_1 \mu_2 \geq 1, \mu_2 \geq 1 \\ t_k < T \leq t_k + \Delta_k, & \mu_1 \mu_2 \geq 1, \mu_1 \geq 1 \end{cases}$$

因此,无论有限时间稳定的终端时刻位于匹配时间段或是不匹配时间段,定理 6.3 的结论都是成立的。

6.5.2 有限时间镇定

以下定理给出了系统实现有限时间镇定的充分条件。

定理 6.4 如果存在分段连续可微的正定矩阵函数 $Q_i(\cdot), \bar{Q}_i(\cdot)$ 和矩阵函数 $L_i(\cdot), \forall t \in [0, T]$,使得

$$-\dot{Q}_i(t) + A_i(t) Q_i(t) + Q_i(t) A_i(t)^T + L_i(t)^T B_i(t)^T + B_i(t) L_i(t) \leq 0 \tag{6-51a}$$

$$-\dot{\bar{Q}}_i(t) + A_i(t) \bar{Q}_i(t) + \bar{Q}_i(t) A_i(t)^T + \bar{Q}_i(t) Q_j^{-1}(t) L_j(t)^T B_i(t)^T + B_i(t) L_j(t) Q_j^{-1}(t) \bar{Q}_i(t) \leq 0 \tag{6-51b}$$

$$Q_i(t) \leq \Gamma^{-1}(t) \tag{6-51c}$$

$$\mu_2^{-1} Q_i(t) \leq \bar{Q}_i(t) \leq \mu_1 Q_i(t) \tag{6-51d}$$

其中 $i, j \in \underline{N}, i \neq j, \mu_1 \geq 1, \mu_2 \geq 1$,且平均驻留时间满足

$$\tau > \frac{T\ln(\mu_1\mu_2)}{\ln(\lambda_{\min}(\varGamma(0))c_2) - \ln(\min_{i \in \underline{N}}\{\lambda^{-1}(Q_i(0))\}c_1)} \quad (6\text{-}52)$$

则控制器 $K_i(t) = L_i(t)Q_i^{-1}(t)$ 能够确保 $w(t) \equiv 0$ 时闭环系统 (6-8) 关于 $(c_1, c_2, T, \varGamma(t), \sigma(t))$ 是有限时间稳定的。

证明 证明思路与定理 6.3 类似，此处省略。

说明 6.9 显然定理 6.4 是定理 6.3 的特例。特别地，令 $\mu_1 = \mu_2 = \mu$，由式 (6-52) 可得 $\tau > \dfrac{2T\ln\mu}{\ln(\lambda_{\min}(\varGamma(0))c_2) - \ln(\lambda_{\min}^{-1}(Q_i(0))c_1)}$。对比式 (6-20) 可知，对异步切换而言，闭环系统的模态切换次数是不考虑异步切换情形下的 2 倍，同理相应的异步切换下平均驻留时间的下界值至少是不考虑异步切换的 2 倍，这也说明异步特性对闭环系统稳定性的影响可通过较长的平均驻留时间来抵消。

6.6 数值算例

本节分别对时变标量切换系统和二阶切换系统算例进行仿真研究，分别利用解析求解方式和数值求解方式得到系统控制器的设计形式，仿真结果验证了所提方法的有效性。

6.6.1 标量切换系统算例

系统时变动态方程为

$$\begin{aligned}
\text{子系统 1}: \dot{x}(t) &= \frac{1}{2}x(t) + \frac{1}{t+1}u(t) + 2\sqrt{10}\,w(t) \\
\text{子系统 2}: \dot{x}(t) &= \frac{1}{8}x(t) + \frac{1}{2(t+1)}u(t) + 2\sqrt{10}\,w(t)
\end{aligned}, x_0 = 0.1 \quad (6\text{-}53)$$

选取 $w(t) = 0.01\sin t$, $\varGamma(t) = 1$, $T = 0.5$, $c_1 = 0.01$, $c_2 = 1$，则计算可得 $d = 5 \times 10^{-5}$，由式 (6-32a) ~ 式 (6-32d) 和式 (6-44a) 可知，对 $\forall t \in [0, 0.5]$，需要满足不等式

$$-\dot{q}_1(t) + q_1(t) + \frac{2}{t+1}l_1 + 0.402 \leq 0 \quad (6\text{-}54\text{a})$$

$$-\dot{q}_2(t) + 0.25q_2(t) + \frac{1}{t+1}l_2 + 0.402 \leq 0 \quad (6\text{-}54\text{b})$$

$$-\dot{\bar{q}}_1(t) + \bar{q}_1(t) + \frac{2}{t+1}\bar{q}_1(t)q_2^{-1}(t)l_2 + 0.402 \leq 0 \quad (6\text{-}54\text{c})$$

$$-\dot{\bar{q}}_2(t) + 0.25\bar{q}_2(t) + \frac{1}{t+1}\bar{q}_2(t)q_1^{-1}(t)l_1 + 0.402 \leq 0 \quad (6\text{-}54\text{d})$$

$$q_1(t) \leq 1, q_2(t) \leq 1, q_1(0) > 0.01005, q_2(0) > 0.01005 \quad (6\text{-}54\text{e})$$

$$\mu_2^{-1}q_2(t) \leq \bar{q}_1(t) \leq \mu_1 q_1(t), \mu_2^{-1}q_1(t) \leq \bar{q}_2(t) \leq \mu_1 q_2(t) \quad (6\text{-}54\text{f})$$

解以上标量不等式组，可得到相应的一组解 $q_1(t) = e^{t-0.5}$, $q_2(t) = e^{0.25(t-0.5)}$,

$l_1 = -0.25(t+1), l_2 = -0.5(t+1), \bar{q}_1(t) = \bar{q}_2(t) = 0.5(t+0.5), \mu_1 = 1, \mu_2 = \dfrac{4}{e^{1/8}}$，计算可得时变控制器增益为 $k_1(t) = -0.25(t+1)e^{0.5-t}, k_2(t) = -0.5(t+1)e^{0.25(0.5-t)}$，平均驻留时间 $\tau > 0.165$ s。进一步可知，在 $[0,T]$ 内切换次数 $k \leq \dfrac{T}{\tau} < \dfrac{0.5}{0.165} \approx 3.03$，即最多通过 3 次切换可使所设计的时变控制器确保系统有限时间有界。在 $[0,0.5]$ 内选取切换次数 $k=3$，不匹配时间段 $\Delta_k = 0.05$ s，图 6-3 的仿真结果表明系统(6-53)在异步切换下是有限时间有界的，图 6-4 展示了反馈控制器的切换滞后于系统 0.05 s。

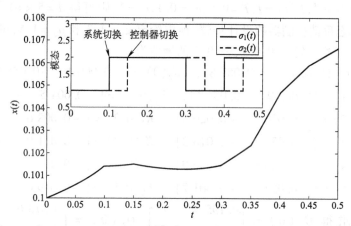

图 6-3　系统状态 $x(t)$、系统切换信号 $\sigma_1(t)$ 和控制器切换信号 $\sigma_2(t)$ 仿真曲线图

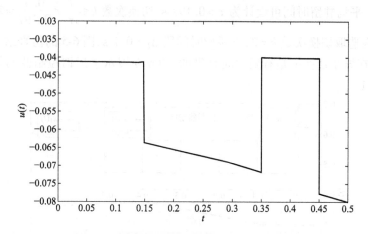

图 6-4　时变状态反馈控制器 $u(t)$ 仿真曲线图

6.6.2　二阶切换系统算例

对于标量系统，不难找到解析解的形式满足定理 6.3 的条件。现在考虑具有

以下时变动态的非标量形式的切换系统：

$$\dot{x}(t) = A_{\sigma(t)}(t)x(t) + B_{\sigma(t)}(t)u(t) + G_{\sigma(t)}(t)w(t), x_0 = \begin{bmatrix} 0.1 \\ 0.3 \end{bmatrix} \quad (6\text{-}55)$$

其中 $\sigma(t) = \{1,2\}$，$A_1(t) = \begin{bmatrix} 1 & 0 \\ t & -t \end{bmatrix}$，$A_2(t) = \begin{bmatrix} 0 & t^2 \\ 2t & 1 \end{bmatrix}$，$B_1(t) = \begin{bmatrix} \sin t \\ 1 \end{bmatrix}$，$B_2(t) = \begin{bmatrix} 0 \\ e^t \end{bmatrix}$，$G_1(t) = \begin{bmatrix} t^3 \\ 2 \end{bmatrix}$，$G_2(t) = \begin{bmatrix} 0 \\ 3t \end{bmatrix}$。对于式(6-55)很难求出解析解满足式(6-32a)~式(6-32d)，此时可以利用数值算法寻求系统的解。首先设置计算步长 $\Delta t = 0.1$，选取 $w(t) = 0.01e^{-t}$，$\Gamma(t) = I$，$T = 0.5$，$c_1 = 0.1$，$c_2 = 1$，则可得 $d = 5 \times 10^{-5}$。根据说明6.7中状态反馈控制器的设计步骤，预先给定 $\mu_1 = 1.3$ 和 $\mu_2 = 1.5$，可以求得时变控制器在离散时刻 $t = 0, 0.1, \cdots, 0.5$ 的增益为

$K_1(0) = [0.0356 \quad -0.0578]$, $K_2(0) = [-0.0001 \quad -0.0569]$

$K_1(0.1) = [0.0029 \quad -0.0341]$, $K_2(0.1) = [-0.0045 \quad -0.0355]$

$K_1(0.2) = [-0.0205 \quad -0.0263]$, $K_2(0.2) = [-0.0086 \quad -0.0311]$

$K_1(0.3) = [-0.0393 \quad -0.0163]$, $K_2(0.3) = [-0.0119 \quad -0.0276]$

$K_1(0.4) = [-0.0506 \quad -0.0069]$, $K_2(0.4) = [-0.0161 \quad -0.0248]$

$K_1(0.5) = [-0.0541 \quad -0.0012]$, $K_2(0.5) = [-0.0194 \quad -0.0225]$

并且可以求得 $Q_1(0) = \begin{bmatrix} 0.1959 & 0 \\ 0 & 0.55 \end{bmatrix}$，$Q_2(0) = \begin{bmatrix} 0.3786 & 0 \\ 0 & 0.55 \end{bmatrix}$。由式(6-33)，平均驻留时间可设计为 $\tau > 0.197$ s，切换次数 $k \leq \dfrac{T}{\tau} < \dfrac{0.5}{0.197} \approx 2.54$。在 $[0, 0.5]$ 内选取切换次数 $k = 2$，不匹配时间段 $\Delta_k = 0.1$ s，图6-5的仿真结果表明系统(6-55)在异步切换下是有限时间有界的，图6-6展示了反馈控制器的切换滞后于系统0.1 s。

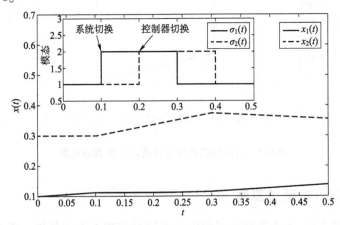

图6-5 系统状态 $x(t)$、系统切换信号 $\sigma_1(t)$ 和控制器切换信号 $\sigma_2(t)$ 仿真曲线图

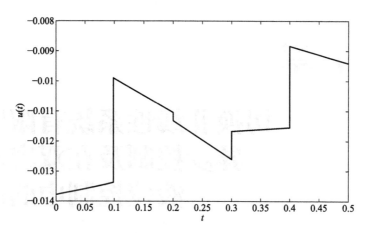

图 6-6 时变状态反馈控制器 $u(t)$ 仿真曲线图

●●● 本章小结 ●●●

本章针对一类 LTV 切换系统研究了有限时间状态反馈异步切换控制器的设计方法。所研究的 LTV 切换系统的时变动态并没有对参数变化率有所限制,且考虑了系统与控制器之间的异步切换模式,设计了相应的时变控制器参数和切换信号确保了系统有限时间稳定和有限时间有界。基于微分矩阵不等式,给出了有限时间稳定的充要条件,结论进一步推广到有限时间有界的情形。基于所提出的有限时间有界的条件,通过非线性微分矩阵不等式给出了异步镇定问题的解。利用数值近似法获得了时变控制器增益的可行解,同时给出了相应的设计步骤。所设计的控制器和切换律使得系统状态在有限时间内达到预先设定的范围内。数值算例中分别给出了标量系统和二阶系统的例子,分别通过寻求解析解和数值解,对两个系统进行了仿真验证,结论表明所提出的控制策略具备有效性和适用性。

第 7 章

切换非线性系统有限时间异步控制及在双容水箱液位控制中的应用

以上几章的工作主要针对切换线性系统,即子系统都是线性的情形,研究了其从连续形式、离散形式到采样及量化反馈等一系列的镇定问题。然而,在实际国防工程混杂系统中,子系统为线性形式的情形都是较为理想的,大部分系统由于饱和与振荡效应都具有一定的非线性特性,并且这种非线性特性往往不能通过在工作点处实施线性化处理而使系统近似为线性。因此,研究更为一般的切换非线性系统显得尤为重要。近年来,切换非线性系统的稳定性分析和镇定设计受到越来越多的关注,例如在任意切换下的控制器设计[179]和在给定切换律下的控制器设计[180],以及切换非线性系统的增量式(Q,S,R)耗散性和稳定性分析[181]。本章将线性切换系统异步镇定及性能分析结论推广到非线性系统中,对于含有 Lipschitz 非线性扰动的切换系统,给出了扰动抑制性能分析。借助矩阵广义逆的概念设计了有限时间异步控制器,并将结果应用到双容水箱液位控制混杂系统中。

●●●● 7.1 引　　言 ●●●●

对于切换非线性系统,众多文献主要集中于研究渐近稳定和指数稳定。理论上已经证明一些本质非线性系统不能够通过光滑反馈控制实现系统镇定,却能够利用有限时间控制方法镇定[69-70]。这里所提及的有限时间稳定是指有限时间收敛稳定性。在非线性系统镇定设计中,有限时间控制方法具有重要的地位。有限时间稳定性包括 Lyapunov 稳定性以及在有限时间内系统轨迹收敛到平衡状态。文献[66]指出有限时间稳定的系统不仅具有快速收敛性,也具有更好的鲁棒性和抗干扰特性。一些针对混杂非线性系统的有限时间稳定性结果也相继被报道[182-183]。最近,在有限时间镇定问题中反步设计方法也广泛被使用。例如,文献[184]针对具有未知控制系数和非线性项的切换非线性系统,利用反步设计方法研究了自适

第7章 切换非线性系统有限时间异步控制及在双容水箱液位控制中的应用

应有限时间控制策略。文献[185]针对具有未知非线性项的切换非线性系统,基于反步法利用神经网络研究了自适应有限时间控制器。文献[186]针对一类切换随机非线性系统,利用公共Lyapunov函数和反步设计方法研究了在任意切换下的有限时间镇定问题。在文献[187]中,利用所有子系统的公共坐标变换针对一类非光滑切换系统设计了全局有限时间稳定控制器。然而,以上的结果均使用了公共Lyapunov函数研究系统的有限时间收敛问题,公共Lyapunov函数给控制器的设计带来了一定的保守性。为了降低设计的保守性,自然想到利用多Lyapunov函数来研究系统的镇定问题。但不幸的是,在反步控制策略下,利用多Lyapunov函数方法将会导致对不同的子系统产生不同的坐标变换,这也就意味着当设计子系统控制器时,必须在不同的坐标变换下构造Lyapunov函数,给问题的解决带来了极大的复杂性。如果采用公共Lyapunov函数,则在反步设计的每一步所有子系统都具有共同的镇定函数,因此存在公共的坐标变换,从而使得镇定问题易于解决。这也是目前在切换非线性系统有限时间控制问题中公共Lyapunov函数方法被广泛采用,而不采用多Lyapunov函数方法的原因所在。但是,众所周知公共Lyapunov函数方法的保守性是很大的,有时只对一小类特殊的切换非线性系统才能设计控制器,反步设计法和多Lyapunov函数导致了复杂的坐标变换,因此本章主要关注于寻求基于多Lyapunov函数的新的镇定方法,从而降低控制器设计的保守性。在问题研究中,引入了矩阵广义逆,借助于矩阵广义逆的概念,从整体上考虑控制器参数的求解,得到了系统的有限时间镇定条件,由于控制器参数是在同一个坐标系下进行统一设计,避免了使用反步设计方法导致不同坐标变换的困难。

近年来,关于切换非线性系统的异步综合问题受到越来越多的关注[188-191]。然而,这些结果只解决了存在非线性扰动的子系统并且子系统可以被近似线性化的切换非线性系统的综合问题。如果只考虑系统的非线性扰动,则那些本质非线性的系统很难通过线性化方法进行综合设计。对于非异步切换的系统,发展了许多有效的非线性分析方法研究系统的稳定性和镇定问题。文献[192]利用非线性规划问题中的Karush-Kuhn-Tucker条件给出了切换系统二次稳定的充要条件。基于多Lyapunov函数,文献[193]发展了一种新的切换非线性系统镇定方法,这种方法综合了下层有界非线性反馈控制器和上层切换律。文献[179]针对具有下三角形式的切换非线性系统,利用反步设计方法实现了在任意切换条件下的全局镇定。在文献[32]中,讨论了确保切换非线性系统一致指数稳定的Lie-代数条件。然而,本质非线性和异步切换的交织给控制器设计带来了更大困难,已有的切换非线性系统镇定问题都要求子系统切换和控制器切换时间严格一致,这使得在实际应用中已有的非线性镇定方法可能失效,所以发展切换非线性系统异步镇定方法在理论上具有一定的挑战性。另一方面,考虑到有限时间控制可以更好地镇定非线性系统,因此,针对切换非线性系统有限时间异步镇定问题的研究具有重要意义。

基于多Lyapunov函数,本章给出了依赖停息时间和平均驻留时间的系统有限时间稳定判据,进一步借助矩阵广义逆的概念设计了有限时间异步切换控制器和合适的切换律来镇定系统,相较于已有文献的结果,本章研究内容的特点主要体现在:①所研究的切换非线性系统具有更一般的混杂非线性形式,由异步切换和非线性特性的交织带来的系统复杂性使得有限时间稳定性分析更加困难,同时也使这个方面的研究获得了更多关注;②本章所研究的有限时间稳定性包含了 Lyapunov 稳定和有限时间收敛,与系统在有限时间内状态有界[75,194]不同的是,它要求系统的原点在有限时间内收敛到零。特别地,矩阵广义逆在构造切换控制器中起到了重要作用,控制输入的维数和系统可控部分状态变量的维数可以是不同的,这更具一般性;③大多数已有的文献都使用公共 Lyapunov 函数研究切换非线性系统有限时间稳定问题,给控制器设计带来了保守性,本章所研究的切换控制器的构造方法依赖多 Lyapunov 函数,并且进一步揭示了停息时间和平均驻留时间之间的关系,从而不但使得问题的保守性降低,而且有限时间镇定更易实现。

7.2 问题描述与预备知识

本节给出了切换非系统模型及其有限时间稳定的相关概念,并列出了系统镇定设计中所需的相关引理。

7.2.1 切换非线性系统及相关概念

考虑切换非线性系统

$$\dot{x}(t) = f_{\sigma(t)}(x(t)) + g_{\sigma(t)}(x(t))u_{\sigma(t)}(t) \tag{7-1}$$

其中 $x(t) \in R^n$ 是系统状态;$\sigma(t):[0,+\infty) \to \underline{N} = \{1,2,\cdots,N\}$ 是依赖时间 t 的右连续分段常值函数;N 是子系统数量;$u_{\sigma(t)}(t) \in R^p$ 是依赖于 $\sigma(t)$ 的切换控制输入。$f_i, g_i, i \in \underline{N}$ 在原点的开邻域 $\mathcal{D} \subseteq R^n$ 内是连续的,且有 $f_i(0) = 0$。

在异步切换下,系统可描述为

$$\dot{x}(t) = f_{\sigma(t)}(x(t)) + g_{\sigma(t)}(x(t))u_{\sigma'(t)}(t) \tag{7-2}$$

其中 $\sigma'(t)$ 代表实际的控制器切换信号。用 $S = \{(t_0, \sigma(t_0)), (t_1, \sigma(t_1)), \cdots, (t_k, \sigma(t_k)), \cdots \mid k \in Z^+\}$ 表示系统的切换序列,$t_0 = 0$ 是初始切换时刻,t_k 表示第 k 个切换时刻。控制器的切换序列为 $\sigma'(t):\{(t_0 + \Delta_0, \sigma(t_0)), (t_1 + \Delta_1, \sigma(t_1)), \cdots, (t_k + \Delta_k, \sigma(t_k)), \cdots\}$。

下面将给出有限时间收敛稳定性和切换非线性系统有限时间异步切换镇定的定义。

定义7.1 对于系统 $\dot{x}(t) = f_{\sigma(t)}(x(t))$,如果存在原点的开邻域 $\mathcal{N} \subseteq \mathcal{D}$ 和函数 $T(x_0):\mathcal{N} \setminus \{0\} \to (0, +\infty)$,使得以下表述成立:

(1)有限时间收敛:对于某个切换信号 $\sigma(t)$ 和任意初始状态 $x_0 \in \mathcal{N} \setminus \{0\}$,

$\dot{x}(t)=f_{\sigma(t)}(x(t))$ 定义在 $[0,T(x_0))$ 上的解 ψ^{x_0} 满足对所有的 $t\in[0,T(x_0))$，$\psi^{x_0}(t)\in\mathcal{N}\setminus\{0\}$，且有 $\lim\limits_{t\to T(x_0)}\psi^{x_0}(t)=0$。

(2) Lyapunov 稳定：对于原点的任意开邻域 $\mathcal{B}_\varepsilon$，如果存在包含原点的集合 $\mathcal{N}$ 的开子集 $\mathcal{B}_\delta$，使得对某个切换信号 $\sigma(t)$ 和任意初始状态 $x_0\in\mathcal{B}_\delta\setminus\{0\}$，都有 $\psi^{x_0}(t)\in B_\varepsilon, t\in[0,T(x_0))$。

则称系统 $\dot{x}(t)=f_{\sigma(t)}(x(t))$ 是有限时间稳定的，其中函数 $T(x_0)$ 称为系统的停息时间函数。如果当 $\mathcal{D}=\mathcal{N}=R^n$ 时，原点是有限时间稳定的平衡点，则称系统是全局有限时间稳定的。

说明 7.1 由于切换信号 $\sigma(t)$ 是给定的而不是任意的，每个子系统平衡点的有限时间稳定性并不需要得到保证。由有限时间稳定的定义，整个系统稳定性的确保允许部分子系统不是有限时间稳定的，关键的问题在于寻求合适的切换律来保证系统的稳定性。

定义 7.2 如果存在状态反馈控制器 $u_{\sigma'(t)}(t)$ 使得系统(7-2)所构成的闭环系统是有限时间稳定的，则称系统(7-2)是有限时间可镇定的。

7.2.2 相关引理

本章的目的是寻求具有不稳定子系统的切换非线性系统 $\dot{x}(t)=f_{\sigma(t)}(x(t))$ 在有限时间内收敛到零的稳定条件，并设计有限时间异步切换控制器 $u_{\sigma'(t)}(t)$ 来镇定系统(7-2)。以下的引理在问题的研究中将被使用。

引理 7.1 如果 $f(x)$ 是定义在 $[a,b]$ 上的凸连续函数，则 $\forall x_1,x_2,\cdots,x_n\in(a,b)$，不等式

$$f\left(\frac{1}{n}\sum_{i=1}^n x_i\right)\leq \frac{1}{n}\sum_{i=1}^n f(x_i) \tag{7-3}$$

成立，当且仅当 $x_1=x_2=\cdots=x_n$，$f\left(\frac{1}{n}\sum_{i=1}^n x_i\right)=\frac{1}{n}\sum_{i=1}^n f(x_i)$。

引理 7.2 对于 $x_1,x_2,\cdots,x_n\in R^+$ 以及 $p>1$，不等式

$$\sum_{i=1}^n x_i^p \leq \left(\sum_{i=1}^n x_i\right)^p \leq n^{p-1}\sum_{i=1}^n x_i^p \tag{7-4}$$

成立。

引理 7.3[183] 对于任意标量 x,y 和 κ，如果 $0\leq y\leq x$ 且 $\kappa\geq 1$，则

$$(x-y)^\kappa \leq x^\kappa - y^\kappa \tag{7-5}$$

考虑非线性系统

$$\dot{x}(t)=f(x(t)) \tag{7-6}$$

文献[67]给出了系统(7-6)有限时间稳定的充分条件。

引理 7.4 如果存在连续函数 $V:\mathcal{D}\to R$，使得以下条件成立：

(1) V 是正定的;

(2) 存在实数 $c>0, \alpha \in (0,1)$ 和原点的开邻域 $\mathcal{V} \subseteq \mathcal{D}$, 使得

$$\dot{V}(x) + c(V(x))^\alpha \leq 0, x \in \mathcal{V} \setminus \{0\}$$

则称原点是系统(7-6)的有限时间稳定的平衡点。

7.3 有限时间稳定性及扰动抑制性能分析

本节对切换非线性系统的有限时间稳定性进行了分析,并给出了扰动条件下系统稳定的条件,对系统扰动抑制性能做了进一步讨论。

7.3.1 有限时间稳定条件

切换非线性系统的状态空间描述为

$$\dot{x}(t) = f_{\sigma(t)}(x(t)) \tag{7-7}$$

记式(7-7)的解为 $\psi^{x_0}(\cdot)$, 当 $t \in [t_k, t_{k+1})$, $\sigma(t) = i_k$, 即第 i_k 个子系统被激活, 则 $\sigma(t_k) = i_k$, $\psi^{x_0}(t_k)$ 表示第 i_k 个子系统在 t_k 时刻被激活的运动轨迹。因此, $\psi^{x_0}(t)$, $t \in [t_k, t_{k+1})$ 表示第 i_k 个子系统的运动轨迹。

考虑系统(7-7)的有限时间稳定性,有限时间稳定和不稳定模式以图 7-1 的方式被激活。

图 7-1 子系统切换序列

令 $\mathcal{M}_s$ 表示所有稳定子系统的序列集, $\mathcal{M}_{us}$ 表示所有不稳定子系统的序列集, 由引理 7.4 为子系统选取满足以下关系的正定函数 V_i:

$$L_{f_i} V_i(x) \leq -\lambda_i (V_i(x))^\alpha, \quad i \in \mathcal{M}_s \tag{7-8}$$

$$L_{f_i} V_i(x) \leq \gamma_i (V_i(x))^\beta, \quad i \in \mathcal{M}_{us} \tag{7-9}$$

$$V_i(x) \leq \mu V_j(x), \quad i,j \in \underline{N}, i \neq j \tag{7-10}$$

其中 $\lambda_i > 0, \gamma_i > 0, \mu \geq 1, \alpha, \beta \in (0,1)$。符号 $L_f V(\cdot)$ 表示标量函数 $V(\cdot)$ 关于向量函数 $f(\cdot)$ 的标准 Lie-导数。式(7-10)表示不同 V_i 之间应满足的关系。式(7-8)和式(7-9)表明系统稳定模式的原点是有限时间收敛的,但不稳定模式的原点可能是发散的。

以下定理给出了系统(7-7)的有限时间稳定条件。

定理 7.1 对于满足式(7-8)~式(7-10)的系统(7-7),如果有限时间不稳定的子系统总的驻留时间 $T^+(0,t)$,系统平均驻留时间 τ_a 以及停息时间 $T(x_0)$ 满足

第7章 切换非线性系统有限时间异步控制及在双容水箱液位控制中的应用

$$T(x_0) < \left(\frac{\eta}{\omega} - 1\right)\tau_a \qquad (7\text{-}11)$$

其中 $\eta = \ln\left([\vartheta(1-\alpha)]^{\frac{1}{1-\alpha}}(T(x_0) - T^+)^{\frac{1}{1-\alpha}}\right) - \ln\left([\zeta(1-\beta)]^{\frac{1}{1-\beta}}(T^+)^{\frac{1}{1-\beta}} + V(x_0)\right)$,
$\omega = \frac{\alpha}{2(1-\alpha)} + \ln(\sqrt{2^{\frac{\beta}{1-\beta}}}\mu)$, $\vartheta = \min_{i \in M_s}\{\lambda_i\}$, $\zeta = \max_{i \in M_{us}}\{\gamma_i\}$, 则系统(7-7)的原点是有限时间稳定的。

证明 首先证明系统(7-7)的有限时间收敛性。由式(7-8)和式(7-9), 对第 i 个稳定的子系统, 存在标量 $\lambda_i > 0$, $\alpha \in (0,1)$ 和连续正定函数 $V_i: \mathcal{D} \to R$, 使得

$$\dot{V}_i(x) + \lambda_i (V_i(x))^\alpha \leq 0, \quad \forall x \in \mathcal{V} \setminus \{0\}, i \in \mathcal{M}_s \qquad (7\text{-}12)$$

对第 j 个不稳定的子系统, 存在标量 $\gamma_j > 0$, $\beta \in (0,1)$ 和连续的正定函数 $V_j: \mathcal{D} \to R$, 使得

$$\dot{V}_j(x) - \gamma_j (V_j(x))^\beta \leq 0, \quad \forall x \in \mathcal{V} \setminus \{0\}, j \in \mathcal{M}_{us} \qquad (7\text{-}13)$$

在时间段 $[t_k, t_{k+1})$ 内, 第 i_k 个子系统被激活, $\psi^{x_0}(t_k)$ 是系统(7-7)在切换时刻 t_k 和初值状态 x_0 下的轨迹值。连续的分段正定函数定义为 $V(t) = V_{i_k}(t)$, $t \in [t_k, t_{k+1})$。当 $t \in [0, t_1)$ 时, 第 i_0 个稳定的子系统被激活。由式(7-12)和引理7.3可得

$$V(\psi^{x_0}(t)) = V_{i_0}(\psi^{x_0}(t)) \leq \left[(V_{i_0}(x_0))^{1-\alpha} - \lambda_{i_0}(1-\alpha)t\right]^{\frac{1}{1-\alpha}}$$
$$\leq V_{i_0}(x_0) - [\lambda_{i_0}(1-\alpha)t]^{\frac{1}{1-\alpha}}, t \in [0, t_1) \qquad (7\text{-}14)$$

当 $t \in [t_1, t_2)$, 第 i_1 个不稳定的子系统被激活, 则由式(7-13)和引理7.2可得

$$V(\psi^{x_0}(t)) = V_{i_1}(\psi^{x_0}(t)) \leq \left[(V_{i_1}(\psi^{x_0}(t_1)))^{1-\beta} + \gamma_{i_1}(1-\beta)(t-t_1)\right]^{\frac{1}{1-\beta}}$$
$$\leq 2^{\frac{\beta}{1-\beta}} V_{i_1}(\psi^{x_0}(t_1)) + 2^{\frac{\beta}{1-\beta}}[\gamma_{i_1}(1-\beta)(t-t_1)]^{\frac{1}{1-\beta}}, \quad t \in [t_1, t_2) \qquad (7\text{-}15)$$

由式(7-14), 可知

$$V_{i_0}(\psi^{x_0}(t_1^-)) \leq V_{i_0}(x_0) - [\lambda_{i_0}(1-\alpha)t_1]^{\frac{1}{1-\alpha}}$$

基于式(7-10)和式(7-15)有

$$V(\psi^{x_0}(t_2^-)) \leq 2^{\frac{\beta}{1-\beta}}\mu V_{i_0}(\psi^{x_0}(t_1^-)) + 2^{\frac{\beta}{1-\beta}}[\gamma_{i_1}(1-\alpha)(t_2-t_1)]^{\frac{1}{1-\beta}}$$
$$\leq 2^{\frac{\beta}{1-\beta}}\mu V_{i_0}(x_0) - 2^{\frac{\beta}{1-\beta}}\mu[\lambda_{i_0}(1-\alpha)t_1]^{\frac{1}{1-\alpha}} + 2^{\frac{\beta}{1-\beta}}[\gamma_{i_1}(1-\beta)(t_2-t_1)]^{\frac{1}{1-\beta}}$$

当 $t \in [t_k, t_{k+1})$ 且 $k \in Z_{even}^+$ 时, 第 i_k 个稳定的子系统被激活, 由此可得

$$V(\psi^{x_0}(t)) \leq (2^{\frac{\beta}{1-\beta}})^{\frac{k}{2}}\mu^k V_{i_0}(x_0) - (2^{\frac{\beta}{1-\beta}})^{\frac{k}{2}}\mu^k[\lambda_{i_0}(1-\alpha)t_1]^{\frac{1}{1-\alpha}} +$$
$$(2^{\frac{\beta}{1-\beta}})^{\frac{k}{2}}\mu^{k-1}[\gamma_{i_1}(1-\beta)(t_2-t_1)]^{\frac{1}{1-\beta}} -$$
$$(2^{\frac{\beta}{1-\beta}})^{\frac{k}{2}-1}\mu^{k-2}[\lambda_{i_2}(1-\alpha)(t_3-t_2)]^{\frac{1}{1-\alpha}} +$$
$$(2^{\frac{\beta}{1-\beta}})^{\frac{k}{2}-1}\mu^{k-3}[\gamma_{i_3}(1-\beta)(t_4-t_3)]^{\frac{1}{1-\beta}} - \cdots -$$
$$2^{\frac{\beta}{1-\beta}}\mu^2[\lambda_{i_{k-2}}(1-\alpha)(t_{k-1}-t_{k-2})]^{\frac{1}{1-\alpha}} +$$
$$2^{\frac{\beta}{1-\beta}}\mu[\gamma_{i_{k-1}}(1-\beta)(t_k-t_{k-1})]^{\frac{1}{1-\beta}} - [\lambda_{i_k}(1-\alpha)(t-t_k)]^{\frac{1}{1-\alpha}}$$

令 $\vartheta = \min\limits_{i \in M_s}\{\lambda_i\}$, $\zeta = \max\limits_{i \in M_{us}}\{\gamma_i\}$ 有

$$V(\psi^{x_0}(t)) \leq (2^{\frac{\beta}{1-\beta}})^{\frac{k}{2}}\mu^k V_{i_0}(x_0) - [\vartheta(1-\alpha)]^{\frac{1}{1-\alpha}}[t_1^{\frac{1}{1-\alpha}} + (t_3-t_2)^{\frac{1}{1-\alpha}} + \cdots + (t-t_k)^{\frac{1}{1-\alpha}}] +$$
$$(2^{\frac{\beta}{1-\beta}})^{\frac{k}{2}}\mu^k [\zeta(1-\beta)]^{\frac{1}{1-\beta}}[(t_2-t_1)^{\frac{1}{1-\beta}} + (t_4-t_3)^{\frac{1}{1-\beta}} + \cdots + (t_k-t_{k-1})^{\frac{1}{1-\beta}}]$$
(7-16)

记 $T^+(0,t)$（或 $T^-(0,t)$）表示不稳定子系统（或稳定子系统）在时间段 $[0,t]$ 上总的激活时间。则在 $[0,t_{k+1}]$ 内，$T^+ = (t_2-t_1) + (t_4-t_3) + \cdots + (t_k-t_{k-1})$，$T^- = t_1 + (t_3-t_2) + \cdots + (t_{k+1}-t_k)$。

由引理 7.2 可得

$$t_1^{\frac{1}{1-\alpha}} + (t_3-t_2)^{\frac{1}{1-\alpha}} + \cdots + (t-t_k)^{\frac{1}{1-\alpha}} \geq \left(\frac{k}{2}+1\right)^{-\frac{\alpha}{1-\alpha}}(T^-)^{\frac{1}{1-\alpha}} \tag{7-17}$$

$$(t_2-t_1)^{\frac{1}{1-\beta}} + (t_4-t_3)^{\frac{1}{1-\beta}} + \cdots + (t_k-t_{k-1})^{\frac{1}{1-\beta}} \leq (T^+)^{\frac{1}{1-\beta}} \tag{7-18}$$

综合式 (7-16) ~ 式 (7-18) 可得

$$V(\psi^{x_0}(t)) \leq (2^{\frac{\beta}{1-\beta}})^{\frac{k}{2}}\mu^k V_{i_0}(x_0) - [\vartheta(1-\alpha)]^{\frac{1}{1-\alpha}}\left(\frac{k}{2}+1\right)^{-\frac{\alpha}{1-\alpha}}(T^-)^{\frac{1}{1-\alpha}} +$$
$$(2^{\frac{\beta}{1-\beta}})^{\frac{k}{2}}\mu^k [\zeta(1-\beta)]^{\frac{1}{1-\beta}}(T^+)^{\frac{1}{1-\beta}}$$

注意到

$$e^{\frac{k}{2}} \geq \frac{k}{2}+1, \forall k \in Z^+$$

则有

$$V(\psi^{x_0}(t)) \leq (2^{\frac{\beta}{1-\beta}})^{\frac{k}{2}}\mu^k V_{i_0}(x_0) - [\vartheta(1-\alpha)]^{\frac{1}{1-\alpha}}e^{-\frac{k}{2}\cdot\frac{\alpha}{1-\alpha}}(T^-)^{\frac{1}{1-\alpha}} +$$
$$(2^{\frac{\beta}{1-\beta}})^{\frac{k}{2}}\mu^k [\zeta(1-\beta)]^{\frac{1}{1-\beta}}(T^+)^{\frac{1}{1-\beta}}$$
(7-19)

与上述证明过程类似，当 $t \in [t_k, t_{k+1})$，$k \in Z^+_{odd}$ 时，可得

$$V(\psi^{x_0}(t)) \leq (2^{\frac{\beta}{1-\beta}})^{\frac{k+1}{2}}\mu^k V_{i_0}(x_0) - [\vartheta(1-\alpha)]^{\frac{1}{1-\alpha}}e^{-\frac{k-1}{2}\cdot\frac{\alpha}{1-\alpha}}(T^-)^{\frac{1}{1-\alpha}} +$$
$$(2^{\frac{\beta}{1-\beta}})^{\frac{k+1}{2}}\mu^k [\zeta(1-\beta)]^{\frac{1}{1-\beta}}(T^+)^{\frac{1}{1-\beta}}$$
(7-20)

由式 (7-19) 和式 (7-20)，当 $k \in Z^+$ 时，有

$$V(\psi^{x_0}(t)) \leq (2^{\frac{\beta}{1-\beta}})^{\frac{k+1}{2}}\mu^{k+1} V_{i_0}(x_0) - [\vartheta(1-\alpha)]^{\frac{1}{1-\alpha}}e^{-\frac{k+1}{2}\cdot\frac{\alpha}{1-\alpha}}(T^-)^{\frac{1}{1-\alpha}} +$$
$$(2^{\frac{\beta}{1-\beta}})^{\frac{k+1}{2}}\mu^{k+1} [\zeta(1-\beta)]^{\frac{1}{1-\beta}}(T^+)^{\frac{1}{1-\beta}}$$
(7-21)

因此，如果

$$k+1 < \{\ln([\vartheta(1-\alpha)]^{\frac{1}{1-\alpha}}(T^-)^{\frac{1}{1-\alpha}}) - \ln([\zeta(1-\beta)]^{\frac{1}{1-\beta}}(T^+)^{\frac{1}{1-\beta}} + V(x_0))\} /$$
$$\left\{\frac{\alpha}{2(1-\alpha)} + \ln(\sqrt{2^{\frac{\beta}{1-\beta}}}\mu)\right\}$$
(7-22)

则有

$$V(\psi^{x_0}(t)) \equiv 0 \tag{7-23}$$

这里停息时间函数 $T(x_0) = T^+ + T^-$。由平均驻留时间定义可得 $k = N_\sigma(0, T(x_0))$，因此关系

$$k \leq T(x_0)/\tau_a \tag{7-24}$$

成立，如果

$$\tau_a > \frac{\omega T(x_0)}{\eta - \omega} \tag{7-25}$$

则式(7-22)成立，其中 $\eta = \ln([\vartheta(1-\alpha)]^{\frac{1}{1-\alpha}}(T^-)^{\frac{1}{1-\alpha}}) - \ln([\zeta(1-\beta)]^{\frac{1}{1-\beta}}(T^+)^{\frac{1}{1-\beta}} + V(x_0))$，$\omega = \frac{\alpha}{2(1-\alpha)} + \ln(\sqrt{2^{\frac{\beta}{1-\beta}}}\mu)$。综合式(7-23)~式(7-25)可得

$$\lim_{t \to T(x_0)} \psi^{x_0}(t) \equiv 0$$

因此，系统轨迹将在域 $\mathcal{V} = \mathcal{B}_\delta$ 内有限时间收敛到原点。

下面将考虑系统(7-7)的 Lyapunov 稳定性。基于原点有限时间收敛的证明，可以得到式(7-21)在时间段 $t \in [t_k, t_{k+1})$，$\forall k \in Z^+$ 内成立。对于任意的 $\varepsilon > 0$，总可以找到合适的正整数 k 和正标量 δ_k, T^-, T^+，使得

$$(2^{\frac{\beta}{1-\beta}})^{\frac{k+1}{2}} \mu^{k+1} \delta_k - [\vartheta(1-\alpha)]^{\frac{1}{1-\alpha}} e^{-\frac{k+1}{2} \cdot \frac{\alpha}{1-\alpha}} (T^-)^{\frac{1}{1-\alpha}} + (2^{\frac{\beta}{1-\beta}})^{\frac{k+1}{2}} \mu^{k+1} [\zeta(1-\beta)]^{\frac{1}{1-\beta}} (T^+)^{\frac{1}{1-\beta}} = \varepsilon$$

基于上式，可以获得一组依赖于 ε 的正标量 $\delta_k, \delta_{k-1}, \cdots, \delta_0$，令 $\delta = \min_{k \in Z^+}\{\delta_k, \delta_{k-1}, \cdots, \delta_0\}$，有

$$(2^{\frac{\beta}{1-\beta}})^{\frac{k+1}{2}} \mu^{k+1} \delta - [\vartheta(1-\alpha)]^{\frac{1}{1-\alpha}} e^{-\frac{k+1}{2} \cdot \frac{\alpha}{1-\alpha}} (T^-)^{\frac{1}{1-\alpha}} + (2^{\frac{\beta}{1-\beta}})^{\frac{k+1}{2}} \mu^{k+1} [\zeta(1-\beta)]^{\frac{1}{1-\beta}} (T^+)^{\frac{1}{1-\beta}} \leq \varepsilon$$

基于上式和式(7-21)，由 $V(x_0) < \delta$ 可得，对任意的 $t \geq 0$ 和 $x_0 \in \mathcal{V}$，都有 $V(\psi^{x_0}(t)) < \varepsilon$。定理证毕。

说明 7.2 由定理 7.1 可知，由于使用了多 Lyapunov 函数方法，系统(7-7)的有限时间稳定性的确保并不要求所有子系统都是有限时间稳定的。系统(7-7)的有限时间稳定性不仅依赖非有限时间稳定的子系统总的驻留时间，而且依赖系统的停息时间和平均驻留时间。

说明 7.3 式(7-8)要求子系统 $i \in \mathcal{M}_s$ 是有限时间稳定的，但是式(7-9)并没有这样的要求。实际上，很容易看出如果 γ_i 取的足够大，则式(7-9)必然成立。因此，通过适当地调整参数 γ_i，式(7-9)的关系很容易被满足。相较于式(7-9)，式(7-8)中参数 λ_i 的选择范围更加苛刻。然而，一般说来，根据系统状态方程构造合适的正定函数，λ_i 最终可通过可行的计算来获得。关于参数选择和不等式验证的算例研究在文献[195]中给出了详细步骤。

说明 7.4 平均驻留时间 τ_a 与停息时间 $T(x_0)$ 相关，不同的停息时间将导致不同的平均驻留时间。这里预先设定 $T(x_0)$，则 τ_a 的范围能够被确定。如果系统

的切换序列是已知的,即 τ_a 是固定常数,则 $T(x_0)$ 和 T^+ 之间的关系可表述为 $\frac{\omega}{\tau_a}T(x_0) < \eta - \omega$。注意到 ω 和 τ_a 是已知常数,则有 $[\vartheta(1-\alpha)]^{\frac{1}{1-\alpha}}(T(x_0) - T^+)^{\frac{1}{1-\alpha}} > ([\zeta(1-\beta)]^{\frac{1}{1-\beta}}(T^+)^{\frac{1}{1-\beta}} + V(x_0))e^{\frac{\omega}{\tau_a}T(x_0)}$,基于该不等式,并注意到 $(T(x_0) - T^+)^{\frac{1}{1-\alpha}} \leq T(x_0)^{\frac{1}{1-\alpha}} - (T^+)^{\frac{1}{1-\alpha}}$ 和 $e^{\frac{\omega}{\tau_a}T(x_0)} > e^{\frac{\omega}{\tau_a}T^+}$,可得

$$T(x_0)^{\frac{1}{1-\alpha}} > \{([\zeta(1-\beta)]^{\frac{1}{1-\beta}}(T^+)^{\frac{1}{1-\beta}} + V(x_0))/[\vartheta(1-\alpha)]^{\frac{1}{1-\alpha}}\}e^{\frac{\omega}{\tau_a}T^+} + (T^+)^{\frac{1}{1-\alpha}}$$

由以上不等式,可以确定 $T(x_0)$ 和 T^+ 的显式关系,并且可以看出,随着 T^+ 的变大,$T(x_0)$ 的下界也变大。这意味着如果非有限时间稳定的子系统被激活时间较长,则需要保证停息时间足够长,从而使得稳定的子系统运行相对长的时间来抵消不稳定子系统的影响。另一方面,通过预先确定 τ_a 和 $T(x_0)$ 的值,可得

$$\frac{[\vartheta(1-\alpha)]^{\frac{1}{1-\alpha}}}{e^{\frac{\omega}{\tau_a}T(x_0)}}(T^-)^{\frac{1}{1-\alpha}} - [\zeta(1-\beta)]^{\frac{1}{1-\beta}}(T^+)^{\frac{1}{1-\beta}} > V(x_0)$$

从而,可以确定 T^+ 和 T^- 的约束条件,并且该约束条件依赖 Lyapunov 函数的初值。

说明 7.5 定理 7.1 的结论适用于同时具有有限时间稳定和不稳定子系统的切换非线性系统。T^+ 的引入反映了不稳定子系统对整个系统稳定性的影响。特别地,当 $T^+ = 0, \mu = 1$ 时,即所有子系统都是有限时间稳定的并且子系统具有公共 Lyapunov 函数,则定理 7.1 可以特殊化为文献[183]中的定理1。

7.3.2 扰动条件下的稳定条件及性能分析

进一步考虑系统中含有非线性扰动,则系统状态方程为

$$\dot{x}(t) = f_{\sigma(t)}(x(t)) + h_{\sigma(t)}(t, x(t)) \tag{7-26}$$

其中扰动项 $h_i: \mathcal{D} \to R^n, i \in \underline{N}$ 是局部 Lipschitz 连续的,且满足

$$\|h_i(t, x(t))\| \leq F_i \|x(t)\|, x(t) \in \mathcal{D}, F_i \geq 0 \tag{7-27}$$

引理 7.5[196] 如果 $f_i(0) = 0, f_i(i \in \underline{N})$ 在 x 上关于 t 是一致局部 Lipschitz 的,解 $x = 0$ 是一致渐近稳定的,则存在正标量 $r_i > 0, M_i = M_i(r_i) > 0$,使得式(7-8)~式(7-10)中的 $V_i: \mathcal{D} \to R$ 在 $\mathcal{D}$ 上是 Lipschitz 连续的,即对任意的 $x, y \in R^n, \|x\| \leq r_i$, $\|y\| \leq r_i$,有 $\|V_i(x) - V_i(y)\| \leq M_i \|x - y\|$。

引理 7.6 对于系统(7-26),如果 $f_i, h_i (i \in \underline{N})$ 是 $R^n \to R^n$ 上的连续函数,f_i 满足引理 7.5 的条件,则有

$$L_{f_i + h_i} V_i(x) \leq -\lambda_i (V_i(x))^\alpha + M_i \|h_i(t, x)\|, \quad i \in \mathcal{M}_s \tag{7-28}$$

$$L_{f_i + h_i} V_i(x) \leq \gamma_i (V_i(x))^\beta + M_i \|h_i(t, x)\|, \quad i \in \mathcal{M}_{us} \tag{7-29}$$

证明 用 $x^*(t), x^*(t_0) = x_0$ 表示式(7-26)在 $\sigma(t) = i \in \mathcal{M}_s$ 下的解,$x(t), x(t_0) = x_0$ 是系统(7-7)在 $\sigma(t) = i \in \mathcal{M}_s$ 下的解。基于 $L_{f_i + h_i} V_i(x)$ 的定义,利用式(7-8)和引理 7.5,可得

第7章 切换非线性系统有限时间异步控制及在双容水箱液位控制中的应用

$$L_{f_i+h_i}V_i(x) = \lim_{\Delta t \to 0} \frac{1}{\Delta t}[V_i(x^*(t+\Delta t)) - V_i(x(t))]$$

$$= \lim_{\Delta t \to 0} \frac{1}{\Delta t}[V_i(x(t+\Delta t)) - V_i(x(t)) + V_i(x^*(t+\Delta t)) - V_i(x(t+\Delta t))]$$

$$= \lim_{\Delta t \to 0} \frac{1}{\Delta t}[V_i(x(t+\Delta t)) - V_i(x(t))] + \lim_{\Delta t \to 0} \frac{1}{\Delta t}[V_i(x^*(t+\Delta t)) - V_i(x(t+\Delta t))]$$

$$\leq L_{f_i}V_i(x) + M_i \lim_{\Delta t \to 0} \frac{1}{\Delta t}\|x^*(t+\Delta t) - x(t+\Delta t)\|$$

$$\leq -\lambda_i(V_i(x))^\alpha + M_i\|h_i(t,x)\| \tag{7-30}$$

其中 $L_{f_i}V_i(x) = \dot{V}_i(x)$ 可沿着系统(7-7)的解计算得到,$L_{f_i+h_i}V_i(x) = \frac{\partial V_i}{\partial x}(f_i + h_i)$ 可沿着式(7-26)的解获得。同理,通过同样的证明方法可得式(7-29)。定理证毕。

定理7.2 对于满足引理7.6的系统(7-26),如果 $\rho_i = \inf_{x \in \mathcal{B}_\varepsilon}\{V_i(x)/\|x\|^{\frac{1}{\alpha}}\}$,$\upsilon_i = \inf_{x \in \mathcal{B}_\varepsilon}\{V_i(x)/\|x\|^{\frac{1}{\beta}}\}$,$\rho_i^\alpha \lambda_i > M_i F_i$,且有限时间不稳定的子系统总的驻留时间 $T^+(0,t)$,系统平均驻留时间 τ_a 以及停息时间 $T(x_0)$ 满足

$$T(x_0) < \left(\frac{\eta}{\omega} - 1\right)\tau_a \tag{7-31}$$

其中 $\eta = \ln([\vartheta(1-\alpha)]^{\frac{1}{1-\alpha}}(T(x_0) - T^+)^{\frac{1}{1-\alpha}}) - \ln([\zeta(1-\beta)]^{\frac{1}{1-\beta}}(T^+)^{\frac{1}{1-\beta}} + V(x_0))$,$\omega = \frac{\alpha}{2(1-\alpha)} + \ln(\sqrt{2^{\frac{\beta}{1-\beta}}}\mu)$,$\vartheta = \min_{i \in \mathcal{M}_s}\left\{\lambda_i - \frac{M_i F_i}{\rho_i^\alpha}\right\}$,$\zeta = \max_{i \in \mathcal{M}_{us}}\left\{\gamma_i + \frac{M_i F_i}{\upsilon_i^\beta}\right\}$,则式(7-26)的原点是有限时间稳定的。

证明 由式(7-27)和式(7-28)可得

$$L_{f_i+h_i}V_i(x) \leq -\lambda_i(V_i(x))^\alpha + M_i F_i\|x\|, i \in \mathcal{M}_s \tag{7-32}$$

$V_i(x)$ 是第 i 个子系统的候选Lyapunov函数,则存在一个 $\mathcal{K}$ 类函数 $\kappa(\cdot)$,使得

$$V_i(x) \geq \kappa_i(\|x\|), \quad \forall x \in \mathcal{B}_\varepsilon \tag{7-33}$$

构造 $\mathcal{K}$ 类函数 $\kappa_i(\|x\|)$,令 $\rho_i = \inf_{x \in \mathcal{B}_\varepsilon}\{V_i(x)/\|x\|^{\frac{1}{\alpha}}\}$,则有

$$\kappa_i(\|x\|) = \rho_i\|x\|^{\frac{1}{\alpha}} \tag{7-34}$$

由式(7-33)和式(7-34)可得

$$\|x\| \leq \left(\frac{V_i(x)}{\rho_i}\right)^\alpha \tag{7-35}$$

对于给定的标量 $0 < \alpha < 1$,固定 $F_i \geq 0$,选择 $\lambda_i > 0$,使得 $\rho_i^\alpha \lambda_i > M_i F_i$,其中 M_i 是 V_i 的Lipschitz常数。将式(7-35)代入式(7-32)可得

$$L_{f_i+h_i}V_i(x) \leq -\left(\lambda_i - \frac{M_i F_i}{\rho_i^\alpha}\right)(V_i(x))^\alpha, \quad i \in \mathcal{M}_s \tag{7-36}$$

同理可得

$$L_{f_i+h_i}V_i(x) \leq \left(\gamma_i + \frac{M_iF_i}{v_i^\beta}\right)(V_i(x))^\beta, \quad i \in \mathcal{M}_{us} \tag{7-37}$$

其中 $v_i = \inf\limits_{x \in B_g}\{V_i(x)/\|x\|^{\frac{1}{\beta}}\}$。由定理 7.1，式(7-26)的原点是有限时间稳定的平衡点。定理证毕。

说明 7.6 条件 $\rho_i^\alpha \lambda_i > M_iF_i (i \in \mathcal{M}_s)$ 中的参数 λ_i 和 α 决定了有限时间稳定子系统的稳定程度，即有限时间收敛速度。因此，条件 $\rho_i^\alpha \lambda_i > M_iF_i$ 实际上对有限时间稳定的子系统的收敛速度产生影响。此外，对第 i 个子系统，有 $T_i(x_0) \leq \frac{V_i(x_0)^{1-\alpha}}{\lambda_i(1-\alpha)}$。对于给定的标量 α，随着 λ_i 的增大，$T_i(x_0)$ 的上界越小，这里较大的 λ_i 代表了较快的有限时间收敛速度。另一方面，对于固定参数 λ_i，$T_i(x_0)$ 的上界在以下两种情况下会变得更小：① 当 $\alpha \in (0, 1-(\ln V_i(x_0))^{-1})$，$V_i(x_0) > 1$ 时，较大的 α；② 当 $\alpha \in [1-(\ln V_i(x_0))^{-1}, 1)$，$V_i(x_0) > 1$ 或 $\alpha \in (0,1)$，$V_i(x_0) \leq 1$ 时，较小的 α。定理 7.2 表明当切换系统中存在非线性扰动时，式(7-26)的有限时间稳定性可以通过调整 λ_i 和 α 使得 $\rho_i^\alpha \lambda_i > M_iF_i$ 来确保，这也说明有限时间稳定的子系统可以通过快速收敛来抑制扰动的影响。

7.4 有限时间异步切换非线性控制设计

考虑受控切换非线性系统

$$\dot{x}(t) = f_{\sigma(t)}(x(t)) + g_{\sigma(t)}(x(t))u_{\sigma'(t)}(t) + h_{\sigma(t)}(t,x(t)) \tag{7-38}$$

异步切换下的控制模式如图 7-2 所示。其中 $\sigma'(t) = i, t \in \mathcal{T}_m$ 对应控制器与系统之间的匹配切换时间段，$\mathcal{T}_m$ 表示控制器与系统的匹配切换时间集；$\sigma'(t) = i, t \in \mathcal{T}_{um}$ 对应控制器与系统之间的不匹配切换时间段，$\mathcal{T}_{um}$ 表示控制器与系统的不匹配切换时间集。以下给出系统的有限时间异步镇定方法。

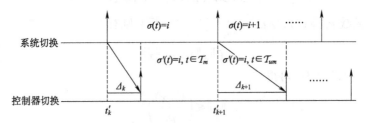

图 7-2 控制器和子系统切换时序图

定理 7.3 对于式(7-38)，如果以下条件被满足：

(1) $f_i(0) = 0$，$f_i(i \in \underline{N})$ 在 x 上关于 t 是一致局部 Lipschitz 的，解 $x = 0$ 是一致渐近稳定的。正定函数 $V_i: R^n \to R^+$，$i \in \underline{N}$ 满足

$$L_{f_i+g_iu_i+h_i}V_i(x) \leq -\lambda_i(V_i(x))^\alpha + \sqrt{n}M_i\|h_i(t,x)\|, i \in \mathcal{M}_s \quad (7\text{-}39)$$

$$L_{f_i+g_iu_j+h_i}V_i(x) \leq \gamma_i(V_i(x))^\beta + \sqrt{n}M_i\|h_i(t,x)\|, i \in \mathcal{M}_{us} \quad (7\text{-}40)$$

并有以下关系成立：

$$(V_j(x))^\alpha L_{g_{ij}}V_i(x) + (V_i(x))^\beta L_{q_i}V_i(x) \geq L_{f_{ij}}V_i(x), i,j \in \underline{N}, i \neq j \quad (7\text{-}41)$$

其中 $f_{ij} = f_i - g_ig_j^+f_j, q_i = \dfrac{\gamma_i}{nM_i^2}\left(\dfrac{\partial V_i}{\partial x}\right)^T, g_{ij} = g_ig_j^+\left[\left(\dfrac{\partial V_i}{\partial x}\right)^+(nM_j^2+\lambda_j)-\left(\dfrac{\partial V_i}{\partial x}\right)^T\right]$。

(2) 对任意的 $i \in \underline{N}, \rho_i^\alpha \lambda_i > \sqrt{n}M_iF_i$，其中 $\rho_i = \inf\limits_{x \in B_\varepsilon}\{V_i(x)/\|x\|^{\frac{1}{\alpha}}\}$，$n$ 是系统的维数。

(3) 矩阵 $g_i(x)$ 和向量 $\dfrac{\partial V_i}{\partial x}(i \in \underline{N})$ 分别具有 M-P 广义逆 $g_i^+(x)$ 和 $\left(\dfrac{\partial V_i}{\partial x}\right)^+$，使得

$$g_i(x)g_i^+(x)K_i(x) = K_i(x) \quad (7\text{-}42)$$

对任意的 $x \in R^n$ 均成立，其中

$$K_i(x) = -\left[\left(\dfrac{\partial V_i}{\partial x}\right)^+(nM_i^2+\lambda_i) - \left(\dfrac{\partial V_i}{\partial x}\right)^T\right](V_i(x))^\alpha - f_i(x) \quad (7\text{-}43)$$

且总的不匹配切换时间 $T_{um}(0,t)$，平均驻留时间 τ_a 和停息时间 $T(x_0)$ 满足

$$T(x_0) < \left(\dfrac{\eta}{\omega}-1\right)\tau_a \quad (7\text{-}44)$$

其中 $\eta = \ln\left([\vartheta(1-\alpha)]^{\frac{1}{1-\alpha}}(T(x_0)-T_{um})^{\frac{1}{1-\alpha}}\right) - \ln\left([\zeta(1-\beta)]^{\frac{1}{1-\beta}}T_{um}^{\frac{1}{1-\beta}}+V(x_0)\right)$,

$\omega = \dfrac{\alpha}{2(1-\alpha)} + \ln(\sqrt{2}^{\frac{\beta}{1-\beta}}\mu), \vartheta = \min\limits_{i \in \underline{N}}\left\{\lambda_i - \dfrac{\sqrt{n}M_iF_i}{\rho_i^\alpha}\right\}, \zeta = \max\limits_{i \in \underline{N}}\left\{\gamma_i + \dfrac{\sqrt{n}M_iF_i}{v_i^\beta}\right\}, v_i = \inf\limits_{x \in B_\varepsilon}\{V_i(x)/\|x\|^{\frac{1}{\beta}}\}$，则式 (7-38) 在状态反馈控制器 $u_i(t) = g_i^+(x)K_i(x)$ 下是有限时间可镇定的。

证明 由于 $\dfrac{\partial V_i}{\partial x} \in R^{1 \times n}, \text{rank}\left(\dfrac{\partial V_i}{\partial x}\right) = 1$，因此 $\dfrac{\partial V_i}{\partial x}\left(\dfrac{\partial V_i}{\partial x}\right)^+ = I \in R^{1 \times 1}$。当 $\sigma(t) = \sigma'(t) = i, t \in \mathcal{T}_m$ 时，沿着式 (7-38) 的轨迹对 $V_i(x)$ 求微分，可得

$$\dot{V}_i(x) = L_{f_i+g_iu_i+h_i}V_i(x) = \dfrac{\partial V_i}{\partial x}[f_i(x)+g_i(x)u_i(t)+h_i(t,x)]$$

$$= \dfrac{\partial V_i}{\partial x}\left\{-\left[\left(\dfrac{\partial V_i}{\partial x}\right)^+(nM_i^2+\lambda_i)-\left(\dfrac{\partial V_i}{\partial x}\right)^T\right](V_i(x))^\alpha + h_i(t,x)\right\}$$

$$= \left\{-(nM_i^2+\lambda_i) + \dfrac{\partial V_i}{\partial x}\left(\dfrac{\partial V_i}{\partial x}\right)^T\right\}(V_i(x))^\alpha + \dfrac{\partial V_i}{\partial x}h_i(t,x) \quad (7\text{-}45)$$

V_i 是 Lipschitz 连续的，且 Lipschitz 常数为 M_i，则 $\forall x,y \in R^n, \|V_i(x)-V_i(y)\| \leq M_i\|x-y\|$，对于向量 $x = (x_1,x_2,\cdots,x_n)^T$ 的分量 x_1，固定其余分量 $x_2,x_3,\cdots,x_n$，则有

$$\|V_i(x_1,x_2,\cdots,x_n) - V_i(x_1',x_2,\cdots,x_n)\| \leq M_i\|x_1-x_1'\|, \forall x_1,x_1' \in R^n, x_1 \neq x_1' \quad (7\text{-}46)$$

由局部导数定义并注意到 x 的任意性,可得

$$\left\|\frac{\partial V_i}{\partial x_1}\right\| = \lim_{\Delta x_1 \to 0} \frac{\|V_i(x_1,x_2,\cdots,x_n) - V_i(x_1+\Delta x_1,x_2,\cdots,x_n)\|}{\|\Delta x_1\|} \leq M_i \quad (7\text{-}47)$$

同理可得 $\left\|\dfrac{\partial V_i}{\partial x_2}\right\| \leq M_i, \cdots, \left\|\dfrac{\partial V_i}{\partial x_n}\right\| \leq M_i$。注意到

$$\frac{\partial V_i}{\partial x} h_i(t,x) = \sqrt{\left\|\frac{\partial V_i}{\partial x} h_i(t,x)\right\|^2} \leq \sqrt{\frac{\partial V_i}{\partial x}\left(\frac{\partial V_i}{\partial x}\right)^T} \|h_i(t,x)\| \quad (7\text{-}48)$$

关系

$$\frac{\partial V_i}{\partial x} h_i(t,x) \leq \sqrt{n} M_i \|h_i(t,x)\| \quad (7\text{-}49)$$

成立,由式(7-45)和式(7-49)可得

$$L_{f_i+g_iu_i+h_i} V_i(x) \leq -\lambda_i (V_i(x))^\alpha + \sqrt{n} M_i \|h_i(t,x)\| \quad (7\text{-}50)$$

当 $\sigma(t)=i, \sigma'(t)=j, t \in \mathcal{T}_{um}$ 时,此时第 j 个控制器作用于第 i 个子系统,$i,j \in \underline{N}, i \neq j$, 可得

$$\dot{V}_i(x) = L_{f_i+g_iu_j+h_i} V_i(x) = \frac{\partial V_i}{\partial x}[f_i(x)+g_i(x)u_j(t)+h_i(t,x)]$$

$$= \frac{\partial V_i}{\partial x}\left\{ f_i + g_i g_j^+ \left[-\left(\left(\frac{\partial V_j}{\partial x}\right)^+(nM_j^2+\lambda_j) - \left(\frac{\partial V_j}{\partial x}\right)^T\right)(V_j(x))^\alpha - f_j(x)\right] + h_i(t,x) \right\}$$

$$\leq \left\{ \frac{\gamma_i}{nM_i^2} \frac{\partial V_i}{\partial x}\left(\frac{\partial V_i}{\partial x}\right)^T (V_i(x))^\beta + \frac{\partial V_i}{\partial x} h_i(t,x) \right\} \quad (7\text{-}51)$$

类似于 $t \in \mathcal{T}_m$ 时的证明过程,有

$$L_{f_i+g_iu_j+h_i} V_i(x) \leq \gamma_i (V_i(x))^\beta + \sqrt{n} M_i \|h_i(t,x)\| \quad (7\text{-}52)$$

利用式(7-50)和式(7-52),由定理 7.2 可知式(7-38)的原点在状态反馈控制器 $u_i(t) = g_i^+(x)K_i(x)$ 下是有限时间稳定的。定理证毕。

说明 7.7 由矩阵广义逆的定义,$g_i(x)u_i(t) = K_i(x)$ 中 $u_i(t)$ 存在的充分必要条件是 $g_i(x)g_i^+(x)K_i(x) = K_i(x)$,因此控制输入 $u_i(t)$ 可取为 $u_i(t) = g_i^+(x)K_i(x)$,但这并不是控制器的唯一形式。

说明 7.8 式(7-42)可以用来处理 $g_i(x)$ 为非方块矩阵的形式。当 $g_i(x)$ 为方块阵时,$g_i(x)$ 的广义逆变为一般的矩阵逆的形式,即 $g_i^+(x) = g_i^{-1}(x)$,此时式(7-42)自然成立。

说明 7.9 由(7-43)可知,切换控制器的参数与系统维数有关。当 $n=1$ 时,系统(7-38)简化为标量系统,此时 $\left(\dfrac{\partial V_i}{\partial x}\right)^{-1}$ 一定存在,因此有

$$K_i = -\left[\left(\frac{\partial V_i}{\partial x}\right)^{-1}(M_i^2+\lambda_i) - \frac{\partial V_i}{\partial x}\right](V_i(x))^\alpha - f_i(x)$$

7.5 双容水箱液位控制混杂系统模型与控制器设计

本节将所提方法应用于双容水箱液位控制系统的镇定设计,通过对模型混杂特性的分析,将所提方法与已有文献中 PID 控制和非线性预测控制进行了比较,表明有限时间控制方法的优越性。

7.5.1 双容水箱液位控制混杂系统模型分析

在国防工程,尤其是在军港工程中,对军舰补给纯水的需求量较大,在纯水制造过程中,对液位的精准控制是保证纯水制造质量的重要手段,因此研究对液位实施精准控制的策略显得尤为必要。对原水的预处理过程是纯水制备的重要环节,该环节出水质量直接影响后续环节的纯水制造过程。纯水制造预处理原型系统如图 7-3 所示。原水经过原水泵,进入多介质过滤器和活性炭过滤器,降低原水杂质,达到反渗透进水要求。控制原水在过滤器中的液位高度,使得过滤装置中的过滤剂与原水保持一定比例,充分吸收原水中的杂质,不仅可以有效控制出水质量,而且使得整个液位变化过程更加平稳。纯水制造预处理系统图如图 7-4 所示。在实际工程中,对于较复杂的液位控制系统,常规 PID 控制方法控制效果欠佳,导致制造出的纯水质量达标率低,严重影响了工程的军事效益。双容水箱系统能够很好地模拟复杂制备过程液位系统的控制对象,具有一定的非线性、时变、大滞后特性,因此可以将双容水箱系统作为典型控制对象,在此平台上研究系统的液位精准控制问题。双容水箱液位控制系统结构图如图 7-5 所示。

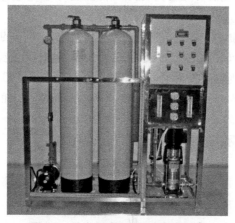

图 7-3　纯水制造预处理原型系统①

---

① 此图附彩插版图。

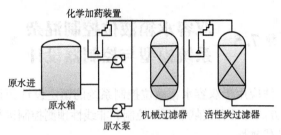

图 7-4　纯水制造预处理系统图①

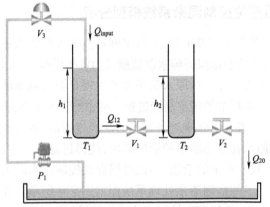

图 7-5　双容水箱液位控制原型系统示意图②

双容水箱液位控制系统的被控量是水箱 T_1 和 T_2 的液位高度。两个圆柱形有机玻璃容器 T_1 和 T_2、储水槽、手动连接水阀 V_1、手动出水阀 V_2、电磁阀 V_3、水泵 P_1 以及相应的执行机构和传感器构成了该实验装置的主体。系统运行过程为：水泵 P_1 将储水槽中的水抽出,经过由脉冲宽度调制(PWM)控制的电磁阀 V_3 注入水箱 T_1,通过连接水阀 V_1 流到水箱 T_2,再经出水阀 V_2 流向储水槽。

液位传感器将测量到的液位高度 h_1 和 h_2 转换成 1~5 V 的标准直流电压模拟信号,再通过数字接口卡转换成相应的数字信号发送给监控上位机。根据上位机中的控制算法,计算相应的控制量,再通过数字接口卡转换成 4~20 mA 的标准直流电流控制信号,利用电磁阀 V_3 自动调节输入流量 Q_{input}。通过 Q_{input} 的调节使得水箱 T_1 和 T_2 的水位在有限时间内收敛到 H_1 和 $H_2(H_1 > H_2)$。

水箱 T_1 和 T_2 实际高度的动态特性可描述为

$$\begin{aligned} A_1 \frac{dh_1}{dt} &= Q_{input} - Q_{12} \\ A_2 \frac{dh_2}{dt} &= Q_{12} - Q_{20} \end{aligned} \tag{7-53}$$

---

① 此图附彩插版图。
② 此图附彩插版图。

其中 A_1 是水箱 T_1 的横截面积,A_2 是水箱 T_2 的横截面积,Q_{12} 是水箱 T_1 的输出流量,Q_{20} 是水箱 T_2 的输出流量。由流体力学原理可得 $Q_{12} = \mu_1 S \mathrm{sign}(h_1 - h_2)(2g|h_1 - h_2|)^{1/2}$,$Q_{20} = \mu_2 S (2gh_2)^{1/2}$,其中 $\mathrm{sign}(z) = \begin{cases} 1, & z \geq 0 \\ -1, & z < 0 \end{cases}$ 是参数 z 的符号函数。记 $k_1 = \mu_1 S (2g)^{1/2}$,$k_2 = -\mu_1 S (2g)^{1/2}$,$k_3 = \mu_2 S (2g)^{1/2}$,则 Q_{12} 和 Q_{20} 可表示为

$$Q_{12} = \begin{cases} k_1 |h_1 - h_2|^{1/2}, & h_1 \geq h_2 \\ k_2 |h_1 - h_2|^{1/2}, & h_1 < h_2 \end{cases}, Q_{20} = k_3 h_2^{1/2} \quad (7\text{-}54)$$

令

$$\sigma(t) = \begin{cases} 1, & h_1 \geq h_2 \\ 2, & h_1 < h_2 \end{cases} \quad (7\text{-}55)$$

因此,Q_{12} 还可写为

$$Q_{12} = k_{\sigma(t)} |h_1 - h_2|^{1/2} \quad (7\text{-}56)$$

当水箱 T_1 和 T_2 的水位 h_1 和 h_2 达到稳态平衡时得

$$\begin{aligned} \mu_1 &= Q_{\mathrm{input}} / (S(2g|h_1 - h_2|)^{1/2}) \\ \mu_2 &= \mu_1 / (|h_1 - h_2|/h_2)^{1/2} \end{aligned} \quad (7\text{-}57)$$

选取不同的稳态值 h_1 和 h_2,根据参数估计可得管道的流量系数 $\mu_1 = 0.3565$,$\mu_2 = 0.3050$。为便于比较控制效果,采用文献[197]的液位控制实例,各参数的物理意义和数值参照该文献,见表 7-1,其中 $A_1, A_2, \bar{h}_1, \bar{h}_2$ 和 S 可直接测量,g 是常数。

表 7-1 各参数物理意义及数值

符号	物理意义	数值
A_1	水箱 T_1 横截面积	6.3585×10^{-3} m^2
A_2	水箱 T_2 横截面积	6.3585×10^{-3} m^2
S	管道横截面积	6.3585×10^{-5} m^2
g	重力加速度	9.806×10^{-3} m/s^2
μ_1	Q_{12} 的流量系数	0.3565
μ_2	Q_{20} 的流量系数	0.3050
$\bar{h}_1$	水箱 T_1 的高度	0.5 m
$\bar{h}_2$	水箱 T_2 的高度	0.5 m

令 $x_1 = h_1 - H_1$,$x_2 = h_2 - H_2$,$x = \begin{bmatrix} x_1 \\ x_2 \end{bmatrix}$,有

$$f_{\sigma(t)}(x) = \begin{bmatrix} -\dfrac{k_{\sigma(t)}}{A_1} |x_1 - x_2 + H_1 - H_2|^{1/2} + \dfrac{k_{\sigma(t)}}{A_1} |H_1 - H_2|^{1/2} \\ \dfrac{k_{\sigma(t)}}{A_2} |x_1 - x_2 + H_1 - H_2|^{1/2} - \dfrac{k_3}{A_2}(x_2 + H_2)^{1/2} - \dfrac{k_{\sigma(t)}}{A_2} |H_1 - H_2|^{1/2} + \dfrac{k_3}{A_2} H_2^{1/2} \end{bmatrix}$$

$$u_{\sigma(t)} = \begin{bmatrix} \dfrac{Q_{input}}{A_1} - \dfrac{k_{\sigma(t)}}{A_1}|H_1 - H_2|^{1/2} \\ \dfrac{k_{\sigma(t)}}{A_2}|H_1 - H_2|^{1/2} - \dfrac{k_3}{A_2}H_2^{1/2} \end{bmatrix}$$

则式(7-53)的系统模型可描述为

$$\dot{x} = f_{\sigma(t)}(x) + u_{\sigma(t)} \tag{7-58}$$

其中 $f_{\sigma(t)}(0) = 0$。由于水位控制系统是慢变参数系统,水箱液位控制具有延迟特性,当液位于 $h_1 \geqslant h_2$ 和 $h_1 < h_2$ 两种不同状况下的系统动态特性模型是不同的,而输入流量 Q_{input} 不能随着模型的改变而做及时的调整,因此输入流量 Q_{input} 和系统模型之间的动态行为可描述成异步切换,即当系统模型发生改变时,由于控制器检测信号的延迟,输入流量 Q_{input} 需要经过一定延迟时间才能改变。因此,在(7-58)中用 $u_{\sigma'(t)}$ 代替 $u_{\sigma(t)}$ 更为合理,并且假定在系统中存在正弦扰动 $h_{\sigma(t)}(t,x) = \begin{bmatrix} 0.5\sin x_1 \\ 0.5\sin x_2 \end{bmatrix}$,显然对任意的 $x \in R^2$ 都有:$\|h_{\sigma(t)}(t,x)\| \leqslant 0.5\|x\|$ ($F_{\sigma(t)} = 0.5$),则式(7-58)的模型可修正为

$$\dot{x} = f_{\sigma(t)}(x) + u_{\sigma'(t)} + h_{\sigma(t)}(t,x) \tag{7-59}$$

下面将利用本章提出的方法设计模型(7-59)的控制器。

7.5.2 控制器设计步骤及控制效果

选择候选的 Lyapunov 函数 $V_i(x) = x^T P_i x$,其中 $P_1 = \begin{bmatrix} 1 & 0 \\ 0 & 1 \end{bmatrix}$, $P_2 = \begin{bmatrix} 0.5 & 0 \\ 0 & 0.5 \end{bmatrix}$。

注意到 $x_1 \leqslant h_1 \leqslant \bar{h}_1$ 和 $x_2 \leqslant h_2 \leqslant \bar{h}_2$,则对于 $i=1$,$\forall x_1, y_1 \leqslant \bar{h}_1, x_2, y_2 \leqslant \bar{h}_2$,有

$$\|V_1(x) - V_1(y)\| = \|(x_1^2 - y_1^2) + (x_2^2 - y_2^2)\| \leqslant 2\sqrt{2}\max\{\bar{h}_1, \bar{h}_2\}\|x - y\|$$

同理,对于 $i=2$,有

$$\|V_2(x) - V_2(y)\| \leqslant \sqrt{2}\max\{\bar{h}_1, \bar{h}_2\}\|x - y\|$$

由引理 7.5 可得 Lipschitz 常数 $M_1 = 2\sqrt{2}\max\{\bar{h}_1, \bar{h}_2\}$,$M_2 = \dfrac{1}{2}M_1$。由候选的 Lyapunov 函数可得,$\dfrac{\partial V_1}{\partial x} = \begin{bmatrix} 2x_1 & 2x_2 \end{bmatrix}$,$\left(\dfrac{\partial V_1}{\partial x}\right)^+ = \begin{bmatrix} \dfrac{x_1}{2(x_1^2 + x_2^2)} & \dfrac{x_2}{2(x_1^2 + x_2^2)} \end{bmatrix}^T$ 和 $\dfrac{\partial V_2}{\partial x} = \begin{bmatrix} x_1 & x_2 \end{bmatrix}$,$\left(\dfrac{\partial V_2}{\partial x}\right)^+ = \begin{bmatrix} \dfrac{x_1}{x_1^2 + x_2^2} & \dfrac{x_2}{x_1^2 + x_2^2} \end{bmatrix}^T$。注意到 $x_1 \leqslant \bar{h}_1, x_2 \leqslant \bar{h}_2$,选取 $\alpha = \dfrac{1}{2}$,$\beta = \dfrac{1}{4}$,则有

$$\rho_1 = \inf_{x \in B_g}\{V_1(x)/\|x\|^{\frac{1}{\alpha}}\} = 1, \quad \rho_2 = \inf_{x \in B_g}\{V_2(x)/\|x\|^{\frac{1}{\alpha}}\} = 0.5$$

第7章 切换非线性系统有限时间异步控制及在双容水箱液位控制中的应用

$$v_1 = \inf_{x \in B_g}\{V_1(x)/\|x\|^{\frac{1}{\beta}}\} = 2, v_2 = \inf_{x \in B_g}\{V_2(x)/\|x\|^{\frac{1}{\beta}}\} = 1$$

令 $\lambda_i = 2, i = 1,2,$,可知 $\rho_i^\alpha \lambda_i > \sqrt{n} M_i F_i, i = 1,2$。

由定理7.3可得,$u_i(t) = g_i^+(x) K_i(x) = K_i(x), i = 1,2$。由式(7-43),可得控制器

$$K_1(x) = \begin{bmatrix} 2x_1\sqrt{x_1^2 + x_2^2} - 3x_1/\sqrt{x_1^2 + x_2^2} \\ 2x_2\sqrt{x_1^2 + x_2^2} - 3x_2/\sqrt{x_1^2 + x_2^2} \end{bmatrix} - f_1(x),$$

$$K_2(x) = \begin{bmatrix} \frac{1}{\sqrt{2}}x_1\sqrt{x_1^2 + x_2^2} - \frac{3}{\sqrt{2}}x_1/\sqrt{x_1^2 + x_2^2} \\ \frac{1}{\sqrt{2}}x_2\sqrt{x_1^2 + x_2^2} - \frac{3}{\sqrt{2}}x_2/\sqrt{x_1^2 + x_2^2} \end{bmatrix} - f_2(x)$$

当输入流量 Q_{input} 和系统模型位于匹配切换时间段且 $i=1$ 时,有

$$L_{f_1 + u_1 + h_1} V_1(x) = \frac{\partial V_1}{\partial x}(f_1 + u_1 + h_1) = 2x^T(f_1 + K_1 + h_1)$$

$$= 2(x_1^2 + x_2^2)(2\sqrt{x_1^2 + x_2^2} - 3\sqrt{x_1^2 + x_2^2}) + x_1 \sin x_1 + x_2 \sin x_2$$

$$\leq [4(x_1^2 + x_2^2) + \sqrt{x_1^2 + x_2^2} - 6] V_1^{1/2}(x)$$

注意到 $x_1 \leq h_1 \leq \bar{h}_1, x_2 \leq h_2 \leq \bar{h}_2$,则

$$4(x_1^2 + x_2^2) + \sqrt{x_1^2 + x_2^2} - 6 \leq -3.3$$

因此,$L_{f_1 + u_1 + h_1} V_1(x) \leq -\lambda_1 V_1^\alpha + \sqrt{n} M_1 \|h_1(t,x)\|$。

当 $i=2$ 时,同理可得

$$L_{f_2 + u_2 + h_2} V_2(x) = \frac{\partial V_2}{\partial x}(f_2 + u_2 + h_2) = x^T(f_2 + K_2 + h_2)$$

$$= (x_1^2 + x_2^2)\left(\frac{1}{\sqrt{2}}\sqrt{x_1^2 + x_2^2} - \frac{3}{\sqrt{2}}\sqrt{x_1^2 + x_2^2}\right) + 0.5(x_1 \sin x_1 + x_2 \sin x_2)$$

$$\leq [(x_1^2 + x_2^2) + 0.5\sqrt{2}\sqrt{x_1^2 + x_2^2} - 3] V_2^{1/2}(x)$$

可知 $L_{f_2 + u_2 + h_2} V_2(x) \leq -\lambda_2 V_2^\alpha + \sqrt{n} M_2 \|h_2(t,x)\|$。综上所述,条件(7-39)在 $\lambda_i = 2, i=1,2$ 时均成立。

当输入流量 Q_{input} 和系统模型位于不匹配切换时间段且 $i=1$ 时,记 $f_\sigma = [f_{\sigma 1} \ f_{\sigma 2}]^T, \sigma = 1,2$,有

$$L_{f_1 + u_2 + h_1} V_1(x) = \frac{\partial V_1}{\partial x}(f_1 + u_2 + h_1) = 2x^T(f_1 + K_2 + h_1)$$

$$= 2x_1\left(f_{11} - f_{21} + \frac{1}{\sqrt{2}}x_1\sqrt{x_1^2 + x_2^2} - \frac{3}{\sqrt{2}}x_1/\sqrt{x_1^2 + x_2^2} + 0.5\sin x_1\right) +$$

$$2x_2\left(f_{12}-f_{22}+\frac{1}{\sqrt{2}}x_2\sqrt{x_1^2+x_2^2}-\frac{3}{\sqrt{2}}x_2\sqrt[4]{x_1^2+x_2^2}+0.5\sin x_2\right)$$

$$\leq [\sqrt{2}(x_1^2+x_2^2)+2\sqrt{x_1^2+x_2^2}-3\sqrt{2}]V_1^{1/2}(x)+$$

$$[f_{11}-f_{21}\quad f_{12}-f_{22}][f_{11}-f_{21}\quad f_{12}-f_{22}]^T$$

其中 $f_{11}-f_{21}=-(f_{12}-f_{22})=-\dfrac{k_1-k_2}{A}|x_1-x_2+H_1-H_2|^{1/2}+\dfrac{k_1-k_2}{A}|H_1-H_2|^{1/2}$,
$A_1=A_2=A$。

计算可得

$$[f_{11}-f_{21}\quad f_{12}-f_{22}][f_{11}-f_{21}\quad f_{12}-f_{22}]^T \leq \frac{2\sqrt[4]{2}(k_1-k_2)^2}{A^2}(\bar{h}^{1/2}+2|H_1-H_2|^{1/2})V_1^{1/4}(x)$$

其中 $\bar{h}_1=\bar{h}_2=\bar{h}$,因此有

$$L_{f_1+u_2+h_1}V_1(x)\leq\left[\sqrt{2}(x_1^2+x_2^2)^{5/4}+2(x_1^2+x_2^2)^{3/4}+\frac{2\sqrt[4]{2}(k_1-k_2)^2}{A^2}(\bar{h}^{1/2}+2|H_1-H_2|^{1/2})\right]V_1^{1/4}(x)$$

注意到 $x_1\leq\bar{h}_1,x_2\leq\bar{h}_2$,将 $k_1,k_2,A,\bar{h},H_1$ 和 H_2 的值代入以上不等式,可得

$$L_{f_1+u_2+h_1}V_1(x)\leq 1.79V_1^{1/4}(x)$$

当 $i=2$ 时,同理可得

$$L_{f_2+u_1+h_2}V_2(x)=\frac{\partial V_2}{\partial x}(f_2+u_1+h_2)=x^T(f_2+K_1+h_2)$$

$$=x_1(f_{21}-f_{11}+2x_1\sqrt{x_1^2+x_2^2}-3x_1\sqrt[4]{x_1^2+x_2^2}+0.5\sin x_1)+$$

$$x_2(f_{22}-f_{12}+2x_2\sqrt{x_1^2+x_2^2}-3x_2\sqrt[4]{x_1^2+x_2^2}+0.5\sin x_2)$$

$$\leq[2\sqrt{2}(x_1^2+x_2^2)+\sqrt{2}\sqrt{x_1^2+x_2^2}-3\sqrt{2}]V_2^{1/2}(x)+$$

$$\frac{1}{2}[f_{21}-f_{11}\quad f_{22}-f_{12}][f_{21}-f_{11}\quad f_{22}-f_{12}]^T$$

其中

$$f_{21}-f_{11}=-(f_{22}-f_{12})=\frac{k_1-k_2}{A}|x_1-x_2+H_1-H_2|^{1/2}-\frac{k_1-k_2}{A}|H_1-H_2|^{1/2}$$

计算可得

$$[f_{21}-f_{11}\quad f_{22}-f_{12}][f_{21}-f_{11}\quad f_{22}-f_{12}]^T\leq\frac{2\sqrt{2}(k_1-k_2)^2}{A^2}(\bar{h}^{1/2}+2|H_1-H_2|^{1/2})V_2^{1/4}(x)$$

则有

$$L_{f_2+u_1+h_2}V_2(x)\leq\left[2\sqrt[4]{2}(x_1^2+x_2^2)^{5/4}+\sqrt[4]{2}(x_1^2+x_2^2)^{3/4}+\frac{2\sqrt{2}(k_1-k_2)^2}{A^2}(\bar{h}^{1/2}+2|H_1-H_2|^{1/2})\right]V_2^{1/4}(x)$$

因此

第7章 切换非线性系统有限时间异步控制及在双容水箱液位控制中的应用

$$L_{f_2+u_1+h_2}V_2(x) \leq 1.71 V_2^{1/4}(x)$$

综上可得,条件(7-40)在 $\gamma_i = 2, i = 1,2$ 时均成立。

由式(7-41),当 $i=2, j=1$,注意到 $\|x\|^2 \leq 0.5$,可得

$$(V_1(x))^{1/2}L_{g_{21}}V_2(x) + (V_2(x))^{1/4}L_{q_2}V_2(x) = \|x\|(3-2\|x\|^2) + \frac{2\sqrt{\|x\|}}{\sqrt[4]{2}}\|x\|^2 \geq 2\|x\|$$

$$L_{f_{21}}V_2(x) = \frac{k_1-k_2}{A}(|x_1-x_2+H_1-H_2|^{1/2} - |H_1-H_2|^{1/2})(x_1-x_2)$$

将 k_1, k_2 和 A 代入以上不等式得

$$(L_{f_{21}}V_2(x))^2 \leq 10^{-6}(x_1-x_2)^2(|x_1-x_2| + 2|H_1-H_2|)$$

显然 $10^{-6}(x_1-x_2)^2(|x_1-x_2|+2|H_1-H_2|) \leq 4\|x\|^2$ 必然成立,因此有

$$(V_1(x))^{1/2}L_{g_{21}}V_2(x) + (V_2(x))^{1/4}L_{q_2}V_2(x) \geq L_{f_{21}}V_2(x)$$

当 $i=1, j=2$ 时,有

$$(V_2(x))^{1/2}L_{g_{12}}V_1(x) + (V_1(x))^{1/4}L_{q_1}V_1(x) = \sqrt{2}\|x\|(3-\|x\|^2) + 2\sqrt{\|x\|}\|x\|^2 \geq \frac{5}{\sqrt{2}}\|x\|$$

$$L_{f_{12}}V_1(x) = \frac{2(k_1-k_2)}{A}(|x_1-x_2+H_1-H_2|^{1/2} - |H_1-H_2|^{1/2})(x_2-x_1)$$

同理可得

$$(V_2(x))^{1/2}L_{g_{12}}V_1(x) + (V_1(x))^{1/4}L_{q_1}V_1(x) \geq L_{f_{12}}V_1(x)$$

通过适当选取参数,定理7.3中的条件(1)和(2)可被满足,控制器可设计为

$$u_{\sigma'(t)} = \begin{cases} K_1(x), & \sigma(t)=1, \sigma'(t)=1 \text{ 或 } \sigma(t)=2, \sigma'(t)=1 \\ K_2(x), & \sigma(t)=1, \sigma'(t)=2 \text{ 或 } \sigma(t)=2, \sigma'(t)=2 \end{cases}$$

注意到 $u_{\sigma(t)} = \begin{bmatrix} \dfrac{Q_{\text{input}}}{A_1} - \dfrac{k_{\sigma(t)}}{A_1}|H_1-H_2|^{1/2} \\ \dfrac{k_{\sigma(t)}}{A_2}|H_1-H_2|^{1/2} - \dfrac{k_3}{A_2}H_2^{1/2} \end{bmatrix}$,则 $u_{\sigma'(t)}$ 可表示成

$$u_{\sigma'(t)} = \begin{bmatrix} \dfrac{Q_{\text{input}}}{A_1} - \dfrac{k_{\sigma'(t)}}{A_1}|H_1-H_2|^{1/2} + [1 \quad 0](K_{\sigma'(t)} + f_{\sigma'(t)}) - \dfrac{1}{A_1}|k_{\sigma'(t)}(x_1-x_2-H_1-H_2)|^{1/2} \\ [0 \quad 1]K_{\sigma'(t)} \end{bmatrix}$$

由此可得

$$Q_{\text{input}} = k_1[\text{sign}(x_1-x_2+H_1-H_2)+1]|x_1-x_2+H_1-H_2|^{1/2}$$

设水箱 T_1 和 T_2 达到稳态平衡时的期望高度为 $H_1=0.35$ m,$H_2=0.2$ m,在初始时刻 $t=0$ 时,$H_{10}=0.4$ m,$H_{20}=0.1$ m,则系统(7-59)的初始状态为 $x_0 = \begin{bmatrix} 0.05 \\ -0.1 \end{bmatrix}$。当 $t=0$ 时,式(7-59)运行在子系统1的模式,计算可得 $V(x_0) = V_1(x_0) = 0.0125$。设式(7-10)中的 $\mu=2$,根据定理7.3中的式(7-44)可知,如果停息时间 $T(x_0) = $

200 s,输入流量 Q_{input} 的调整时间比系统模型的转化时间滞后 10 s,则计算可知平均驻留时间 $\tau_a > 66.7$ s。这意味着在有限时间间隔 $[0,200]$ 内,Q_{input} 的平均调整次数 $k < 3$。从图 7-6 ~ 图 7-9 可以看出,系统状态在有限时间内收敛到零,水箱 T_1 和 T_2 的水位在有限时间内收敛到期望高度,表明本章的方法是有效的。表 7-2 给出了本章控制方法与文献[197]控制方法的控制效果比较,可以看出,本章提出的有限时间非线性切换控制方法稳定时间明显比 PID 控制和非线性预测控制短,闭环系统响应速度快,无超调,且可以同时控制两个水箱液位的高度。

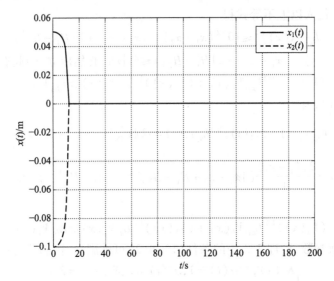

图 7-6　系统状态响应图

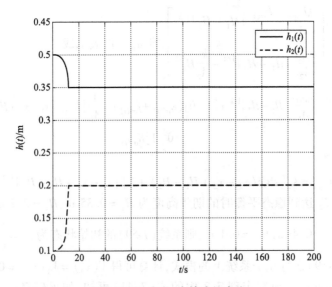

图 7-7　T_1 和 T_2 水箱液位高度

第7章 切换非线性系统有限时间异步控制及在双容水箱液位控制中的应用

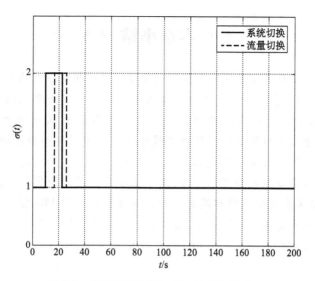

图 7-8 系统模式切换和输入流量切换信号

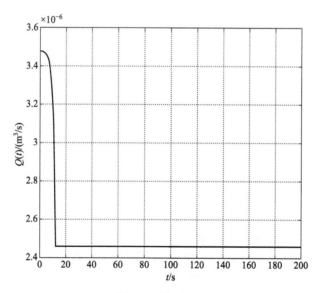

图 7-9 输入流量

表 7-2 三种控制方法效果比较

控制比较量	PID 控制	非线性预测控制	本章方法
稳定时间	100 ~ 180 s	80 ~ 100 s	15 ~ 20 s
超调量	有	无	无
被控对象个数	1	1	2

●●● 本章小结 ●●●●

本章处理了切换非线性系统有限时间异步切换的稳定性及镇定问题。利用矩阵广义逆的概念,给出了一种非线性反馈控制器的设计方法确保闭环系统的有限时间稳定性。借助于矩阵广义逆,对控制器参数进行统一设计从而使得多 Lyapunov 函数方法可以用来研究切换非线性系统的有限时间镇定问题,避免了利用反步设计方法所带来的不同坐标之间变换的困难。进一步,建立了双容水箱液位控制系统的混杂动态异步切换模型,基于该模型利用所提出的方法对水箱液位进行了控制,结果表明提出的有限时间控制方法比传统的 PID 控制和预测控制能够更快地将液位稳定在平衡位置处,且可同时稳定两个水箱的液位高度,在被控制对象的个数以及控制效果上优于 PID 控制和预测控制。

第 8 章

时变切换非线性系统有限时间异步控制

由前一章可知,相较于较理想的切换线性系统,许多实际物理系统的子系统具有非线性动态特性,因此更适合建模成切换非线性系统。例如,搅拌反应釜系统[198]和单链路机器人的机械臂系统[199]均可描述为切换非线性系统,具有非线性动态和切换通信拓扑的多智能体系统也是一类典型的切换非线性系统[200],目前有相当多的研究关注这类系统。本章针对时变切换非线性系统提出了有限时间稳定性条件,研究了系统的有限时间控制方法。利用具有小控制性 Lyapunov 函数对系统进行镇定设计,得到了有限时间控制器的形式。

8.1 引　言

将微分几何理论、反步设计方法[201-202]与微分不等式、驻留时间和 Lyapunov 函数相结合可对切换非线性系统进行镇定设计。文献[203]研究了严格反馈型随机切换非线性系统的全局镇定问题。文献[204]利用反步控制研究了切换非线性系统的自适应镇定问题,其中系统的非切换部分由反馈线性化动态构成。文献[205]和文献[206]进一步研究了切换非线性系统在任意切换下的自适应跟踪控制问题。针对一类非严格反馈型切换非线性系统,文献[207]研究了自适应输出反馈预设性能控制问题。文献[208]基于 Lyapunov-Krasovskii 泛函和平均驻留时间方法研究了一类具有不确定输入延迟的切换非线性系统稳定性和跟踪控制问题。

如前一章所述,确保有限时间收敛的稳定性控制方法在非线性系统的综合设计中具有广泛的应用,这种方法在切换非线性系统的镇定设计中同样受到了相当关注。基于反步法和有限时间控制策略,利用公共 Lyapunov 函数进行系统综合设计是目前的主流方法,为了降低保守性在应用多 Lyapunov 函数时,反步法却遇到了困难,为此前一章借助矩阵广义逆对控制器参数进行统一设计从而使得多 Lyapunov 函数方法可应用于综合设计。然而,在实际求解中时变矩阵的广义逆很难获得,该方法不易推广到时变切换非线性系统的综合设计,并且由于时变特性的存在,目前已有的关于自治切换非线性系统的研究结果也很难推广到非自治情形。为此,相较于自治切换非线性系统,需要寻求新的研究方法来回答以下问题:在异步切换下时变切换非线性系统的有限时间控制器如何构造?系统的稳定性与初始时刻 t_0 和初始状态 x_0 存在何种关系?控制器和切换信号之间如何匹配?本章首先基于驻留时间方法,通过构造时变 Lyapunov 函数分析了时变切换非线性系统的稳定性问题。提出一种小控制性切换 Lyapunov 函数对系统进行了综合设计,小控制特性确保了控制器的平滑性。此外分析了系统驻留时间和停息时间的相互关系,确保所设计的有限时间控制器在满足一定的切换条件下实现系统的有效镇定。

8.2 问题描述与预备知识

本节给出了时变切换非系统模型及其有限时间稳定的相关概念,并列出了系统镇定设计中所需的相关引理。

8.2.1 时变切换非线性系统及相关概念

考虑时变切换非线性系统

$$\dot{x}(t) = f_{\sigma(t)}(t, x(t)) + g_{\sigma(t)}(t, x(t)) u_{\sigma(t)}(t, x(t)) \tag{8-1}$$

其中 $t \in [t_i, t_{i+1}), i \in Z^+, x(t) \in R^n$ 是系统状态; $\sigma(t):[t_i, t_{i+1}) \to \underline{N} = \{1, 2, \cdots, N\}$ 是时间依赖型切换信号; N 是子系统个数; $u_{\sigma(t)} \in R^m$ 是控制输入; $f_{\sigma(t)}:R^+ \times R^n \to R^n$ 和 $g_{\sigma(t)}:R^+ \times R^n \to R^{n \times m}$ 是光滑非线性函数,其中 $f_{\sigma(t)}(t, 0) = 0$, $f_{\sigma(t)}(t, x(t))$ 关于 $x(t)$ 是局部 Lipschitz 的。

用 $\sigma'(t)$ 表示控制器的异步切换信号,则系统可描述为

$$\dot{x}(t) = f_{\sigma(t)}(t, x(t)) + g_{\sigma(t)}(t, x(t)) u_{\sigma'(t)}(t, x(t)) \tag{8-2}$$

令系统的切换序列为

$$S = \{(t_0, q_0), (t_1, q_1), \cdots, (t_i, q_i), \cdots\}, q_i \in \underline{N}, \quad \sigma(t) = q_i, t \in [t_i, t_{i+1}), i \in Z^+,$$

则子系统 q_i 在 t_i 时刻被激活。此时, $\sigma'(t)$ 的切换序列可表述为:

$$S' = \{(t_0 + \Delta_0, q_0), (t_1 + \Delta_1, q_1), \cdots, (t_i + \Delta_i, q_i), \cdots\},$$
$$\sigma'(t) = q_i, t \in [t_i + \Delta_i, t_{i+1} + \Delta_{i+1}) \tag{8-3}$$

其中 $\Delta_i = \inf_{i \geq 0}(t_{i+1} - t_i)$。

定义 8.1 基于控制器切换序列 S' 的表述形式, $T_{um}(t_0, t_i) = \Delta_0 + \Delta_1 + \cdots + \Delta_i$ 可表示为 $[t_0, t_i)$ 上的总不匹配时间段。

令系统(8-2)中的 $u_{\sigma'(t)} \equiv 0$,有

$$\dot{x}(t) = f_{\sigma(t)}(t, x(t)) \tag{8-4}$$

若用 $\psi^{x_0}(t, t_0), x(t_0) = x_0$ 表示式(8-3)的轨迹,则子系统 $q_i(q_i \in \underline{N})$ 的轨迹可表示

为 $\psi^{x_0}(t,t_0), t \in [t_i, t_{i+1})$。对任意的 q_i, f_{q_i} 的连续性表明对于每个 $\zeta \in \mathcal{D}$，一定存在定义在 $(\tau_0^{q_i}, \tau_1^{q_i})$ 上的轨迹 $\psi^{\zeta}(t, t_0)$，其初始条件满足 $x(t_0) = \zeta, \tau_0^{q_i} < t_0 < \tau_1^{q_i}$。

定义 8.2 对于系统(8-4)，如果存在原点的开邻域 $\mathcal{N} \subset \mathcal{D}$ 和函数 $T: [0, +\infty) \times \mathcal{N} \setminus \{0\} \to [0, +\infty)$，使得以下表述成立：

(1) 有限时间收敛：对于某个切换信号 $\sigma(t)$ 和任意的 $t_0 \in [0, +\infty), x \in \mathcal{N} \setminus \{0\}$，系统(8-4)定义在 $[t_0, T(t_0, x_0))$ 上的解 $\psi^{x_0}(t, t_0)$ 满足对所有的 $t \in [t_0, T(t_0, x_0))$，$\psi^{x_0}(t, t_0) \in \mathcal{N} \setminus \{0\}$，且有 $\lim\limits_{t \to T(t_0, x_0)} \psi^{x_0}(t, t_0) = 0$。

(2) Lyapunov 稳定：对于原点的任意开邻域 $\mathcal{B}_\varepsilon$ 和初始时刻 $t_0 \in [0, +\infty)$，如果存在包含原点的集合 $\mathcal{N}$ 的开子集 $\mathcal{B}_{\delta(\varepsilon, t_0)}$，使得对某个切换信号 $\sigma(t)$ 和任意 $x \in \mathcal{B}_{\delta(\varepsilon, t_0)} \setminus \{0\}$，都有 $\psi^{x_0}(t, t_0) \in \mathcal{B}_\varepsilon, t \in [t_0, T(t_0, x_0))$。

则称系统(8-4)是有限时间稳定的，其中函数 $T(t_0, x_0)$ 称为系统的停息时间函数。如果当 $\mathcal{D} = \mathcal{N} = R^n$ 时，原点是有限时间稳定的平衡点，则称系统是全局有限时间稳定的。

8.2.2 相关引理

对于式(8-4)的非切换形式，有

$$\dot{x}(t) = f(t, x(t)) \tag{8-5}$$

对于系统(8-5)，基于文献[195]可以得到时变情形下有限时间稳定的充分条件。

引理 8.1 对于系统(8-5)，定义连续可微的函数 $V: [t_0, +\infty) \times \mathcal{D} \to R$，其导数为

$$\dot{V}(t, x) \triangleq \frac{\partial V}{\partial t}(t, x) + \frac{\partial V}{\partial x}(t, x) f(t, x) \tag{8-6}$$

则以下结论成立：

(1) 若存在连续可微的函数 $V: [t_0, +\infty) \times \mathcal{D} \to R$，$\mathcal{K}$ 类函数 $\ell(\cdot)$，函数 $c: [t_0, +\infty) \to R^+$，实数 $\lambda \in (0, 1)$ 和原点的开邻域 $\mathcal{V} \subseteq \mathcal{D}$，使得

$$V(t, 0) = 0, \quad t \in [t_0, +\infty) \tag{8-7}$$

$$\ell(\|x\|) \leq V(t, x), \quad t \in [t_0, +\infty), x \in \mathcal{V} \setminus \{0\} \tag{8-8}$$

$$\dot{V}(t, x) \leq -c(t)(V(t, x))^\lambda, \quad t \in [t_0, +\infty), x \in \mathcal{V} \setminus \{0\} \tag{8-9}$$

则系统(8-5)的平衡点 $x(t) \equiv 0$ 有限时间稳定。

(2) 若 $\mathcal{N} = \mathcal{D} = R^n$ 且存在连续可微的函数 $V: [t_0, +\infty) \times \mathcal{D} \to R$，$\mathcal{K}$ 类函数 $\ell(\cdot)$，函数 $c: [t_0, +\infty) \to R^+$，实数 $\lambda \in (0, 1)$ 和原点的开邻域 $\mathcal{V} \subseteq \mathcal{D}$，使得式(8-7)~式(8-9)成立，则系统(8-5)的原点 $x(t) \equiv 0$ 全局有限时间稳定。

8.3 有限时间稳定性分析

本节对时变切换非线性系统的稳定性进行了分析，提出了系统稳定的充分条

件,并给出了稳定性条件的相关说明。

8.3.1 有限时间稳定的充分条件

式(8-4)的子系统激活模式见图7-1,根据引理8.1,为子系统选取满足以下关系的正定函数V_i:

$$\dot{V}_i(t,x) \leq -\lambda_i(t)(V_i(t,x))^\alpha, \quad i \in \mathcal{M}_s \tag{8-10}$$

$$\dot{V}_i(t,x) \leq \gamma_i(t)(V_i(t,x))^\beta, \quad i \in \mathcal{M}_{us} \tag{8-11}$$

$$V_i(t,x) \leq \mu(t)V_j(t,x), \quad i,j \in \underline{N}, i \neq j \tag{8-12}$$

其中$\lambda_i(t)>0, \gamma_i(t)>0, \mu(t) \geq 1, \alpha, \beta \in (0,1), \mathcal{M}_s$和$\mathcal{M}_{us}$的定义与前一章相同。

定理8.1 对于满足式(8-10)~式(8-12)的系统(8-4),如果时变参数$\lambda_i(t) \geq \rho_1, \gamma_i(t) \leq \rho_2, \forall t \geq t_0, \mu(t)$是连续函数,且存在$\mathcal{K}$类函数$\ell_i(\cdot), \kappa_i(\cdot)$使得$\ell_i(\|x\|) \leq V_i(t,x) \leq \kappa_i(\|x\|), \forall i \in \underline{N}$,有限时间不稳定的子系统总的驻留时间$T^+(t_0,t)$,有限时间稳定的子系统总的驻留时间$T^-(t_0,t)$,系统平均驻留时间$\tau_a$以及停息时间$T(t_0,x_0)$满足

$$T(t_0,x_0) \leq t_0 + \tau_a \log_{\mu(t_0)} \frac{\rho_1^{1-\alpha}(1-\alpha)(\ln \mu(t_0))^\alpha T^-(t_0,t)}{2^{\frac{1-\alpha}{1-\beta}}(\kappa(\|x_0\|) + \rho_2(1-\beta)^{\frac{1}{1-\beta}} T^+(t_0,t))^{\frac{1}{1-\beta}})^{1-\alpha}} \tag{8-13}$$

其中$\kappa(\|x_0\|) = \max_{i \in \underline{N}} \kappa_i(\|x_0\|)$,则式(8-4)的原点是有限时间稳定的。

证明 A. 有限时间收敛

由于系统(8-4)满足式(8-10)和式(8-11),对于稳定的子系统i,存在标量$\alpha \in (0,1)$,函数$\lambda_i(t)>0$和$V_i:[t_0,+\infty) \times \mathcal{D} \to R$,使得

$$\dot{V}_i(t,x) + \lambda_i(t)(V_i(t,x))^\alpha \leq 0, \forall t \in [t_0,+\infty), x \in \mathcal{V} \setminus \{0\}, i \in \mathcal{M}_s \tag{8-14}$$

对于不稳定的子系统j,存在标量$\beta \in (0,1)$,函数$\gamma_j(t)>0$和$V_j:[t_0,+\infty) \times \mathcal{D} \to R$,使得

$$\dot{V}_j(t,x) - \gamma_j(t)(V_j(t,x))^\beta \leq 0, \forall t \in [t_0,+\infty), x \in \mathcal{V} \setminus \{0\}, j \in \mathcal{M}_{us} \tag{8-15}$$

由定义8.2可知,对于稳定的子系统$i, \forall t \in [t_0,+\infty), x_0 \in \mathcal{V} \setminus \{0\}, \psi_i^{x_0}(t,t_0) \in \mathcal{V}$,存在$T_i(t_0,x_0)$使得$\psi_i^{x_0}(t,t_0)=0, \forall t \geq T_i(t_0,x_0)$,其中$\psi_i^{x_0}(t,t_0)$为子系统$i$的轨迹,$T_i(t_0,x_0)$是子系统$i$的停息时间函数。然而,对于不稳定的子系统$j$,不一定存在停息时间函数$T_j(t_0,x_0)$使得$\psi_j^{x_0}(t,t_0)=0, \forall t \geq T_j(t_0,x_0)$。假定对任意$x_0 \in \mathcal{V} \setminus \{0\}, \psi^{x_0}(t,t_0)(t \geq t_0)$表示系统(8-4)的轨迹,则由式(8-10)和式(8-11)可得

$$V_{\sigma(\xi_{m-1})}(t,x)^{1-\alpha} \leq V_{\sigma(\xi_{m-1})}(t_0,x_0)^{1-\alpha} - (1-\alpha)\int_{t_0}^t \lambda_{\sigma(\xi_{m-1})} \mathrm{d}t, t \in [t_0,\xi_m), \sigma(\xi_{m-1}) \in \mathcal{M}_s \tag{8-16}$$

$$V_{\sigma(\xi_{m-1})}(t,x)^{1-\beta} \leq V_{\sigma(\xi_{m-1})}(t_0,x_0)^{1-\beta} + (1-\beta)\int_{t_0}^t \gamma_{\sigma(\xi_{m-1})} \mathrm{d}t, t \in [t_0,\xi_m), \sigma(\xi_{m-1}) \in \mathcal{M}_{us} \tag{8-17}$$

其中 $x_0 \in R^n (\neq 0)$ 和 t_0 是系统的初始状态和初始运行时刻,且 $t_0 \in [\xi_{m-1}, \xi_m), m \in Z^+$,其中 ξ_m 是切换时刻。由前一章引理 7.3 可得

$$V_{\sigma(\xi_{m-1})}(t,x) \leq \left[V_{\sigma(\xi_{m-1})}(t_0,x_0)^{1-\alpha} - (1-\alpha)\int_{t_0}^{t}\lambda_{\sigma(\xi_{m-1})}dt\right]^{\frac{1}{1-\alpha}}$$

$$\leq V_{\sigma(\xi_{m-1})}(t_0,x_0) - \left[(1-\alpha)\int_{t_0}^{t}\lambda_{\sigma(\xi_{m-1})}dt\right]^{\frac{1}{1-\alpha}} \quad (8-18)$$

$$V_{\sigma(\xi_{m-1})}(t,x) \leq \left[V_{\sigma(\xi_{m-1})}(t_0,x_0)^{1-\beta} + (1-\beta)\int_{t_0}^{t}\gamma_{\sigma(\xi_{m-1})}dt\right]^{\frac{1}{1-\beta}}$$

$$\leq 2^{\frac{\beta}{1-\beta}}\left\{V_{\sigma(\xi_{m-1})}(t_0,x_0) + \left[(1-\beta)\int_{t_0}^{t}\gamma_{\sigma(\xi_{m-1})}dt\right]^{\frac{1}{1-\beta}}\right\} \quad (8-19)$$

因为系统(8-4)含有稳定和不稳定子系统,不失一般性,假定子系统 $f_1,\cdots,f_r(r<N)$ 是不稳定的,其余子系统是有限时间稳定的。当 $t \in [\xi_{m+k-1}, \xi_{m+k})$,分别在时间段 $[\xi_{m+k-1},t], [\xi_{m+k-2},\xi_{m+k-1}],\cdots,[t_0,\xi_m]$ 内对式(8-10)和式(8-11)两端积分,其中 $k \in Z^+$ 为切换次数,基于式(8-18)和式(8-19)可得

$$V_{\sigma(\xi_{m+k-1})}(t,x) \leq 2^{\frac{\beta}{1-\beta}}\mu(t_0)^k V_{\sigma(\xi_{m-1})}(t_0,x_0) + 2^{\frac{\beta}{1-\beta}}(1-\beta)^{\frac{1}{1-\beta}}\mu(t_0)^k \sum_{\tau^+ \subset T^+(t_0,t)}\left[\int_{\tau^+}\gamma_{\sigma(t)}dt\right]^{\frac{1}{1-\beta}} -$$

$$(1-\alpha)^{\frac{1}{1-\alpha}}\sum_{\tau^- \subset T^-(t_0,t)}\left[\int_{\tau^-}\lambda_{\sigma(t)}dt\right]^{\frac{1}{1-\alpha}}$$

$$\leq 2^{\frac{\beta}{1-\beta}}\mu(t_0)^k V_{\sigma(\xi_{m-1})}(t_0,x_0) + 2^{\frac{\beta}{1-\beta}}(1-\beta)^{\frac{1}{1-\beta}}\mu(t_0)^k \rho_2 \sum_{\tau^+ \subset T^+(t_0,t)}\left[\int_{\tau^+}dt\right]^{\frac{1}{1-\beta}} -$$

$$(1-\alpha)^{\frac{1}{1-\alpha}}\rho_1 \sum_{\tau^- \subset T^-(t_0,t)}\left[\int_{\tau^-}dt\right]^{\frac{1}{1-\alpha}}$$

$$= 2^{\frac{\beta}{1-\beta}}\mu(t_0)^k V_{\sigma(\xi_{m-1})}(t_0,x_0) + 2^{\frac{\beta}{1-\beta}}(1-\beta)^{\frac{1}{1-\beta}}\mu(t_0)^k \rho_2 \sum_{\tau^+ \subset T^+(t_0,t)}(\tau^+)^{\frac{1}{1-\beta}} -$$

$$(1-\alpha)^{\frac{1}{1-\alpha}}\rho_1 \sum_{\tau^- \subset T^-(t_0,t)}(\tau^-)^{\frac{1}{1-\alpha}} \quad (8-20)$$

其中 $\tau^- \subset T^-(t_0,t)$ 和 $\tau^+ \subset T^+(t_0,t)$ 分别表示系统轨迹运行在 (t_0,t) 内的有限时间稳定时间段和不稳定时间段,$\int_{\tau^-}\cdot dt$ 和 $\int_{\tau^+}\cdot dt$ 分别表示在有限时间稳定时间段和不稳定时间段上的分段积分。由前一章引理 7.2 可得

$$\sum_{\tau^- \subset T^-(t_0,t)}(\tau^-)^{\frac{1}{1-\alpha}} \geq k^{-\frac{\alpha}{1-\alpha}}T^-(t_0,t)^{\frac{1}{1-\alpha}} \quad (8-21)$$

$$\sum_{\tau^+ \subset T^+(t_0,t)}(\tau^+)^{\frac{1}{1-\beta}} \leq T^+(t_0,t)^{\frac{1}{1-\beta}} \quad (8-22)$$

联合式(8-20)、式(8-21)和式(8-22)可得

$$V_{\sigma(\xi_{m+k-1})}(t,x) \leq 2^{\frac{\beta}{1-\beta}}\mu(t_0)^k V_{\sigma(\xi_{m-1})}(t_0,x_0) + 2^{\frac{\beta}{1-\beta}}(1-\beta)^{\frac{1}{1-\beta}}\mu(t_0)^k \rho_2 T^+(t_0,t)^{\frac{1}{1-\beta}} -$$

$$(1-\alpha)^{\frac{1}{1-\alpha}}\rho_1 k^{-\frac{\alpha}{1-\alpha}} T^-(t_0,t)^{\frac{1}{1-\alpha}} \tag{8-23}$$

注意到

$$T^-(t_0,t) + T^+(t_0,t) = t - t_0 \tag{8-24}$$

$$\mu(t)^k \geq k\ln\mu(t) \tag{8-25}$$

由式(8-23)可得

$$V_{\sigma(\xi_{m+k-1})}(t,x) \leq 2^{\frac{\beta}{1-\beta}}\mu(t_0)^k V_{\sigma(\xi_{m-1})}(t_0,x_0) + 2^{\frac{\beta}{1-\beta}}(1-\beta)^{\frac{1}{1-\beta}}\mu(t_0)^k \rho_2 T^+(t_0,t)^{\frac{1}{1-\beta}} -$$

$$(1-\alpha)^{\frac{1}{1-\alpha}}\rho_1 k^{-\frac{\alpha}{1-\alpha}} T^-(t_0,t)^{\frac{1}{1-\alpha}}$$

$$\leq \mu(t_0)^k 2^{\frac{\beta}{1-\beta}} \left[V_{\sigma(\xi_{m-1})}(t_0,x_0) + (1-\beta)^{\frac{1}{1-\beta}}\rho_2 T^+(t_0,t)^{\frac{1}{1-\beta}} \right] -$$

$$(1-\alpha)^{\frac{1}{1-\alpha}}\rho_1 \left[\frac{\mu(t_0)^k}{\ln\mu(t)}\right]^{-\frac{\alpha}{1-\alpha}} T^-(t_0,t)^{\frac{1}{1-\alpha}}$$

$$= \mu(t_0)^{-\frac{\alpha k}{1-\alpha}} \left[-(1-\alpha)^{\frac{1}{1-\alpha}}\rho_1 (\ln\mu(t_0))^{\frac{\alpha}{1-\alpha}} T^-(t_0,t)^{\frac{1}{1-\alpha}} + \right.$$

$$\left. \mu(t_0)^{\frac{k}{1-\alpha}} 2^{\frac{\beta}{1-\beta}} (V_{\sigma(\xi_{m-1})}(t_0,x_0) + (1-\beta)^{\frac{1}{1-\beta}}\rho_2 T^+(t_0,t)^{\frac{1}{1-\beta}}) \right] \tag{8-26}$$

基于式(8-26),若

$$\mu(t_0)^k \leq \frac{\rho_1^{1-\alpha}(1-\alpha)(\ln\mu(t_0))^{\alpha} T^-(t_0,t)}{2^{\frac{1-\alpha}{1-\beta}\beta}(V_{\sigma(\xi_{m-1})}(t_0,x_0) + \rho_2(1-\beta)^{\frac{1}{1-\beta}} T^+(t_0,t)^{\frac{1}{1-\beta}})^{1-\alpha}} \tag{8-27}$$

则有 $V_{\sigma(\xi_{m+k-1})}(t,x) \equiv 0$。

由于 $k \leq \frac{t-t_0}{\tau_a} \leq \frac{T(t_0,x_0)-t_0}{\tau_a}$,关系

$$T(t_0,x_0) \leq t_0 + \tau_a \log_{\mu(t_0)} \frac{\rho_1^{1-\alpha}(1-\alpha)(\ln\mu(t_0))^{\alpha} T^-(t_0,t)}{2^{\frac{1-\alpha}{1-\beta}\beta}(\kappa(\|x_0\|) + \rho_2(1-\beta)^{\frac{1}{1-\beta}} T^+(t_0,t)^{\frac{1}{1-\beta}})^{1-\alpha}} \tag{8-28}$$

可确保式(8-27)成立。因此,可知

$$V_{\sigma(\xi_{m+k-1})}(t,x) \equiv 0, \forall t \geq T(t_0,x_0) \tag{8-29}$$

进一步可得

$$\psi^{x_0}(t,t_0) \equiv 0, \forall t \geq T(t_0,x_0) \tag{8-30}$$

综上,系统状态在停息时间 $T(t_0,x_0)$ 内收敛到原点。

B. Lyapunov 稳定性

基于以上的证明可知对于 $t \in [\xi_{m+k-1},\xi_{m+k})$, $\forall k,m \in Z^+$,式(8-26)成立。因为 $\forall t \geq t_0, \mu(t)$ 是连续函数,所以 $\mu(t)$ 在 $t \in [\xi_{m+k-1},\xi_{m+k})$ 上是有界的,即存在正数 $a \geq 1, b \geq 1$ 使得 $a < \mu(t) < b$。于是

$$V_{\sigma(\xi_{m+k-1})}(t,x) < a^{-\frac{\alpha k}{1-\alpha}} \left[-(1-\alpha)^{\frac{1}{1-\alpha}}\rho_1 (\ln a)^{\frac{\alpha}{1-\alpha}} T^-(t_0,t)^{\frac{1}{1-\alpha}} + \right.$$

$$\left. b^{\frac{k}{1-\alpha}} 2^{\frac{\beta}{1-\beta}} (V_{\sigma(\xi_{m-1})}(t_0,x_0) + (1-\beta)^{\frac{1}{1-\beta}}\rho_2 T^+(t_0,t)^{\frac{1}{1-\beta}}) \right] \tag{8-31}$$

令 $t_0 \in [0,\infty)$, $\mathcal{B}_\varepsilon(0) = \{x \in \mathcal{D}: \|x\| < \varepsilon, \varepsilon > 0\} \subset \mathcal{V}$,定义 $\vartheta_{m+k-1}(t_0) \triangleq \ell_{m+k-1}(\varepsilon)$,则对于任意 $\vartheta_{m+k-1}(t_0) > 0$,存在正标量 $k, \eta_{m+k-1}(t_0), T^-$ 和 T^+ 使得

$$[-(1-\alpha)^{\frac{1}{1-\alpha}}\rho_1 (\ln a)^{\frac{\alpha}{1-\alpha}} T^-(t_0,t)^{\frac{1}{1-\alpha}} + b^{\frac{k}{1-\alpha}} 2^{\frac{\beta}{1-\beta}} (\eta_{m+k-1}(t_0) + (1-\beta)^{\frac{1}{1-\beta}}$$
$$\rho_2 T^+(t_0,t)^{\frac{1}{1-\beta}})] a^{-\frac{\alpha k}{1-\alpha}} = \vartheta_{m+k-1}(t_0) \tag{8-32}$$

基于式(8-32),可获得一组依赖于 ε 和 t_0 的正数 $\eta_{m+k-1}(t_0), \eta_{m+k-2}(t_0), \cdots,$ $\eta_0(t_0)$。令 $\eta(t_0) = \min_{k,m\in Z^+}\{\eta_{m+k-1},\eta_{m+k-2},\cdots,\eta_0\}$,则有

$$[-(1-\alpha)^{\frac{1}{1-\alpha}}\rho_1 (\ln a)^{\frac{\alpha}{1-\alpha}} T^-(t_0,t)^{\frac{1}{1-\alpha}} + b^{\frac{k}{1-\alpha}} 2^{\frac{\beta}{1-\beta}} (\eta(t_0) + (1-\beta)^{\frac{1}{1-\beta}}$$
$$\rho_2 T^+(t_0,t)^{\frac{1}{1-\beta}})] a^{-\frac{\alpha k}{1-\alpha}} < \vartheta_{m+k-1}(t_0) \tag{8-33}$$

由式(8-31), $V_{\sigma(\xi_{m-1})}(t_0,x_0) < \eta(t_0)$ 表明对于所有 $t \geqslant t_0$ 和任意 $x_0 \in \mathcal{V}$, $V_{\sigma(\xi_{m+k-1})}(t,x) < \vartheta_{m+k-1}(t_0)$ 成立。此外, $\ell_i(\|x\|) \leqslant V_i(t,x) \leqslant \kappa_i(\|x\|)$ 蕴含 $V_{\sigma(t)}(t,0)=0$。由于 $V_{\sigma(t)}(\cdot,\cdot)$ 是连续的,则存在 $\delta = \delta(\varepsilon,t_0) > 0$ 使得 $V_{\sigma(t)}(t_0,x_0) < \eta(t_0), x_0 \in \mathcal{B}_\delta(0)$。因此,对于任意 $x_0 \in \mathcal{B}_\delta(0)$,有

$$\ell_{m+k-1}(\|x\|) \leqslant V_{\sigma(\xi_{m+k-1})}(t,x) < \vartheta_{m+k-1}(t_0) = \ell_{m+k-1}(\varepsilon)$$

综上可得,对于任意 $x_0 \in \mathcal{B}_\delta(0)$,有 $x(t) \in \mathcal{B}_\varepsilon(0), t \geqslant t_0$。定理证毕。

8.3.2 关于稳定条件的相关说明

说明 8.1 由于 $f_i(t,x)$ 关于 $x(t)$ 是局部 Lipschitz 的,则 $f_i(t,x)$ 满足 $\|f_i(t,x)\| \leqslant \mu_i(\|x\|)$,其中 $\mu_i(\cdot)$ 是 $\mathcal{K}$ 类函数。基于有限时间稳定性的 Lyapunov 逆定理[195]可知存在 $V_i(t,x)$ 使得对于有限时间稳定的子系统,式(8-14)成立且此时 Lyapunov 函数可选取为 $V_i(t,x) = [T_i(t,x) - t]^{\frac{1}{1-\alpha}}$,其中 $T_i(t,x)$ 为子系统 i 的连续停息时间函数。这表明有限时间稳定的子系统 Lyapunov 函数可通过停息时间函数来构造。对于不稳定的子系统的函数 $V_j(t,x)$,由式(8-15)可知 $\dot{V}_j(t,x)$ 不能保证是负定的,即 $\dot{V}_j(t,x)$ 为不定函数且 $V_j(t,x)$ 在整个系统的收敛过程中允许随时间递增,相比式(8-14)这个条件具有更小的保守性。

说明 8.2 一般而言, V_i 和 $V_j (i \neq j)$ 之间的关系是确保系统有限时间稳定的重要条件。对于时间依赖型 Lyapunov 函数(8-12),约束系数 $\mu(t)$ 是时变且连续的, $\mu(t)$ 的连续性在系统稳定性证明中具有重要作用。

说明 8.3 更一般地,停息时间函数 $T(t_0,x)$ 具有形式

$$T(t_0,x) \leqslant t_0 + \tau_a \log_{\mu(t_0)} \frac{\rho_1^{1-\alpha}(1-\alpha)(\ln \mu(t_0))^\alpha T^-}{2^{\frac{1-\alpha}{1-\beta}}(\max_{i \in \underline{N}} \kappa_i(\|x\|) + \rho_2(1-\beta)^{\frac{1}{1-\beta}} T^{+\frac{1}{1-\beta}})^{1-\alpha}}$$

对于任一 $t_0 \in [0, +\infty), x \in \mathcal{N}\backslash\{0\}, T(t_0,x) \geqslant t_0$ 是系统轨迹从 (t_0,x) 开始达到原点的绝对时间,因此系统达到原点的实际时间为 $T(t_0,x) - t_0$。特别地,当 $x(t) \equiv 0$,系统状态始终为零平衡态,则有 $T(t_0,0) = t_0$。

说明 8.4 由 $\lambda_i(t) \geqslant \rho_1$,可得 $\dot{V}_i(t,x) \leqslant -\rho_1(V_i(t,x))^\alpha, i \in \mathcal{M}_s$,此时有限时

间稳定的子系统停息时间函数为 $T_i(t_0,x) \leq \dfrac{V_i(t_0,x)^{1-\alpha}}{(1-\alpha)\rho_1} + t_0$。对于 $i \in \mathcal{M}_{us}$，由式(8-11)和 $\gamma_i(t) \leq \rho_2$ 可得 $\dfrac{V_i(t,x)^{1-\beta} - V_i(t_0,x)^{1-\beta}}{1-\beta} \leq \rho_2(t-t_0)$，即 $\dfrac{V_i(t,x)^{1-\beta} - V_i(t_0,x)^{1-\beta}}{t-t_0} < \rho_2(1-\beta)$，这表明对于不稳定子系统，$V_i(t,x)$ 的幂指数 $V_i(t,x)^{1-\beta}$ 的变化率的上界为 $\rho_2(1-\beta)$。

8.4 有限时间异步切换镇定

本节对时变切换非线性系统的有限时间异步控制问题进行了研究，引入控制 Lyapunov 函数得到了系统可镇定的条件，并利用其小控制性对系统进行了镇定设计。

8.4.1 有限时间可镇定条件

考虑时变切换非线性系统

$$\dot{x}(t) = f_{\sigma(t)}(t,x(t)) + g_{\sigma(t)}(t,x(t)) u_{\sigma'(t)}(t,x(t)) \tag{8-34}$$

若存在定义在 $[t_0,+\infty) \times \mathcal{V} \setminus \{0\}$ 上的连续反馈控制律 $u_{\sigma'(t)}$，其中 $\mathcal{V}$ 是 R^n 上原点的非空邻域，使得

(1) $u_{\sigma'(t)}(t,0) = 0$；

(2) 式(8-34)的原点是有限时间稳定的，

则称式(8-34)是有限时间可镇定的。

在匹配时间段 $[t_k + \Delta_k, t_{k+1})$，有 $\sigma'(t) = \sigma(t) = i$，此时对于式(8-34)的子系统 i 和所有的 $(t,x) \in [t_0,+\infty) \times \mathcal{V} \setminus \{0\}$，若光滑正定函数 $V_i(t,x)$ 满足

$$\inf_{u_i \in R^m} (a_i(t,x) + \langle B_i(t,x), u_i \rangle) < 0 \tag{8-35}$$

其中 $\langle \rangle$ 表示向量的内积运算符；$a_i(t,x) = \dfrac{\partial V_i}{\partial t}(t,x) + \dfrac{\partial V_i}{\partial x}(t,x) f_i(t,x)$，$B_i(t,x) = (b_{i1}(t,x),\cdots,b_{im}(t,x))$，对于 $s \in \{1,2,\cdots,m\}$，$b_{is}(t,x) = \dfrac{\partial V_i}{\partial x}(t,x) g_{is}(t,x)$，则 $V_i(t,x)$ 为系统(8-34)的第 i 个子系统的控制 Lyapunov 函数。显然如果

$$\inf_{u_i \in R^m} (a_i(t,x) + \langle B_i(t,x), u_i \rangle) \leq -\lambda_i(t)(V_i(t,x))^\alpha \tag{8-36}$$

其中 $\alpha \in (0,1)$，$\lambda_i(t) > 0$，则 $V_i(t,x)$ 也为控制 Lyapunov 函数。

对于不匹配时间段 $[t_k, t_k + \Delta_k)$，$\sigma(t) = i$，$\sigma'(t) = j$，选取正定函数 $V_{ij}(t,x)$ 满足

$$a_{ij}(t,x) + \langle B_{ij}(t,x), u_j \rangle \leq \gamma_{ij}(t)(V_{ij}(t,x))^\beta \tag{8-37}$$

其中 $\gamma_{ij}(t) > 0$，$\beta \in (0,1)$，$a_{ij}(t,x) = \dfrac{\partial V_{ij}}{\partial t}(t,x) + \dfrac{\partial V_{ij}}{\partial x}(t,x) f_i(t,x)$，$B_{ij}(t,x) =$

$(b_{ij1}(t,x),\cdots,b_{ijm}(t,x)),b_{ijs}(t,x)=\dfrac{\partial V_{ij}}{\partial x}(t,x)g_{is}(t,x)$。

一般地，对于任意 $\varepsilon>0$，存在 $\delta>0$ 使得以下条件成立：若 $x\in\mathcal{B}_{\delta}(0)$，存在某个 $u_i\in\mathcal{B}_{\varepsilon}(0)$ 使得

$$a_i(t,x)+\langle B_i(t,x),u_i\rangle<0 \tag{8-38}$$

则称子系统 i 的 Lyapunov 函数 $V_i(t,x)$ 具有小控制性。

引理 8.2[209] 对于具有单输入的子系统 i，Lyapunov 函数 $V_i(t,x)$ 小控制性等价于关系

$$\lim_{\|x\|\mapsto 0}\dfrac{a_i(t,x)}{|B_i(t,x)|}\leq 0$$

8.4.2 有限时间控制器设计

定理 8.2 对于式(8-34)，假定时变参数 $\lambda_i(t)\geq\rho_1$，$\gamma_{ij}(t)\leq\rho_2$ 和连续函数 $\mu_1(t),\mu_2(t),\forall t\geq t_0$ 使得条件(1)~(3)成立：

(1) $\ell_i(\|x\|)\leq V_i(t,x)\leq\kappa_i(\|x\|)$，$\ell_{ij}(\|x\|)\leq V_{ij}(t,x)\leq\kappa_{ij}(\|x\|)$，$\forall i,j\in\underline{N}$，$\ell_i(\cdot),\kappa_i(\cdot),\ell_{ij}(\cdot),\kappa_{ij}(\cdot)$ 是 $\mathcal{K}$ 类函数，且

$$V_j(t,x)\leq\mu_1(t)V_{ij}(t,x),V_{ij}(t,x)\leq\mu_2(t)V_i(t,x),\mu_1(t),\mu_2(t)\geq 1 \tag{8-39}$$

(2) $b_{ij}(t,x)-b_j(t,x)\leq 0$ 和 $a_{ij}(t,x)+a_j(t,x)\leq 0$ 其中 $b_j(t,x)=\|B_j(t,x)\|^2$，$b_{ij}(t,x)=\|B_{ij}(t,x)\|^2$ \hfill (8-40)

(3) $\lambda_j(t)V_j(t,x)^{\alpha}\leq\sqrt[p]{a_i(t,x)^p+b_i(t,x)^q}\leq\gamma_{ij}(t)V_{ij}(t,x)^{\beta}$ \hfill (8-41)

其中 $i,j\in\underline{N},i\neq j$。若总的不匹配时间 $T_{um}(t_0,t)$，总的匹配时间 $T_m(t_0,t)$，平均驻留时间和停息时间 $T(t_0,x_0)$ 满足关系

$$T(t_0,x_0)\leq t_0+\tau_a\log_{\mu_1(t_0)\mu_2(t_0)}\dfrac{\rho_1^{1-\alpha}(1-\alpha)(\ln\mu_1(t_0)+\ln\mu_2(t_0))^{\alpha}T_m(t_0,t)}{2^{\frac{1-\alpha}{1-\beta}\beta}(\kappa(\|x_0\|)+\rho_2(1-\beta)^{\frac{1}{1-\beta}}T_{um}(t_0,t)^{\frac{1}{1-\beta}})^{1-\alpha}} \tag{8-42}$$

其中 $\kappa(\|x_0\|)=\max\limits_{i,j\in\underline{N}}\{\kappa_i(\|x_0\|),\kappa_{ij}(\|x_0\|)\}$，则反馈控制器 $u_i(t,x)=(u_{i1}(t,x),\cdots,u_{im}(t,x))$ 设计为

$$u_{is}(t,x)=\begin{cases}-b_{is}(t,x)\dfrac{a_i(t,x)+\sqrt[p]{a_i(t,x)^p+b_i(t,x)^q}}{b_i(t,x)}, & x\in\mathcal{V}\setminus\{0\}\\ 0, & x=0\end{cases} \tag{8-43}$$

其中 $s\in\{1,2,\cdots,m\}$，$p,q\geq 2$，可确保式(8-34)的闭环系统有限时间稳定。

证明 当 $\sigma(t)=\sigma'(t)=i,t\in\mathcal{T}_m$，对 $V_i(t,x)$ 沿着式(8-34)的轨迹微分可得

$$\dot{V}_i(t,x)=\dfrac{\partial V_i}{\partial t}(t,x)+\dfrac{\partial V_i}{\partial x}(t,x)\dfrac{dx}{dt}$$

$$= \nabla_t V_i(t,x) + \langle \nabla_x V_i(t,x), f_i(t,x) + g_i(t,x)u_i \rangle$$
$$= a_i(t,x) + \langle B_i(t,x), u_i \rangle \tag{8-44}$$

由式(8-44)可得

$$\nabla_t V_i(t,x) + \langle \nabla_x V_i(t,x), f_i(t,x) + g_i(t,x)u_i \rangle$$
$$= a_i(t,x) - \frac{a_i(t,x) + \sqrt[p]{a_i(t,x)^p + b_i(t,x)^q}}{b_i(t,x)} \|B_i(t,x)\|^2$$
$$= -\sqrt[p]{a_i(t,x)^p + b_i(t,x)^q} \tag{8-45}$$

基于式(8-41)和式(8-45)可得 $\dot{V}_i(t,x) \leq -\lambda_i(t)(V_i(t,x))^\alpha$,其蕴含式(8-35),即表明存在 $u_i \in R^m$ 使得式(8-35)成立。因此 V_i 是(8-34)的控制 *Lyapunov* 函数,且满足式(8-38)的小控制性。此外,反馈控制器(8-43)在原点是连续的,关于连续性将在说明 8.6 中进一步阐述。

当 $\sigma(t) = i, \sigma'(t) = j, t \in \mathcal{T}_{um}$,控制器 j 作用于子系统 i,可得

$$\dot{V}_{ij}(t,x) = \frac{\partial V_{ij}}{\partial t}(t,x) + \frac{\partial V_{ij}}{\partial x}(t,x)\frac{dx}{dt}$$
$$= \nabla_t V_{ij}(t,x) + \langle \nabla_x V_{ij}(t,x), f_i(t,x) + g_i(t,x)u_j \rangle$$
$$= a_{ij}(t,x) + \langle B_{ij}(t,x), u_j \rangle \tag{8-46}$$

基于式(8-46)和式(8-40),由 *Cauchy* 不等式可得

$$\nabla_t V_{ij}(t,x) + \langle \nabla_x V_{ij}(t,x), f_i(t,x) + g_i(t,x)u_j \rangle$$
$$= a_{ij}(t,x) - \frac{a_j(t,x) + \sqrt[p]{a_j(t,x)^p + b_j(t,x)^q}}{b_j(t,x)} \sum_{s=1}^m b_{ijs} b_{js}$$
$$\leq a_{ij}(t,x) + \frac{\sqrt{b_{ij}(t,x)}\sqrt{b_j(t,x)}}{b_j(t,x)}(a_j(t,x) + \sqrt[p]{a_j(t,x)^p + b_j(t,x)^q})$$
$$\leq a_{ij}(t,x) + (a_j(t,x) + \sqrt[p]{a_j(t,x)^p + b_j(t,x)^q})$$
$$\leq \sqrt[p]{a_j(t,x)^p + b_j(t,x)^q} \tag{8-47}$$

由式(8-41)和式(8-47)可得 $\dot{V}_{ij}(t,x) \leq \gamma_{ij}(t)(V_{ij}(t,x))^\beta$。基于定理 8.1 可知反馈控制器(8-43)可确保式(8-34)有限时间稳定。定理证毕。

8.4.3 控制设计的相关说明

说明 8.5 定理 8.2 给出了一种基于控制 Lyapunov 函数研究时变切换非线性系统的有效方法。由式(8-43)可知子系统 i 的反馈控制律 $u_i(t,x)$ 依赖于状态 x 和时间 t,式(8-42)表明系统的停息时间和平均驻留时间均会受到异步切换的影响。

说明 8.6 定理 8.2 的证明中提到若子系统 i 的 Lyapunov 函数 $V_i(t,x)$ 满足小控制性式(8-38),则 $u_i(t,x)$ 在原点关于 x 是连续的。事实上式(8-38)蕴含 $\lim\sup_{x\to 0, x\in \mathcal{B}_\delta(0)} a_i(t,x) \leq 0$。$V_i(t,x)$ 是连续可微的正定函数且 $V_i(t,0) = 0, \forall t \in [t_0, +\infty)$,

因此 $V_i(t,x)$ 在原点可取到最小值且 $\nabla_x V_i(t,0) = 0$。此外 $V_i(t,x)$ 是光滑函数,其关于 x 的梯度是连续的,则有 $\lim_{x \to 0} \nabla_x V_i(t,x) = 0$。由 $b_{is}(t,x) = \nabla_x V_i(t,x) g_{is}(t,x)$ 可知 $\lim_{x \to 0} b_{is}(t,x) = 0$,即当 x 是充分小的,则 $b_{is}(t,x)$ 也是充分小的:$x \to 0 \Rightarrow b_{is}(t,x) \to 0$。于是可得

$$\lim_{x \to 0} \frac{a_i(t,x) + \sqrt[p]{a_i(t,x)^p + b_i(t,x)^q}}{b_i(t,x)}$$

$$= \lim_{x \to 0} \frac{\frac{\partial a_i(t,x)}{\partial x} + \frac{1}{p}[a_i(t,x)^p + b_i(t,x)^q]^{\frac{1}{p}-1} \cdot \left[pa_i(t,x)^{p-1}\frac{\partial a_i(t,x)}{\partial x} + qb_i(t,x)^{q-1}\frac{\partial b_i(t,x)}{\partial x}\right]}{\frac{\partial b_i(t,x)}{\partial x}}$$

$$= \lim_{x \to 0} \frac{\frac{\partial a_i(t,x)}{\partial x} + \frac{1}{p}[a_i(t,x)^p]^{\frac{1}{p}-1} \cdot \left[pa_i(t,x)^{p-1}\frac{\partial a_i(t,x)}{\partial x}\right]}{\frac{\partial b_i(t,x)}{\partial x}}$$

$$= 0 \tag{8-48}$$

基于式(8-48)有 $\lim_{x \to 0} u_{is}(t,x) = 0$。$V_i(t,x)$ 的光滑性表明 $u_{is}(t,x), x \in \mathcal{V} \setminus \{0\}$ 是光滑切换反馈控制器。

说明 8.7 利用控制 Lyapunov 函数方法可以有效构造时变切换非线性系统的有限时间控制器。控制 Lyapunov 函数的光滑性表明 $V_i(t,x)$ 存在任意阶导数,这也意味着反馈控制律在除原点以外的状态空间具有光滑性。此外,Lyapunov 函数的小控制性可以确保切换控制器在原点处是连续的,保证了所设计的控制律具有实际的可应用性。

8.5 数值算例

系统动态方程描述为

$$\dot{x} = f_\sigma(t,x) + g_\sigma(t,x) u_{\sigma'}(t,x), t \geq t_0 \geq 0, \sigma(t) \in \{1,2\} \tag{8-49}$$

其中 $f_1(t,x) = \begin{bmatrix} -x_1 - e^{-2t}x_2 \\ x_1 - x_2 \end{bmatrix}, f_2(t,x) = \begin{bmatrix} -x_1 + x_2 \\ (\cos t)x_1 - x_2 \end{bmatrix}, g_1(t,x) = g_2(t,x) = \begin{bmatrix} (x_1^2 + x_2^2)^{1/2}/x_1 \\ 0 \end{bmatrix}$。

选取 $V_1(t,x) = V_{21}(t,x) = \frac{1}{2}[x_1^2 + (1 + e^{-2t})x_2^2]$,$V_2(t,x) = V_{12}(t,x) = \frac{1}{2}(x_1^2 + x_2^2)$,则可得

$$a_1(t,x) = \frac{\partial V_1}{\partial t}(t,x) + \frac{\partial V_1}{\partial x}(t,x)f_1(t,x) = -[x_1^2 + (1+2e^{-2t})x_2^2 - x_1x_2]$$

$$a_2(t,x) = \frac{\partial V_2}{\partial t}(t,x) + \frac{\partial V_2}{\partial x}(t,x)f_2(t,x) = -[x_1^2 + x_2^2 - (1+\cos t)x_1x_2]$$

$$a_{12}(t,x) = \frac{\partial V_{12}}{\partial t}(t,x) + \frac{\partial V_{12}}{\partial x}(t,x)f_1(t,x) = -[x_1^2 + x_2^2 - (1-e^{-2t})x_1x_2]$$

$$a_{21}(t,x) = \frac{\partial V_{21}}{\partial t}(t,x) + \frac{\partial V_{21}}{\partial x}(t,x)f_2(t,x)$$
$$= -[x_1^2 + (1+2e^{-2t})x_2^2 - (1+\cos t + e^{-2t}\cos t)x_1x_2]$$

容易验证 $a_{12}(t,x) + a_2(t,x) \leq 0, a_{21}(t,x) + a_1(t,x) \leq 0$。

此外 $b_1(t,x) = \left[\frac{\partial V_1}{\partial x}(t,x)g_1(t,x)\right]^2 = x_1^2 + x_2^2, b_2(t,x) = \left[\frac{\partial V_2}{\partial x}(t,x)g_2(t,x)\right]^2 = x_1^2 + x_2^2, b_{12}(t,x) = \left[\frac{\partial V_{12}}{\partial x}(t,x)g_1(t,x)\right]^2 = x_1^2 + x_2^2, b_{21}(t,x) = \left[\frac{\partial V_{21}}{\partial x}(t,x)g_2(t,x)\right]^2 = x_1^2 + x_2^2$，则有 $b_{12}(t,x) = b_2(t,x), b_{21}(t,x) = b_1(t,x)$。当 $\inf_{u_i \in R^m}(a_i(t,x) + \langle B_i(t,x), u_i\rangle) < 0, x \neq 0, V_i(t,x)$ 是式(8-49)的子系统 i 的控制 Lyapunov 函数，当 $a_i(t,x) \leq 0$ 时，有 $\frac{a_i(t,x)}{|B_i(t,x)|} \leq 0$，由引理 8.2 可知此时 $V_i(t,x)$ 具有小控制性。

设置 $p = q = 2$，则 $a_1(t,x)^2 + b_1(t,x)^2 = [x_1^2 + (1+2e^{-2t})x_2^2 - x_1x_2]^2 + (x_1^2 + x_2^2)^2, a_2(t,x)^2 + b_2(t,x)^2 = [x_1^2 + x_2^2 - (1+\cos t)x_1x_2]^2 + (x_1^2 + x_2^2)^2$。

当 $\|x(t)\| \in \left[\frac{2}{\sqrt{5}}\lambda_1(t), \sqrt{\frac{2}{53}}\gamma_{21}(t)\right]$ 时，有

$$\sqrt{a_1(t,x)^2 + b_1(t,x)^2} \geq \frac{\sqrt{5}}{2}(x_1^2 + x_2^2) \geq \lambda_1(t)\sqrt{x_1^2 + x_2^2}$$
$$\geq \lambda_1(t)\sqrt{\frac{1}{2}[x_1^2 + (1+e^{-2t})x_2^2]}$$

$$\sqrt{a_1(t,x)^2 + b_1(t,x)^2} \leq \frac{\sqrt{53}}{2}(x_1^2 + x_2^2) \leq \gamma_{21}(t)\sqrt{\frac{1}{2}(x_1^2 + x_2^2)}$$
$$\leq \gamma_{21}(t)\sqrt{\frac{1}{2}[x_1^2 + (1+e^{-2t})x_2^2]}$$

因此，$\lambda_1(t)V_1(t,x)^\alpha \leq \sqrt{a_1(t,x)^2 + b_1(t,x)^2} \leq \gamma_{21}(t)V_{21}(t,x)^\beta$，其中 $\alpha = \beta = \frac{1}{2}$。

当 $\|x(t)\| \in \left[\lambda_2(t), \frac{\gamma_{21}(t)}{\sqrt{15}}\right]$ 时，有

$$\sqrt{a_2(t,x)^2 + b_2(t,x)^2} \geq x_1^2 + x_2^2 \geq \lambda_2(t)\sqrt{x_1^2 + x_2^2} \geq \lambda_2(t)\sqrt{\frac{1}{2}(x_1^2 + x_2^2)}$$

$$\sqrt{a_2(t,x)^2 + b_2(t,x)^2} \leq \sqrt{5}(x_1^2 + x_2^2) \leq \gamma_{12}(t)\sqrt{\frac{1}{3}(x_1^2+x_2^2)} \leq \gamma_{12}(t)\sqrt{\frac{1}{2}(x_1^2+x_2^2)}$$

因此,$\lambda_2(t)V_2(t,x)^\alpha \leq \sqrt{a_2(t,x)^2 + b_2(t,x)^2} \leq \gamma_{12}(t)V_{12}(t,x)^\beta$,其中 $\alpha = \beta = \frac{1}{2}$。

综上可得 $\lambda_j(t)V_j(t,x)^\alpha \leq \sqrt[p]{a_j(t,x)^p + b_j(t,x)^q} \leq \gamma_{ij}(t)V_{ij}(t,x)^\beta, i,j \in \{1,2\}$。

选取 $\lambda_1(t) = \lambda_2(t) = T(t_0,x_0) - t \geq \varepsilon > 0, \gamma_{12}(t) = \gamma_{21}(t) = \frac{1}{\sqrt{T(t_0,x_0)-t}} \leq \frac{1}{\sqrt{\varepsilon}}$,其中对于所有的 $t \in [t_0, T(t_0,x_0))$,ε 是充分小的,则可选取 $\rho_1 = \varepsilon$ 和 $\rho_2 = \frac{1}{\sqrt{\varepsilon}}$。由于 $V_j(t,x) \leq e^{\frac{1}{\varepsilon^2}}V_{ij}(t,x)$ 和 $V_{ij}(t,x) \leq e^{\frac{1}{\varepsilon^2}}V_i(t,x)$,可选取 $\mu_1(t) = \mu_2(t) = e^{\frac{1}{\varepsilon^2}}$。系统初始状态为 $[x_1(t_0), x_2(t_0)] = \left(\frac{1}{2\sqrt{2}}, \frac{1}{2\sqrt{2}}\right)$,由定理 8.2,可设置 $\kappa(\|x\|) = \|x\|^2$,则有 $\kappa(\|x_0\|) = x_1(t_0)^2 + x_2(t_0)^2 = \frac{1}{4}$。于是可得:若系统总的不匹配时间段 $T_{um}(t_0,t)$,总的匹配时间段 $T_m(t_0,t)$,平均驻留时间 τ_a 和停息时间 $T(t_0,x_0)$ 满足

$$T(t_0,x_0) \leq t_0 + \tau_a \log_{\frac{2}{e^{\varepsilon^2}}} \frac{T_m(t_0,t)}{(\varepsilon + \varepsilon^{\frac{1}{2}} T_{um}(t_0,t)^2)^{\frac{1}{2}}}$$

连续反馈控制律设计为

$$u_1(t,x) = \begin{cases} \dfrac{x_1^2 + (1+2e^{-2t})x_2^2 - x_1x_2 - \sqrt{[x_1^2 + (1+2e^{-2t})x_2^2 - x_1x_2]^2 + (x_1^2+x_2^2)^2}}{\sqrt{x_1^2+x_2^2}}, & x \in \mathcal{V} \setminus \{0\} \\ 0, & x = 0 \end{cases}$$

$$u_2(t,x) = \begin{cases} \dfrac{x_1^2 + x_2^2 - (1+\cos t)x_1x_2 - \sqrt{[x_1^2 + x_2^2 - (1+\cos t)x_1x_2]^2 + (x_1^2+x_2^2)^2}}{\sqrt{x_1^2+x_2^2}}, & x \in \mathcal{V} \setminus \{0\} \\ 0, & x = 0 \end{cases}$$

则式(8-49)的闭环系统是有限时间稳定的。

令 $\varepsilon = 1, t_0 = 0, T_{um}(t_0,t) = 0.1, T_m(t_0,t) = 56$,计算可得 $T(t_0,x_0) \leq 2\tau_a$,因此系统平均驻留时间 $\tau_a \geq \dfrac{T_m(t_0,t) + T_{um}(t_0,t)}{2} = 28.05$。图 8-1 仿真结果表明式(8-49)在异步切换下是有限时间稳定的。图 8-2 仿真结果表明随着系统状态达到 0,反馈控制律的输出值也最终保持在 0。特别地,当 $\lambda_1(t) = \lambda_2(t) = \varepsilon \to 0$ 且 $\gamma_{12}(t) = \gamma_{21}(t) = \dfrac{1}{\sqrt{\varepsilon}} \to \infty$,可得 $\|x(t)\| \in (0,\infty)$,这表明当 $\varepsilon \to 0$,式(8-49)的闭环系统可以实现全局有限时间稳定。

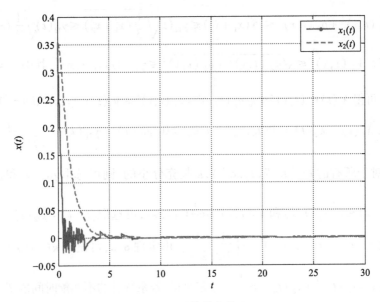

图 8-1　系统状态轨迹

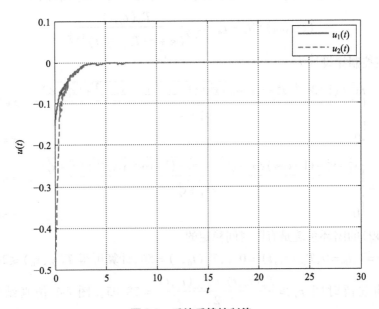

图 8-2　系统反馈控制律

●●●● **本章小结** ●●●●

本章处理了一类时变切换非线性系统的有限时间稳定和异步切换控制问题。

第8章　时变切换非线性系统有限时间异步控制

所提出的切换条件中融合了停息时间和平均驻留时间,基于此切换律得到了系统有限时间稳定的充分条件。利用控制 Lyapunov 函数方法设计了非线性状态反馈控制器确保闭环系统有限时间稳定。Lyapunov 函数小控制性的引入使得控制律在原点处连续且在除原点以外的状态空间上是光滑的,确保了所设计的控制器具有可实现性。最后的仿真实例验证了所提方法的有效性。本章所提方法的条件中只涉及控制 Lyapunov 函数的存在性,其具体的结构形式如何构造是有意义的研究问题。此外,本章的研究成果也有望拓展并应用到文献[210]所提到的具有时变切换拓扑结构的多智能体系统的有限时间一致性问题中。

第 9 章 总结与展望

本章总结了本书的研究工作,指出了现有研究中存在的一些问题与不足,并对基于切换系统有限时间异步切换控制理论在工程混杂系统中的研究与应用提出了展望。

9.1 主要结论

许多实际工程系统的运行与控制都存在切换特性,由此特性建立和抽象出的针对切换系统稳定性与控制问题的研究一直是控制理论与控制工程研究的热点。对于带有局部控制器的切换系统,如果切换时间和切换序列是未知的,且不能被及时检测到,则控制器的切换与子系统的切换就会不完全一致,这种现象称为异步切换。由于要对当前子系统进行识别并将控制器切换到当前子系统的控制器,会存在时间上的延迟,在这个时间段内,上一个子系统的控制器不一定能使当前子系统稳定,进而可能导致整个系统不稳定。异步切换对系统稳定性的不利影响给系统的分析和综合带来了难度与挑战,近年来,对于切换系统异步切换控制问题的研究受到越来越多的关注,对其研究在理论与应用中都具有重要价值。同时,在很多实际工程中,设计者往往更关心系统在有限时间内的稳定性与控制性能,而对在时间域为无穷大区间上的稳定性与性能的渐近特性并没有太多的关注,并且对于非线性系统而言,有限时间控制具有更好的鲁棒性,因此,有限时间控制对实际系统来说更具有应用价值。本书以 Lyapunov 函数方法和平均驻留时间为分析工具,系统性地介绍了在有计算机参与的动态系统中有限时间异步切换控制的关键理论问题。本书所介绍的相关成果有以下几个方面的贡献:

(1)基于驻留时间方法和线性矩阵不等式技术,给出了系统在异步切换下的有限时间有界和 L_∞ 有限时间稳定的充分条件,结果表明为了保证系统的稳定性,不需要确保每个子系统是有限时间 L_∞ 可镇定的,在有限时间段内,切换频率只需被限制在某个范围内,则系统是有限时间稳定的。提出了切换系统异步切换下的鲁棒容错有限时间稳定的概念,给出一种加权 H_∞ 性能指标来度量系统有限时间内的扰动抑制能力。利用平均驻留时间方法得到了系统具有 H_∞ 性能的有限时间稳定性判据，基于这个判据进一步得到了系统鲁棒 H_∞ 有限时间异步切换容错控制器设计的一个充分条件。

(2) 基于平均驻留时间思想，提出了离散随机切换系统的有限时间随机稳定的判别方法。基于有限时间随机稳定性条件，研究了系统的异步切换控制问题，设计了基于状态反馈的异步切换控制器。结论表明系统有限时间随机可镇定并不要求确保每个闭环子系统在异步切换控制下是有限时间随机稳定的。在有限时间段内，切换频率只需限定在某个范围内就可确保系统是有限时间随机异步可镇定的。

(3) 提出了一种利用采样数据进行反馈控制的切换系统有限时间镇定方法。当系统采样时间和切换时间不一致时，研究了有限时间异步切换控制问题。相较于系统切换发生在采样时刻的镇定结论，需要增加一些额外的条件来设计系统的控制器，并指出产生这些条件的原因是由系统采样时刻和切换时刻不一致所导致的。值得指出的是，采样与切换时刻不一致的系统分析与控制能够破除已有研究中需要提供采样发生在切换时刻的假设，与前期研究中给出的结果比较，其适用条件和适用对象更加宽泛。

(4) 提出了切换系统在采样数据量化反馈下的有限时间稳定性条件。当系统采样、系统切换和控制器切换时刻不一致时，在有限时间稳定意义下研究了量化控制问题。所得结果表明了对于非切换系统，动态量化反馈控制策略在每一个离散采样时刻需要改变其量化器参数。而对于切换系统来说，为了确保系统有限时间稳定，量化器参数需要在每个切换时刻不断被调整。当考虑异步切换时，量化器参数需要在控制器的切换时刻和系统的切换时刻被实时调整。

(5) 提出了线性时变切换系统有限时间镇定和有限时间有界控制方法。基于微分矩阵不等式给出了系统有限时间稳定的充要条件。将有限时间稳定性结果扩展至有限时间有界的情形，利用平均驻留时间方法得到了系统有限时间有界性的充分条件。基于稳定性和有界性的分析结果，研究了系统有限时间异步切换控制问题，给出了系统状态反馈控制器的设计方法，通过求解非线性微分矩阵不等式组可求得控制器的设计参数。

(6) 研究了具有更一般的混杂非线性形式的切换非线性系统的分析与综合问题，借助矩阵广义逆给出了一种非线性反馈控制器的设计方法确保闭环系统的有限时间稳定性，控制器参数的统一设计使得多 Lyapunov 函数方法可以用来研究切换非线性系统的有限时间镇定问题，避免了利用反步设计方法所带来的不同坐标之间变换的困难。特别地，矩阵广义逆在构造切换控制器中起到了重要作用，控制输入的维数和系统可控部分状态变量的维数可以是不同的，这更具一般性。

(7) 研究了时变切换非线性系统有限时间稳定性条件，并给出了系统的镇定设计方法。基于目前已有的研究文献，关于自治切换非线性系统的相关结果不能简单推广到非自治系统。利用平均驻留时间方法给出了该类系统有限时间稳定的充分条件。特别地,利用具有小控制性 Lyapunov 函数方法对系统进行镇定设计,得到了有限时间控制器的形式。相较于自治切换系统,该控制器可实现对时变切换非线性系统的有效镇定,且考虑了系统与控制器之间的异步切换。此外,系统的停息时间和驻留时间之间的关系被进一步揭示。小控制性 Lyapunov 函数的引入为实现时变切换非线性系统的有限时间控制提供了一种新颖的设计方法。

(8)将提出的采样数据切换系统的镇定方法应用于 Boost 变换器输出电压的控制中,通过分析变换器电路结构的混杂模型,比较了应用同步切换和异步切换两种方法的控制效果,表明所提出的量化异步控制方法在电路受控电参量的输出上具有良好的控制性能。建立了双容水箱液位控制系统的混杂动态异步切换模型,基于该模型利用所提出的非线性反馈切换控制器的设计方法对水箱液位进行了控制,结果表明提出的有限时间控制方法比传统的 PID 控制和预测控制能够更快地将液位稳定在平衡位置,且可同时稳定两个水箱的液位高度,在被控制对象的个数以及控制效果上优于 PID 控制和预测控制。

9.2 工作展望

由于切换系统自身切换特性的存在,将有限时间控制方法应用于切换系统所表现出的系统特性与非切换系统有本质区别,当中所产生的问题也不再是简单套用处理非切换系统的方法所能解决。系统采样、系统切换和控制器切换时刻不一致,动态量化技术在切换系统有限时间异步控制中的应用,时变特性对异步切换系统稳定性的影响以及由非线性子系统构成的切换系统稳定性与异步切换综合是切换系统有限时间异步控制研究的难点及关键问题。采样时刻与系统切换时刻的不一致,以及控制器与子系统切换的不同步这两个采样数据切换系统属性的交织导致系统控制时序上的复杂,赋予了系统更为丰富的动力学特性。鉴于其复杂的动力学特性,目前对基于采样数据反馈的切换系统运行机理尚未进行深入研究。另一方面,需要进一步解决切换系统有限时间异步控制中的量化反馈技术应用、研究时变与非线性控制方法的理论问题,尤其要针对实际国防工程混杂系统的运行规律与现实运行条件,发展适用于工程混杂系统的切换控制理论与方法。针对目前的研究现状进行深入了解与调查后,在本书内容基础上总结了以下几个亟待解决的问题:

(1)具有采样特性的非线性切换系统离散化问题。虽然本书研究了非线性切换系统有限时间异步切换控制问题,但还只局限于连续非线性系统,目前针对具有采样特性的非线性切换系统异步镇定问题尚未有相关的研究报道,其中的一个重要难题是针对非线性切换系统的离散化问题尚缺少有效的处理方法。对于一般的不具有切换特性的非线性系统离散化问题已经发展了一些有效的处理方法和技术,如何寻求采样条件下切换系统离散化的参数形式,建立非线性切换系统在采样条件下的离散化模型将是今后问题研究的重要方面。

(2)切换系统中系统采样、系统切换与控制器切换时间不一致的处理问题。针对目前研究切换系统需要提供切换发生在采样时刻这一较为苛刻的假设,应着重解决切换和采样发生在不同时刻切换系统的模型分析与处理问题。系统采样、系统切换与控制器切换三者作用时间上的不一致所导致的时序交错给模型建立和镇定设计带来了一定困难,也并非能用非同步切换控制的研究方法所能解决。虽然本书在这方面做了些工作,但并没有从系统运行时序方面作深入研究,没有从本质上揭示系统采样、系统切换与控制器切换对采样切换系统动力学模型的影响。因此,今后的研究应重点关注控制输入信号、切换信号以及采样信号的时序对系统模型的影响并作出定量分析。

(3)能量函数与系统稳定、镇定关系的确立问题。本书借助 Lyapunov 能量函数研究了系统稳定性及镇定问题,但对能量函数与系统稳定性的本质关系并没有作深入分析,为了更好地揭示这种关系,如何利用能量函数确定系统解的性质是今后问题研究的难点所在。关于能量函数与系统镇定关系的问题,针对切换系统依采样时间的特性和系统物理参数的时变规律,研究其控制律和切换规则对闭环系统解的影响是解决受控系统镇定问题的关键。

(4)理论成果在实际系统中进一步的推广应用。本书以切换系统模型及其控制理论方法对国防工程混杂系统的建模及控制进行了深入研究,虽然针对电力电子系统、液位控制系统这两个典型的国防工程混杂控制系统,仿真实验都表明理论成果的正确性和有效性,但在实际应用中会遇见很多不可预知的因素,在实验环境下给出的仿真测试效果并不能表明在实际系统中依然有效,充分考虑实际的国防工程混杂系统中可能遇到的各种复杂情况,在此基础上发展和完善理论成果,为实际工程系统的分析与设计提供有意义的指导,是今后需要深入思考和解决的问题。

参 考 文 献

[1] REN H,ZONG G,LI T. Event-Triggered Finite-time Control for Networked Switched Linear Systems with Asynchronous Switching[J]. IEEE Transactions on Systems,Man,and Cybernetics:Systems,2018,48(11):1874-1884.

[2] FANG C C. Instability Conditions for a Class of Switched Linear Systems with Switching Delays Based on Sampled-Data Analysis:Applications to DC-DC converters[J]. Nonlinear Dynamics,2014,77(1-2):185-208.

[3] BALLUCHI A,BENEDETTO M D,PINELLO C,et al. Cut-off in Engine Control:A Hybrid System Approach[C]//Proceedings of the 36th IEEE Conference on Decision and Control,1997:4720-4725.

[4] ZHAO J,SPONG M W. Hybrid Control for Global Stabilization of the Cart-Pendulum System[J]. Automatica,2001,37(12):1941-1951.

[5] BISHOP B E,SPONG M W. Control of Redundant Manipulators Using Logic-Based Switching [C]//Proceedings of the 36th IEEE Conference on Decision and Control,1998:16-18.

[6] ZHANG W,BRANICKY M S,PHILLIPS S M. Stability of Networked Control Systems[J]. IEEE Control Systems Magazine,2001,21(1):84-99.

[7] GOLLU A,VARAIYA P P. Hybrid Dynamical Systems[C]//Proceedings of the 28th IEEE Conference Decision Control,1989:2708-2712.

[8] RODRIGUES L,HOW J P. Automated Control Design for a Piecewise-Affine Approximation of a Class of Nonlinear Systems[C]//American Control Conference,2001:3189-3194.

[9] RODRIGUES L. Dynamic Output Feedback Controller Synthesis for Piecewise-Affine Systems[D]. CA,USA:PhD Thesis,Stanford University,2002.

[10] ATHANS M,FALB P L. Optimal Control:An Introduction to the Theory and Its Applications [M]. New York:McGraw-Hill,1966.

[11] 王树青. 工业过程控制工程[M]. 北京:化学工业出版社,2005.

[12] 吴苗苗,张皓,严怀成等. 异步切换多智能体系统的协同输出调节[J]. 自动化学报,2017,43(5):735-742.

[13] MA D,ZHAO J. Stabilization of Networked Switched Linear Systems:An Asynchronous Switching Delay System Approach[J]. Systems and Control Letters,2015(77):46-54.

[14] ZHONG G X,YANG G H. Asynchronous Fault Detection and Robust Control for Switched Systems with State Reset Strategy[J]. Journal of the Franklin Institute,2018,355(1):250-272.

[15] YUAN S,ZHANG L X,SCHUTTER B D,et al. A Novel Lyapunov Function for a Non-Weighted L_2 Gain of Asynchronously Switched Linear Systems[J]. Automatica,2018(87):310-317.

[16] CHEN Y G,WANG Z D,QIAN W,et al. Asynchronous Observer-Based H_∞ Control for Switched

Stochastic Systems with Mixed Delays under Quantization and Packet Dropouts[J]. Nonlinear Analysis:Hybrid Systems,2018(27):225-238.

[17] ZHANG Y, HU J, WANG N. Stabilization of Asynchronous Switched Systems with Constrained Control[J]. Journal of Control, Automation and Electrical Systems,2017,28(6):707-714.

[18] FEI Z, SHI S, ZHAO C, et al. Asynchronous Control for 2-D Switched Systems with Mode-Dependent Average Dwell Time[J]. Automatica,2017(79):198-206.

[19] WANG T, TONG S. Observer-Based Output-Feedback Asynchronous Control for Switched Fuzzy Systems[J]. IEEE Transactions on Cybernetics,2017,47(9):2579-2591.

[20] XIE J, ZHAO J. Model Reference Adaptive Control for Nonlinear Switched Systems under Asynchronous Switching[J]. International Journal of Adaptive Control and Signal Processing, 2017,31(1):3-22.

[21] SCHAFT A V D, SCHUMACHER H. An Introduction to Hybrid Dynamical Systems[M]. London:Springer Verlag,2000.

[22] 张天平,梅建东,沈启坤. 具有模糊监督控制器的积分变结构间接自适应控制[J]. 控制理论与应用,2007,24(1):90-94.

[23] TOUR J M, HE T. The Fourth Element[J]. Nature,2008(453):42-43.

[24] STRUKOV D B, SNIDER G S, STEWART D R, et al. The Missing Memristor Found[J]. Nature, 2008(453):80-83.

[25] WANG F Z, HELIAN N, WU S, et al. Delayed Switching in Memeristors and Memristive Systems [J]. IEEE Electron Device Letters,2010,31(7):755-757.

[26] 付主木,费树岷,高爱云. 切换系统的 H_∞ 控制[M]. 北京:科学出版社,2009.

[27] YANG H, JIANG B, COCQUEMPOT V. Stabilization of Switched Nonlinear Systems with Unstable Modes[M]. Switzerland:Springer International Publishing,2014.

[28] LIBERZON D, MORSE A S. Basic Problems in Stability and Design of Switched Systems[J]. IEEE Control System Magazine,1999,19(5):59-70.

[29] CHENG D, MARTIN C, XIANG J P. An Algorithm for Common Quadratic Lyapunov Function [C]//Proceedings of the 3rd World Congress on Intelligent Control and Automation,2000:2965-2969.

[30] KHALIL H K. Nonlinear Systems[M]. 2nd ed. New Jersey:Prentice-Hall,1996.

[31] NARENDRA K S, BALAKRISHNAN J. A Common Lyapunov Function for Stable LTI Systems with Commuting A-Matrices[J]. IEEE Transactions on Automatic Control,1994,39(12):2469-2471.

[32] LIBERZON D, HESPANHA J P, MORSE A S. Stability of Switched Linear Systems:A Lie-Algebraic Condition[J]. Systems and Control Letters,1999,37(3):117-122.

[33] MICHEL A N, HU B. Toward a Stability Theory of General Hybrid Dynamical Systems[J]. Automatica,1999,35(3):371-384.

[34] DAYAWANSA W P, MARTIN C F. A Converse Lyapunov Theorem for a Class of Dynamical Systems which undergo Switching[J]. IEEE Transactions on Automatic Control,1999,44(4):751-760.

[35] MANCILLA-AGUILAR J L, GARCÍA R A. A Converse Lyapunov Theorem for Nonlinear Switched Systems[J]. Systems and Control Letters, 2000, 41(1): 67-71.

[36] PELETIES P, DECARLO R A. Asymptotic Stability of M-Switched Systems Using Lyapunov-Like Functions[C]//Proceedings of American Control Conference, 1991: 1679-1684.

[37] BRANICKY M S. Multiple Lyapunov Functions and Other Analysis Tools for Switched and Hybrid Systems[J]. IEEE Transactions on Automatic Control, 1998, 43(4): 186-200.

[38] MICHEL A N. Recent Trends in the Stability Analysis of Hybrid Dynamical Systems[J]. IEEE Transactions on Circuit and Systems, 1999, 45(1): 120-134.

[39] MORSE A S. Supervisory Control of Families of Linear Set-Point Controllers. Part 1: Exact Matching[J]. IEEE Transactions on Automatic Control, 1996, 41(10): 1413-1431.

[40] HESPANHA J P, MORSE A S. Stability of Switched Systems with Average Dwell Time[C]//Proceedings of the 38th IEEE Conference on Decision and Control, 1999: 2655-2660.

[41] ZHAI G S, HU B, YASUDA K, et al. Disturbance Attenuation Properties of Time-Controlled Switched Systems[J]. Journal of the Franklin Institute, 2001, 338(7): 765-779.

[42] ZHAI G S, HU B, YASUDA K, et al. Stability Analysis of Switched Systems with Stable and Unstable Subsystems: An Average Dwell Time Approach[C]//Proceedings of the American Control Conference, 2000: 200-204.

[43] HESPANHA J P. Uniform Stability of Switched Linear Systems: Extensions of Lasalle's Invariance Principle[J]. IEEE Transactions on Automatic Control, 2004, 49(4): 470-482.

[44] NIU B, ZHAO J. Stabilization and L_2-Gain Analysis for a Class of Cascade Switched Nonlinear Systems: An Average Dwell-Time Method[J]. Nonlinear Analysis: Hybrid Systems, 2011, 5(4): 671-680.

[45] XU X, ANTSAKLIS P J. Stabilization of Second-Order LTI Switched Systems[J]. International Journal of Control, 2000, 73(14): 1261-1279.

[46] PÉREZ C, BENÍTEZ F, GARCÍA-GUTIÉRREZ J B. Stabilization of Switched Linear Systems by Using Projections[J]. Journal of Computational and Applied Mathematics, 2017(318): 117-123.

[47] GEROMEL J C, COLANERI P. Stability and Stabilization of Continuous-Time Switched Linear Systems[J]. SIAM Journal on Control and Optimization, 2006, 45(5): 1915-1930.

[48] SU Q, WANG P, LI J, et al. Stabilization of Discrete-Time Switched Systems with State Constraints Based on Mode-Dependent Average Dwell Time[J]. Asian Journal of Control, 2017, 19(1): 67-73.

[49] BENALLOUCH M, SCHUTZ G, FIORELLI D, et al. H_∞ Model Predictive Control for Discrete-Time Switched Linear Systems with Application to Drinking Water Supply Network[J]. Journal of Process Control, 2014, 24(6): 924-938.

[50] JIN Y, FU J, JING Y. Fault-Tolerant Control of a Class of Switched Systems with Strong Structural Uncertainties with Application to Haptic Display Systems[J]. Neurocomputing, 2013(103): 143-148.

[51] ZHAO X, YIN S, LI H, et al. Switching Stabilization for a Class of Slowly Switched Systems[J]. IEEE Transactions on Automatic Control, 2015, 60(1): 221-226.

[52] BAGLIETTO M, BATTISTELLI G, TESI P. Stabilization and Tracking for Switching Linear Systems under Unknown Switching Sequences[J]. System and Control Letter,2013,62(1):11-21.

[53] ZHANG W, ABATE A, HU J, et al. Exponential Stabilization of Discrete-Time Switched Linear Systems[J]. Automatica,2009,45(11):2526-2536.

[54] 丛屾,刁翔,邹云. 二阶线性切换系统指数镇定的充要条件[J]. 自动化学报,2010,36(8):1195-1199.

[55] 丛屾,费吉庆,费树岷. 二维切换系统指数镇定问题研究[J]. 控制与决策,2006,21(10):1177-1180.

[56] KRUSZEWSKI A, JIANG W J, FRIDMAN E, et al. A Switched System Approach to Exponential Stabilization through Communication Network[J]. IEEE Transactions on Control Systems Technology,2012,20(4):887-900.

[57] XU L, WANG Q, LI W, et al. Stability Analysis and Stabilisation of Full-Envelope Networked Flight Control Systems: Switched System Approach[J]. IET Control Theoryand Applications,2012,6(2):286-296.

[58] DORATO P. An Overview of Finite-Time Stability[C]//Current Trends in Nonlinear Systems and Control,2006:185-194.

[59] FUJIMOTO K, INOUE T, MARUYAMA S. On Finite Time Optimal Control for Discrete-Time Linear Systems with Parameter Variation[C]//2015 IEEE 54th Annual Conference on Decision and Control(CDC),IEEE,2015:6524-6529.

[60] AMATO F, DE TOMMASI G, PIRONTI A. Input-Output Finite-Time Stabilization of Impulsive Linear Systems: Necessary and Sufficient Conditions[J]. Nonlinear Analysis: Hybrid Systems,2016(19):93-106.

[61] DELATTRE C, BHIRI B, ZEMOUCHE A, et al. Finite-Time H_∞ Functional Filter Design for a Class of Descriptor Linear Systems[C]//2014 22nd Mediterranean Conference of Control and Automation(MED),IEEE,2014:1572-1577.

[62] BHIRI B, DELATTRE C, ZASADZINSKI M, et al. Finite Time H_∞ Control via Dynamic Output Feedback for Linear Continuous Systems with Norm-Bounded Disturbances[C]//2015 European Control Conference(ECC),IEEE,2015:2940-2945.

[63] ONORI S, DORATO P, GALEANI S, et al. Finite Time Stability Design via Feedback Linearization[C]//2005 IEEE Conference on Decision and Control and 2005 European Control Conference,IEEE,2005:4915-4920.

[64] HAIMO V T. Finite Time Controllers[J]. SIAM Journal on Control and Optimization,1986,24(4):760-770.

[65] BHAT S P, BERNSTEIN D S. Finite-Time Stability of Homogenerous Systems[C]//Proceedings of American Control Conference, Albuquerque, New Mexico,1997:2513-2514.

[66] BHAT S P, BERNSTEIN D S. Continuous Finite-Time Stabilization of the Translational and Rotational Double Integrators[J]. IEEE Transactions on Automatic Control,1998,43(5):678-682.

[67] BHAT S P,BERNSTEIN D S. Finite-Time Stability of Continuous Autonomous Systems[J]. SIAM Journal on Control and Optimization,2000,38(3):751-766.

[68] HONG Y G,HUANG J,XU Y S. On an Output Feedback Finite Time Stabilization Problem[J]. IEEE Transactions on Automatic Control,2001,46(2):305-309.

[69] HONG Y G. Finite-time Stabilization and Stability of a class of Controllable Systems[J]. Systems and Control Letters,2002,48(4):231-236.

[70] HUANG X Q,LIN W,YANG B. Global Finite-Time Stabilization of a Class of Uncertain Nonlinear Systems[J]. Automatic,2005,41(5):881-888.

[71] QIAN C J,LI J. Global Finite-Time Stabilization by Output Feedback for Planar Systems without Observable Linearization[J]. IEEE Transactions on Automatic Control,2005,50(6):549-564.

[72] 李世华,丁世宏,田玉平. 一类二阶非线性系统的有限时间状态反馈镇定方法[J]. 自动化学报,2007,33(1):101-104.

[73] ORLOV Y. Finite Time Stability and Robust Control Synthesis of Uncertain Switched Systems [J]. SIAM Journal on Control and Optimization,2004,43(4):1253-1271.

[74] HE S,LIU F. Stochastic Finite-Time Stabilization for Uncertain Jump Systems via State Feedback [J]. Journal of Dynamic Systems Measurement and Control,2010,132(3):333-342.

[75] LIN X,DU H,LI S. Finite-Time Boundedness and L_2-Gain Analysis for Switched Delay Systems with Norm-Bounded Disturbance[J]. Applied Mathematics and Computation,2011,217(12):5982-5993.

[76] XIANG W,XIAO J. H_∞ Finite-Time Control for Switched Nonlinear Discrete-Time Systems with Norm-Bounded Disturbance[J]. Journal of the Franklin Institute,2011,348(2):331-352.

[77] HETEL L,DAAFOUZ J,IUNG C. Stability Analysis for Discrete Time Switched Systems with Temporary Uncertain Switching Signal[C]//IEEE Conference on Decision and Control,2007,IEEE,2008:5623-5628.

[78] MHASKAR P,EL-FARRA N H,CHRISTOFIDES P D. Robust Predictive Control of Switched Systems:Satisfying Uncertain Schedules Subject to State and Control Constraints [J]. International Journal of Adaptive Controland Signal Processing,2008,22(2):161-179.

[79] WANG Z L,WANG Q,DONG C Y. Asynchronous H_∞ Control for Unmanned Aerial Vehicles:Switched Polytopic System Approach[J]. IEEE/CAA Journal of Automatica Sinica,2015:2(2):207-216.

[80] LIU H,SHEN Y,ZHAO X D. Asynchronous Finite-Time H_∞ Control for Switched Linear Systems via Mode-Dependent Dynamic State-Feedback [J]. Nonlinear Analysis:Hybrid Systems,2013(8):109-120.

[81] LIU T T,WU B W,LIU L L,et al. Asynchronously Finite-Time Control of Discrete Impulsive Switched Positive Time-Delay Systems [J]. Journal of the Franklin Institute,2015(352):4503-4514.

[82] ZONG G D,WANG R H,ZHENG W X,et al. Finite-Time Stabilization for a Class of Switched Time-Delay Systems under Asynchronous Switching[J]. Applied Mathematics and Computation,2013(219):5757-5771.

[83] WU Y Y, CAO J D, LI Q B, et al. Finite-Time Synchronization of Uncertain Coupled Switched Neural Networks under Asynchronous Switching[J]. Neural Networks, 2017(85):128-139.

[84] 赵争鸣. 大容量电力电子混杂系统多时间尺度动力学表征与运行机制[J]. 电工技术学报, 2017, 32(12):1-3.

[85] 张悦. 混杂系统建模与控制方法研究[D]. 保定:华北电力大学, 2008.

[86] 曹叙风, 王昕, 王振雷. 基于切换机制的多模型自适应混合控制[J]. 自动化学报, 2017, 43(1):94-100.

[87] XIANG W M, XIAO J, XIAO C Y. Finite-Time Stability Analysis for Switched Linear Systems[C]//Proceedings of the Chinese Control and Decision Conference, Mianyang, China, 2011:3115-3120.

[88] LIN X, DU H, LI S. Set Finite-Time Stability of a Class of Switched Systems[C]//Proceedings of the 8th World Congress on Intelligent Control and Automation, Jinan, China, 2010:7073-7078.

[89] DU H, LIN X, LI S. Finite-Time Stability and Stabilization of Switched Linear Systems[C]//Proceedings of the 48th IEEE Conference on Decision and Control Held Jointly with 28th Chinese Control Conference, Shanghai, China, 2009:1938-1943.

[90] ALI M S, SARAVANAN S, CAO J. Finite-Time Boundedness, L_2-Gain Analysis and Control of Markovian Jump Switched Neural Networks with Additive Time-Varying Delays[J]. Nonlinear Analysis: Hybrid Systems, 2017(23):27-43.

[91] YAZDI E A, NAGAMUNE R. Robust Finite-Time Tracking with Switched Controllers[J]. Control and Intelligent Systems, 2012, 40(3):169-176.

[92] MA Y, CHEN H. Finite-Time Fault Tolerant Control of Uncertain Singular Markovian Jump Systems with Bounded Transition Probabilities[J]. Computational and Applied Mathematics, 2017, 36(2):929-953.

[93] SAKTHIVEL R, JOBY M, SANTRA S, et al. Fault Estimation and Tolerant Control for Discrete-Time Switched Systems with Sojourn Probabilities[J]. International Journal of Adaptive Control and Signal Processing, 2017, 31(12):1808-1824.

[94] XIANG Z, WANG R. Robust L_∞ Reliable Control for Uncertain Nonlinear Switched Systems with Time Delay[J]. Applied Mathematics and Computation, 2009, 210(1):202-210.

[95] LIU H, SHEN Y, ZHAO X D. Delay-Dependent Observer-Based H_∞ Finite-Time Control for Switched Systems with Time-Varying Delay[J]. Nonlinear Analysis: Hybrid Systems, 2012(6):885-898.

[96] KANG Y, ZHAO Y B, ZHAO P. Networked Control System: A Markovian Jump System Approach[M]. Singapore: Stability Analysis of Markovian Jump Systems, Springer, 2018.

[97] ZHANG L X. H_∞ Estimation for Piecewise Homogeneous Markov Jump Linear Systems[J]. Automatica, 2009, 45(11):2570-2576.

[98] ZHANG L X, LAM J. Necessary and Sufficient Conditions for Analysis and Synthesis of Markov Jump Linear Systems with Incomplete Transition Descriptions[J]. IEEE Transactions on Automatic Control, 2010, 55(7):1695-1701.

[99] TSENG C S, CHEN B S. L_∞ Gain Fuzzy Control for Nonlinear Dynamic Systems with Persistent

Bounded Disturbance[C]//Proceeding of IEEE International Conference on Fuzzy Systems, Budapest, Hungary, 2004: 25-29.

[100] LONG L, ZHAO J. Adaptive Output-Feedback Neural Control of Switched Uncertain Nonlinear Systems with Average Dwell Time[J]. IEEE Transactions on Neural Networksand Learning Systems, 2015, 26(7):1350-1362.

[101] SUN X M, ZHAO J, DAVID J H. Stability and L_2-Gain Analysis for Switched Delay Systems: A Delay-Dependent Method[J]. Automatica, 2006, 42(10):1769-1774.

[102] XIANG Z R, WANG R H. Robust Stabilization of Switched Non-Linear Systems with Time-Varying Delays under Asynchronous Switching[J]. Proceeding of the Institution of Mechanical Engineers Part I: Journal of Systems and Control Engineering, 2009(223):1111-1128.

[103] XU S, LAM J. Robust Stability and Stabilization of Discrete Singular Systems: An Equivalent Characterization[J]. IEEE Transactions on Automatic Control, 2004, 49(4):568-574.

[104] YAO B, WANG F Z. LMI Approach to Reliable H_∞ Control of Linear Systems[J]. Journal of Systems Engineering and Electronics, 2006, 17(2):381-386.

[105] GAO S, ZHANG X L. Fault-Tolerant Control with Finite-Time Stability for Switched Linear Systems[C]//Proceedings of the 6th International Conference on Computer Scienceand Education, 2011:923-927.

[106] JIN X Z. Robust Adaptive Switching Fault-Tolerant Control of a Class of Uncertain Systems Against Actuator Faults[J]. Mathematical Problems in Engineering, 2013(14):1-9.

[107] ZHANG L X, GAO H J, KAYNAK O. Network-Induced Constraints in Networked Control System-A Survey[J]. IEEE Transactions on Industrial Informatics, 2013, 9(1):403-416.

[108] HESPANHA J P. A Model for Stochastic Hybrid Systems with Application to Communication Networks[J]. Nonlinear Analysis, 2005(62):1353-1383.

[109] HU J, LYGEROS J, SASTRY S. Towards a Theory of Stochastic Hybrid Systems[J]. Hybrid Systems: Computation and Control, Lecture Notes in Computer Science, 2000(1790):160-173.

[110] CHEN H F. Recursive Estimation and Control for Stochastic Systems[M]. New Jersey: Wiley, 1985.

[111] COSTA O L V, FRAGOSO M D, MARQUES R P. Discrete-Time Markov Jump Linear Systems[M]. Berlin: Springer, 2005.

[112] DAVIS M H A. Linear Estimation and Control[M]. New York: John Wiley and Sons, 1977.

[113] KUMAR P R, VARAIYA P. Stochastic Systems: Estimation, Identification and Adaptive Control[M]. New Jersey: Prentice Hall, 1986.

[114] SODERSTROM T. Discrete-Time Stochastic Systems: Estimation and Control[M]. Berlin: Springer, 2002.

[115] KLOEDEN P E, PLATEN E. Numerical Solution of Stochastic Differential Equations[M]. Berlin: Springer, 1992.

[116] SATHANANTHAN S, BEANE C, LADDE G S, et al. Stabilization of Stochastic Systems under Markovian Switching[J]. Nonlinear Analysis: Hybrid Systems, 2010(4):804-817.

[117] BATTILOTTI S, DE SANTIS A. Dwell-Time Controllers for Stochastic Systems with Switching

Markov Chain[J]. Automatica,2005(41):923-934.

[118] FENG W,TIAN J,ZHAO P. Stability Analysis of Switched Stochastic Systems[J]. Automatica, 2011(47):148-157.

[119] WEI F, ZHANG J F. Stability Analysis and Stabilization Control of Multi-Variable Switched Stochastic Systems[J]. Automatica,2006(42):169-176.

[120] XIANG Z R, QIAO C H, MAHMOUD M S. Finite-Time Analysis and H_∞ Control for Switched Stochastic Systems[J]. Journal of the Franklin Institute,2012(349):915-927.

[121] ZHAI G, HU B, YASUDA K, et al. Quantitative Analysis of Discrete-Time Switched Systems [C]//Proceedings of the American Control Conference,2002:1880-1885.

[122] ZHANG L X, BOUKAS E K, SHI P. Exponential H_∞ Filtering for Uncertain Discrete-Time Switched Linear Systems with Average Dwell Time: A μ-Dependent Approach[J]. International Journal of Robust and Nonlinear Control,2008(18):1188-1207.

[123] ZHANG H, XIE D, ZHANG H, et al. Stability Analysis for Discrete-Time Switched Systems with Unstable Subsystems by a Mode-Dependent Average Dwell Time Approach [J]. ISA Transactions,2014,53(4):1081-1086.

[124] AMATO F, ARIOLA M, DORATO P. Finite-Time Control of Linear Systems Subject to Parametric Uncertainties and Disturbances[J]. Automatica,2001(37):1459-1463.

[125] FENG J E, XU S Y. Robust H_∞ Control with Maximal Decay Rate for Linear Discrete-Time Stochastic Systems [J]. Journal of Mathematical Analysis and Applications, 2009 (353): 460-469.

[126] DU H P, ZHANG N, SAMALI B, et al. Robust Sampled-Data Control of Structures Subject to Parameter Uncertainties and Actuator Saturation[J]. Engineering Structures,2012(36):39-48.

[127] HU L S, BAI T, SHI P, et al. Sampled-Data Control of Networked Linear Control Systems[J]. Automatica,2007,43(5):903-911.

[128] LEE T H, PARK J H, KWON O M, et al. Stochastic Sampled-Data Control for State Estimation of Time-Varying Delayed Neural Networks[J]. Neural Networks,2013(46):99-108.

[129] GAO H J, WU J L, SHI P. Robust Sampled-Data H_∞ Control with Stochastic Sampling[J]. Automatica,2009,45(7):1729-1736.

[130] HETEL L, DAAFOUZ J, RICHARD J P, et al. Delay-Dependent Sampled-Data Control Based on Delay Estimates[J]. Systems and Control Letters,2011,60(2):146-150.

[131] LALL S, DULLERUD G. An LMI Solution to the Robust Synthesis Problem for Multi-Rate Sampled-Data Systems[J]. Automatica,2001,37(12):1909-1922.

[132] LIU H L, ZHOU H B, DING S, et al. Finite-Time Control of Sampled-Data Systems[C]//The 25th Chinese Control and Decision Conference,Guiyang,Guizhou,China,2013:2788-2792.

[133] LIEN C H, CHEN J D, YU K W, et al. Robust Delay-Dependent H_∞ Control for Uncertain Switched Time-Delay Systemsvia Sampled-Data State Feedback Input [J]. Computersand Mathematics with Applications,2012,64(5):1187-1196.

[134] LIU F, SONG Y D. Stability Condition for Sampled Data Based Control of Linear Continuous Switched Systems[J]. Systems and Control Letters,2011,60(10):787-797.

[135] LIAN J, LI C, XIA B. Sampled-Data Control of Switched Linear Systems with Applicationto An F-18 Aircraft[J]. IEEE Transactions on Industrial Electronics, 2017, 64(2):1332-1340.

[136] SHEN B, WANG Z, HUANG T. Stabilization for Sampled-Data Systems under Noisy Sampling Interval[J]. Automatica, 2016(63):162-166.

[137] SHI P. Filtering on Sampled-Data Systems with Parametric Uncertainty[J]. IEEE Transactions on Automatic Control, 1998, 43(7):1022-1027.

[138] LIU F, SONG Y D. Stability Condition for Sampled Data Based Control of Linear Continuous Switched Systems[J]. Systems and Control Letters, 2011, 60(10):787-797.

[139] WANG R H, XING J C, ZHOU C, et al. Finite-Time Asynchronously Switched Control of Switched Systems with Sampled-Data Feedback[J]. Circuits, Systems, and Signal Processing, 2014, 33(12):3713-3738.

[140] BRIAT C. Stability Analysis and Stabilization of Stochastic Linear Impulsive, Switched and Sampled-Data Systems under Dwell-Time Constraints[J]. Automatica, 2016(74):279-287.

[141] BROCKETT R W, LIBERZON D. Quantized Feedback Stabilization of Linear Systems[J]. IEEE Transactions on Automatic Control, 2000, 45(7):1279-1289.

[142] LIBERZON D. Hybrid Feedback Stabilization of Systems with Quantized Signals[J]. Automatica, 2003, 39(9):1543-1554.

[143] ASUMA S, SUGIE T. Optimal Dynamic Quantizers for Discrete-Valued Input Control[J]. Automatica, 2008, 44(2):396-406.

[144] LIBERZON, D. Stabilizing a Switched Linear System by Sampled-Data Quantized Feedback [C]//The 50th IEEE Conference on Decision and Control and European Control Conference, Orlando, FL, 2011:8321-8326.

[145] LIBERZON D. Finite Data-Rate Feedback Stabilization of Switched and Hybrid Linear Systems [J]. Automatica, 2014, 50(2):409-420.

[146] SONG H Y, YU L, ZHANG D, et al. Finite-Time H_∞ Control for a Class of Discrete-Time Switched Time-Delay Systems with Quantized Feedback[J]. Communications in Nonlinear Science and Numerical Simulation, 2012, 17(12):4802-4814.

[147] LI F, SHI P, WU L, et al. Quantized Control Design for Cognitive Radio Networks Modeled as Nonlinear Semi-Markovian Jump Systems[J]. IEEE Transactions on Industrial Electronics, 2015, 62(4):2330-2340.

[148] LIBERZON D, NEŠIĆ D. Input-to-State Stabilization of Linear Systems with Quantized State Measurement[J]. IEEE Transactions on Automatic Control, 2007, 52(5):767-781.

[149] LIBERZON D. Switching in Systems and Control[M]. Boston:Birkhauser, 2003.

[150] YAN H C, YANG Q, ZHANG H, et al. Distributed H_∞ State Estimation for a Class of Filtering Networks with Time-Varying Switching Topologies and Packet Losses[J]. IEEE Transactions on Systems, Man, and Cybernetics:Systems, 2018, 48(12):2047-2057.

[151] DONG X W, ZHOU Y, REN Z, et al. Time-varying Formation Control for Unmanned Aerial Vehicles with Switching Interaction Topologies[J]. Control Engineering Practice, 2016(46):26-36.

[152] BU X Y,DONG H L,HAN F,et al. Distributed Filtering for Time-Varying Systems over Sensor Networks with Randomly Switching Topologies under the Round-Robin Protocol[J]. Neurocomputing,2019(346):58-64.

[153] AMATO F,ARIOLA M,COSENTINO C. Finite-Time Stability of Linear Time-Varying Systems: Analysis and Controller Design[J]. IEEE Transactions on Automatic Control,2010,55(4): 1003-1008.

[154] NEKOO S R, RAHAGHI M I. Recursive Approximate Solution to Time-Varying Matrix DifferentialRiccati Equation:Linear and Nonlinear Systems[J]. International Journal of Systems Science,2018,49(13):2797-2807.

[155] PENG H J,TAN S J,GAO Q,et al. Symplectic Method based on Generating Function for Receding Horizon Control of Linear Time-Varying Systems[J]. European Journal of Control, 2017(33):24-34.

[156] PENG H,WU Z,ZHONG W. Fourier Expansion based Recursive Algorithms for Periodic Riccati and Lyapunov Matrix Differential Equations[J]. Journal of Computational and Applied Mathematics,2011,235(12):3571-3588.

[157] LI Y M,LI K W,TONG S C. Adaptive Neural Network Finite-Time Control for Multi-Input and Multi-Output Nonlinear Systems with the Powers of Odd Rational Numbers[J]. IEEE Transactions on Neural Networks and Learning Systems,2020,31(7):2532-2543.

[158] LI Y M,YANG T T,TONG S C. Adaptive Neural Networks Finite-Time Optimal Control for a Class of Nonlinear Systems[J]. IEEE Transactions on Neural Networks and Learning Systems, 2020,31(11):4451-4460.

[159] LI Y N,SUN Y G,MENG F W,et al. Exponential Stabilization of Switched Time-Varying Systems with Delays and Disturbances[J]. Applied Mathematics and Computation,2018(324): 131-140.

[160] TIAN Y Z,SUN Y G. Exponential Stability of Switched Nonlinear Time-Varying Systems with Mixed Delays:Comparison Principle[J]. Journal of the Franklin Institute,2020,357(11):6918-6931.

[161] ZHANG J,SUN Y G,MENG F W. State Bounding for Discrete-Time Switched Nonlinear Time-Varying Systems using ADT Method[J]. Applied Mathematics and Computation,2020(372):1-9.

[162] CHEN Y G,WANG Z D,QIAN W,et al. Finite-Horizon H_∞ Filtering for Switched Time-Varying Stochastic Systems with Random Sensor Nonlinearities and Packet Dropouts[J]. Signal Processing,2017(138):138-145.

[163] CHEN G,YANG Y. New Necessary and Sufficient Conditions for Finite-Time Stability of Impulsive Switched Linear Time-Varying Systems[J]. IET Control Theory and Applications, 2018,12(1):140-148.

[164] LU J J,SHE Z K,FENG W J,et al. Stabilisability of Time-Varying Switched Systems based on Piecewise Continuous Scalar Functions[J]. IEEE Transactions on Automatic Control,2019,64 (6):2637-2644.

[165] CHEN G,YANG Y,LI J. Improved Stability Conditions for Switched Positive Linear Time-

Varying Systems[J]. IEEE Transactions on Circuits and Systems II: Express Briefs, 2019, 66 (11):1830-1834.

[166] MANCILLA-AGUILAR J L, GARCIA R A. Uniform Asymptotic Stability of Switched Nonlinear Time-Varying Systems and Detectability of Reduced Limiting Control Systems[J]. IEEE Transactions on Automatic Control, 2019, 64(7):2782-2797.

[167] HAIMOVICH H, MANCILLA-AGUILAR J L. ISS Implies Iiss even for Switched and Time-Varying Systems(if you are careful Enough)[J]. Automatica, 2019(104):154-164.

[168] WU X, TANG Y, CAO J. Input-to-State Stability of Time-Varying Switched Systems with Time Delays[J]. IEEE Transactions on Automatic Control, 2019, 64(6):2537-2544.

[169] WANG X, ZONG G, SUN H. Asynchronous Finite-Time Dynamic Output Feedback Control for Switched Time-Delay Systems with Non-Linear Disturbances[J]. IET Control Theory and Applications, 2016, 10(10):1142-1150.

[170] CHEN W Z, SHI S, GUAN C X, et al. Finite-Time Control of Switched Systems under Asynchronism based on Quantized Sampled-Data[J]. Journal of the Franklin Institute, 2020, 357 (11):6635-6652.

[171] IQBAL MN, XIAO J, XIANG W M. Finite-Time H_∞ State Estimation for Discrete-Time Switched Control Systems under Asynchronous Switching[J]. Asian Journal of Control, 2014, 16(4): 1112-1121.

[172] REN H L, ZONG G D, KARIMI H R. Asynchronous Finite-Time Filtering of Networked Switched Systems and Its Application: An Event-Driven Method[J]. IEEE Transactions on Circuits and Systems I, 2019, 66(1):391-402.

[173] YANG L, GUAN C X, FEI Z Y. Finite-Time Asynchronous Filtering for Switched Linear Systems with An Event-Triggered Mechanism[J]. Journal of the Franklin Institute, 2019, 356(10): 5503-5520.

[174] REN H L, ZONG G D. Asynchronous Finite-Time Control for Networked Switched Linear Parameter-Varying Systems via An Event-Triggered Communication Scheme[J]. Proceedings of the Institution of Mechanical Engineers Part I: Journal of Systems and Control Engineering, 2019, 233(1):44-57.

[175] ZHANG S Y, NIE H. Asynchronous Feedback Passification for Discrete-Time Switched Systems under State-Dependent Switching with Dwell Time Constraint[J]. International Journal of Adaptive Control and Signal Processing, 2020(34):427-443.

[176] LIU Q, ZHAO J. Switched Sampled Output Adaptive Observer Design for a Class of Switched Nonlinearly Parameterized Systems under Asynchronous Switching[J]. International Journal of Adaptive Control and Signal Processing, 2021(35):146-169.

[177] WANG R H, XING J C, LI J L, et al. Finite-Time Quantised Feedback Asynchronously Switched Control of Sampled-Data Switched Linear Systems[J]. International Journal of Systems Science, 2016, 47(14):3320-3335.

[178] CODDINGTON E A, LEVINSON N. Theory of Ordinary Differential Equations[M]. New York: McGraw-Hill, 1955.

[179] MA R C, ZHAO J. Backstepping Design for Global Stabilization of Switched Nonlinear Systems in Lower Triangular Form under Arbitrary Switchings[J]. Automatica, 2010, 46(11): 1819-1823.

[180] LONG L J, ZHAO J. Control of Switched Nonlinear Systems in p-Normal Form Using Multiple Lyapunov Functions[J]. IEEE Transactions on Automatic Control, 2012, 57(5): 1285-1291.

[181] PANG H B, ZHAO J. Incremental(Q, S, R)-Dissipativity and Incremental Stability for Switched Nonlinear Systems[J]. Journal of the Franklin Institute, 2016, 353(17): 4542-4564.

[182] CHEN G, LI J, YANG Y. Finite Time Stability and Stabilization of Hybrid Dynamic Systems[J]. Journal of Systems Engineering and Electronics, 2010, 21(6): 1084-1089.

[183] LIU D, HUANG Q. Research on Finite-Time Stability of Nonlinear Switched Systems[C]//The 25th Chinese Control and Decision Conference, Guiyang, China, 2013: 1314-1319.

[184] CAI M J, XIANG Z R. Adaptive Fuzzy Finite-Time Control for a Class of Switched Nonlinear Systems with Unknown Control Coefficients[J]. Neurocomputing, 2015(162): 105-115.

[185] CAI M J, XIANG Z R. Adaptive Neural Finite-Time Control for a Class of Switched Nonlinear Systems[J]. Neurocomputing, 2015(155): 177-185.

[186] HUANG S P, XIANG Z R. Finite-Time Stabilization of a Class of Switched Stochastic Nonlinear Systemsunder Arbitrary Switching[J]. International Journal of Robust and Nonlinear Control, 2016, 26(10): 2136-2152.

[187] FU J, MA R C, CHAI T Y. Global Finite-Time Stabilization of a Class of Switched Nonlinear Systems with the Powers of Positive Odd Rational Numbers[J]. Automatica, 2015(54): 360-373.

[188] XIANG W M, XIAO J, IQBAL M N. Robust Observer Design for Nonlinear Uncertain Switched Systems under Asynchronous Switching[J]. Nonlinear Analysis: Hybrid Systems, 2012, 6(1): 754-773.

[189] XIANG Z R, WANG R H, CHEN Q W. Robust Reliable Stabilization of Stochastic Switched Nonlinear Systems under Asynchronous Switching[J]. Applied Mathematics and Computation, 2011, 217(19): 7725-7736.

[190] XIANG W M, XIAO J. H_∞ Filtering for Switched Nonlinear Systems under Asynchronous Switching[J]. International Journal of Systems Science, 2011, 42(5): 751-765.

[191] XIANG W M, XIAO J, IQBAL M N. Fault Detection for Switched Nonlinear Systems under Asynchronous Switching[J]. International Journal of Control, 2011, 84(8): 1362-1376.

[192] ZHAO J, DIMIROVSKI G M. Quadratic Stability of a Class of Switched Nonlinear Systems[J]. IEEE Transactions on Automatic Control, 2004, 49(4): 574-578.

[193] EL-FARRA N H, MHASKAR P, CHRISTOFIDES P D. Output Feedback Control of Switched Nonlinear Systems Using Multiple Lyapunov Functions[J]. Systems and Control Letters, 2005, 54(12): 1163-1182.

[194] REN H L, ZONG G D, HOU L L, et al. Finite-Time Control of Interconnected Impulsive Switched Systems with Time-Varying Delay[J]. Applied Mathematics and Computation, 2016, 276(4): 143-157.

[195] HADDAD W M, NERSESOV S G, DU L. Finite-Time Stability for Time-Varying Nonlinear Dynamic Systems[C]//Proceeding of 2008 American Control Conference, USA, 2008: 4135-4139.

[196] HALE J K. Ordinary Differential Equations[M]. 2nd ed. Krieger, Malabar, FL: Pure and Applied Mathematics XXI, 1980.

[197] 陈薇,吴刚. 非线性双容水箱建模与预测控制[J]. 系统仿真学报,2006,18(8):2078-2081.

[198] ZHAI D, XI C, AN L, et al. Prescribed Performance Switched Adaptive Dynamic Surface Control of Switched Nonlinear Systems with Average Dwell Time[J]. IEEE Transactions on Systems, Man, and Cybernetics: Systems, 2017, 47(7):1257-1269.

[199] KOROBOV V, PAVLICHKOV S. Global Properties of the Triangular Systems in the Singular Case[J]. Journal of Mathematical Analysis and Applications, 2008, 342(2):1426-1439.

[200] YANG H, JIANG B, COCQUEMPOT V, et al. Stabilization of Switched Nonlinear Systems with all Unstable Modes: Application to Multi-Agent Systems[J]. IEEE Transactions on Automatic Control, 2011, 56(9):2230-2235.

[201] CHENG D Z, FENG G, XI Z R. Stabilization of a Class of Switched Nonlinear Systems[J]. Journal of Control Theory and Applications, 2006, 4(1):53-61.

[202] LI H, WANG X. Adaptive Tracking Control for a Class of Uncertain Switched Nonlinear Systems with Time-Delay[J]. Transactions of the Institute of Measurement and Control, 2018, 40(4): 1102-1108.

[203] HOU M, FU F, DUAN G. Global Stabilization of Switched Stochastic Nonlinear Systems in Strict-Feedback Form under Arbitrary Switchings[J]. Automatica, 2013, 49(8):2571-2575.

[204] CHIANG M, FU L. Adaptive Stabilization of a Class of Uncertain Switched Nonlinear Systems with Backstepping Control[J]. Automatica, 2014, 50(8):2128-2135.

[205] ZHAO X, ZHENG X, NIU B, et al. Adaptive Tracking Control for a Class of Uncertain Switched Nonlinear Systems[J]. Automatica, 2015(52):185-191.

[206] JIANG B, SHEN Q, SHI P. Neural-Networked Adaptive Tracking Control for Switched Nonlinear Pure-Feedback Systems under Arbitrary Switching[J]. Automatica, 2015(61):119-125.

[207] LI Y, TONG S, LIU L, et al. Adaptive Output-Feedback Control Design with Prescribed Performance for Switched Nonlinear Systems[J]. Automatica, 2017(80):225-231.

[208] PEZESHKI S, BADAMCHIZADEH M A, GHIASI A R, et al. Stability Analysis and Robust Tracking Control for a Class of Switched Nonlinear Systems with Uncertain Input Delay[J]. Transactions of the Institute of Measurement and Control, 2019, 41(7):2053-2063.

[209] MOULAY E, PERRUQUETTI W. Finite Time Stability and Stabilization of a Class of Continuous Systems[J]. Journal of Mathematical Analysis and Applications, 2006, 323(2):1430-1443.

[210] WU X, TANG Y, ZHANG W. Stability Analysis of Stochastic Delayed Systems with An Applicationto Multi-Agent Systems[J]. IEEE Transactions on Automatic Control, 2016, 61(12):4143-4149.